高等职业教育“十三五”精品工程规划教材

机床电气控制与PLC

霍览宇　满　莎　主　编

陈杰金　刘淇名　陈燕红　副主编

電子工業出版社

Publishing House of Electronics Industry

北京 · BEIJING

内容简介

本书采用项目化设计，共设计了B690牛头刨床电气控制系统分析（自锁电路等）、C650车床控制系统分析与检修（减压启动等）、T68镗床控制系统分析与检修（双速和制动控制等）、Z30100摇臂钻床控制系统分析与检修（星三角启动控制等）、Z30100摇臂钻床的自动化改造（PLC应用等）五个项目，由简单到复杂，每个项目所承载的知识点和技能点在难度和深度上都有区分和递进。根据典型机床电路，分解到典型控制电路，再分解到低压电器。本教材的教学设计遵循项目式教学从整体到局部的解构过程，与传统教材刚好相反，体现职业教育改革思想。

本书以项目为中心，分散为多个任务，再以任务为核心发散到技能、知识点，对任务涉及的电气元件及部件等知识加以介绍，对涉及的操作通过图文并茂的方式加以指导，形成知识卡和技能卡，便于学生自我学习，每个任务后期会安排动手动脑的实操，最后总结提升。

本书可以作为高等职业院校、普通本科院校的电气自动化、机电一体化、机械制造及自动化等相关专业教材，也可以作为电气控制技术相关领域工程技术人员的入门级自学教材。

图书在版编目（CIP）数据

机床电气控制与PLC / 霍览宇，满莎主编. 一北京：电子工业出版社，2018.8

ISBN 978-7-121-33596-9

Ⅰ. ①机… Ⅱ. ①霍… ②满… Ⅲ. ①机床一电气控制一高等学校一教材 ②PLC 技术一高等学校一教材 Ⅳ. ①TG502.35 ②TM571.6

中国版本图书馆CIP数据核字（2018）第019264号

责任编辑：郭乃明　　特约编辑：范　丽
印　　刷：北京虎彩文化传播有限公司
装　　订：北京虎彩文化传播有限公司
出版发行：电子工业出版社
　　　　　北京市海淀区万寿路173信箱　邮编　100036
开　　本：787×1 092　1/16　印张：12.75　字数：326.4千字
版　　次：2018年8月第1版
印　　次：2018年8月第1次印刷
定　　价：35.00元

凡所购买电子工业出版社图书有缺损问题，请向购买书店调换。若书店售缺，请与本社发行部联系，联系及邮购电话：（010）88254888，88258888。

质量投诉请发邮件至34825072@qq.com，盗版侵权举报请发邮件至dbqq@phei.com.cn。

本书咨询联系方式：（010）88254561，34825072@qq.com

前　言

所有的老师都希望上课时能有一本好的教材配合教学。对于工科制造类专业，电气控制与 PLC 技术相关的教材非常多，有传统的经典教材，体现教育改革的项目驱动式教材，也有结合信息技术的智慧型教材。不管是什么形式的教材，只要用心编写，符合教学实际，能让学生掌握真正的知识和能力就是好教材。我们以此为目标，结合多数工科院校的条件，编写了这本教材。

本教材采用项目化设计思路，内容设计遵循项目式教学从整体到单元的解构过程，从典型机床电路分解到典型控制电路，再到低压电器。系统设计从简单到复杂，依次讲述了 B690 牛头刨床电气控制系统分析、C650 车床控制系统分析与检修、T68 镗床控制系统分析与检修、Z30100 摇臂钻床控制系统分析与检修、Z30100 摇臂钻床的 PLC 改造，将与电气控制与 PLC 技术相关的必需、够用的基本知识和必会的基本能力融入到项目中去。如将双速控制和制动控制相关知识和技能融入 T68 镗床电气控制线路的载体中，将星三角启动控制相关知识和技能融入 Z30100 摇臂钻床电气控制线路的载体中等。以项目为载体，并将其分解为多个任务，以任务为中心发散到知识和技能。每个任务承载的知识点和技能点在难度和深度上都有区分和递进。任务所涉及知识和技能通过图文并茂的方式进行解读，形成知识卡和技能卡，便于学生自我学习，任务后再安排动手动脑的实操和测试，巩固学生的学习效果。

本教材编写分工如下：满莎编写项目一和项目三，刘淇名编写项目二和项目四，霍览宇编写项目五；陈燕红参与编写项目二、三、五中部分内容和绘制所有电气原理图。本书得到了中国铁建重工集团有限公司谭会平工程师的帮助及湖南机电职业技术学院电气工程学院相关领导和老师的指导，在此表示感谢！由于编者水平有限和教学经验不足，书中疏漏之处在所难免，恳请广大读者批评指正。编者邮箱：huolanyu1234@163.com。

编　者

2018 年 5 月　长沙

目　　录

项目一　B690 牛头刨床电气控制系统分析

1.1　项目导航

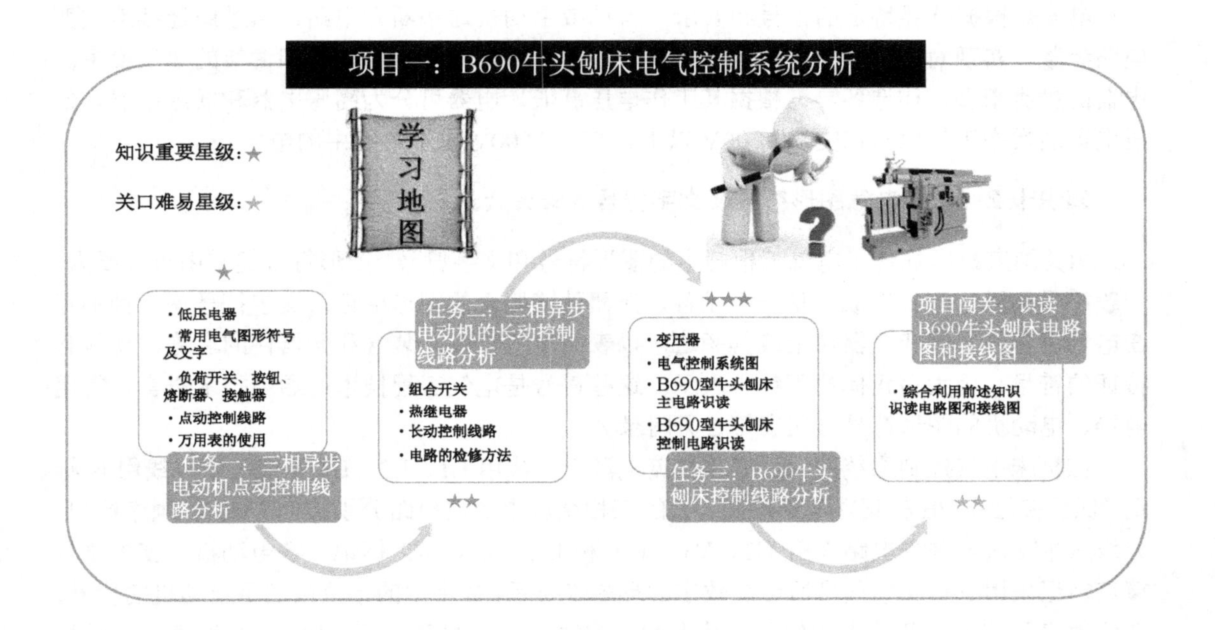

1.2　任务一：三相异步电动机点动控制线路分析

生产中常常要求机械具有频繁通断、远距离控制和自动控制功能，如电动葫芦中的起重电动机控制，车床拖板箱快速移动电动机控制等。以 B690 牛头刨床为例，当要快速移动刨床刀架时，操作人员只要按下按钮，刀架就会快速移动；松开按钮，刀架就会立即停止。刀架快速移动采用的是一种点动控制线路，它通过按钮和接触器来实现线路的自动控制。本次任务主要是分析点动控制线路并排除常见故障。

有的放矢

（1）掌握低压电器的概念、常用电气图形符号及文字符号。

（2）了解负荷开关、熔断器、按钮、接触器的结构、型号、规格及使用方法。

（3）掌握负荷开关、熔断器、按钮、接触器的工作原理、图形文字符号及用途。

（4）掌握三相异步电动机点动控制线路的工作原理。

聚沙成塔

知识卡 1：低压电器（★☆☆）

电器是根据外界特定的信号和要求，自动或手动接通和断开电路，断续或连续地改变电路参数，实现对电路或非电对象的切换、控制、保护、检测、变换和调节的电气设备。电器的种类繁多，构造各异。根据其工作电压高低，电器可分为高压电器和低压电器。低压电器通常指工作电压在交流 1200V 以下、直流 1500V 以下电路中的电器。

知识卡 2：常用电气图形符号及文字符号（★★☆）

相关国家标准规定了电气工程图中的图形符号和文字符号。图形符号通常由符号要素、一般符号和限定符号组成，是一个设备、元器件或概念的图形标记。文字符号是一种书写在电气设备、装置和元器件上或其旁边，以表明电气设备、装置和元器件的名称、功能和特征的符号，用大写正体拉丁字母表示。这些符号是电气工程技术的通用技术语言，常用电器、电动机的图形符号与文字符号见附录 A。

在机床电气控制系统图中，三相交流电源引入线用 L1、L2、L3 标记，中性线用 N 标记，保护接地用 PE 标记。电源开关之后的三相交流电源主电路分别按 U、V、W 顺序标记。分级三相交流电源主电路采用 U1、V1、W1 和 U2、V2、W2 标记。各电动机分支电路各接点标记采用三相文字代号后面加数字的形式来表示，数字中的十位数表示电动机的代号，个位数表示该支路各接点的代号，从上到下按数值大小顺序标记，如“U21”表示电动机 M2 第 1 相的第 1 个接点。电动机绕组首端分别用 U、V、W 标记，如果是六个接线头的电动机，那么尾端分别用 U′、V′、W′ 标记，双绕组的中点用 U″、V″、W″ 标记。控制电路采用阿拉伯数字进行编号，一般由三位或两位以下的数字组成。标记方法按等电位原则进行，在垂直绘制的电路中，一般由上而下编号，凡是被线圈、触点、电路元器件等隔离的线段，都应标以不同的电路标记。

知识卡 3：负荷开关（★☆☆）

1. 功能

开启式负荷开关又称为瓷底胶盖刀开关，简称刀开关。生产中常用的是 HK 系列开启式负荷开关，适用于照明、电热设备及小容量电动机控制线路，供手动不频繁地接通和分断电路，并起短路保护作用。

封闭式负荷开关又称铁壳开关，它是在开启式负荷开关基础上改进设计的一种开关，其灭弧性能、操作性能、通断能力、安全防护性能等都优于刀开关。因外壳为铸铁或薄钢板冲压而成，故俗称铁壳开关。可用于手动不频繁地接通和分断带负载的电路及线路末端的短路保护，也可用于控制小容量交流电动机的不频繁直接启动和停止。

2. 结构、符号

开启式负荷开关按极数分为单极、双极与三极 3 种，其中三极开关结构如图 1-2-1（a）所示，主要由静触点、动触点和熔体构成。如图 1-2-1（b）所示为 HRTO 熔断式负荷开关，额定电压为 380V，额定电流为 100～400A。开启式负荷开关的电路符号如图 1-2-1（c）所示，型号规格如图 1-2-1（d）所示。

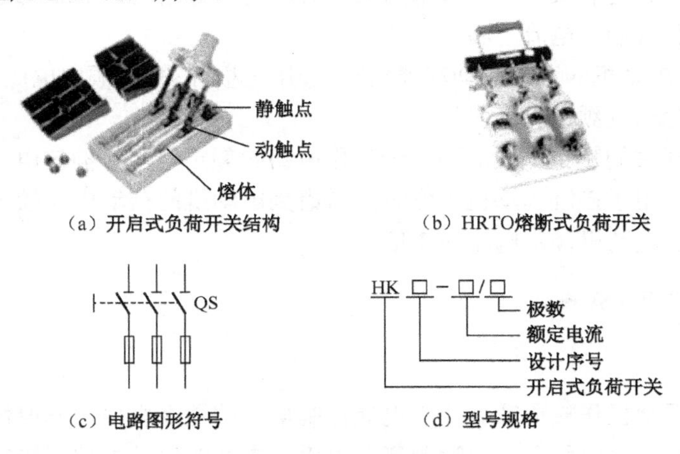

图 1-2-1　开启式负荷开关

铁壳开关主要由触点系统（包括动触点和静夹座）、操作机构（包括手柄、速断弹簧）、熔断器、灭弧装置和外壳构成，其外形、内部结构、电路符号和型号规格如图 1-2-2 所示。

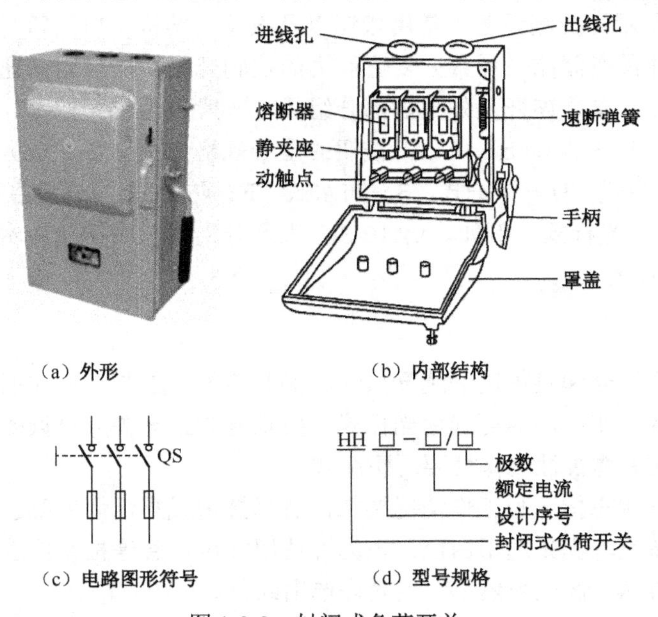

图 1-2-2　封闭式负荷开关

封闭式负荷开关的操作机构具有两个特点：一是设置了连锁装置，保证了开关在合闸状态下罩盖不能开启，而罩盖开启时不能合闸，以保证操作安全；二是采用储能分合闸方式，在手柄转轴与底座之间装有速动弹簧，能使开关快速接通与断开，与手柄操作速度无关，这样有利于迅速灭弧。

3. 选用

开启式负荷开关在一般的照明电路和功率小于 5.5kW 的电动机控制线路中被广泛采用。但这种开关由于没有专门的灭弧装置，所以其刀式动触点和静夹座易被电弧灼伤引起接触不良，因此不宜用于操作频繁的电路。具体选用方法如下：

（1）用于照明和电热负载时，选用两极开关，其额定电压为 220V 或 250V，额定电流不小于电路所有负载额定电流之和。

（2）用于控制电动机的直接启动和停止时，选用三极开关，其额定电压为 380V 或 500V，额定电流不小于电动机额定电流 3 倍。

封闭式负荷开关的额定电压应不小于工作电路的额定电压；额定电流应等于或稍大于电路的工作电流。用于控制电动机工作时，考虑到电动机的启动电流较大，所以应使开关的额定电流不小于电动机额定电流的 3 倍。

知识卡 4：按钮（★★☆）

1. 功能

按钮是一种手动操作接通或分断小电流控制电路的主令电器。一般情况下按钮不直接控制主电路的通断，主要利用按钮远距离发出手动指令或信号去控制接触器、继电器等电磁装置，实现主电路的分合、功能转换或电气连锁。

2. 结构、符号

如图 1-2-3 所示为控制设备中常用按钮以及按钮的结构、电路符号与型号规格。按钮是通过手动操作并具有储能（弹簧）复位能力的控制开关，一般由按钮帽、复位弹簧、桥式动触点、静触点、支柱连杆及外壳等部分组成。一般分为常开按钮、常闭按钮和复合按钮，其电路符号如图 1-2-3（b）所示。按钮的型号规格如图 1-2-3（c）所示，其中结构代号含义为：K—开启式、H—保护式、S—防水式、F—防腐式、J—紧急式、X—旋钮式、Y—钥匙操作式、D—光标式。例如，LA10-3K 表示开启式三联按钮。常用按钮的额定电压为 380V，额定电流为 5A。

3. 选用

（1）根据使用场合和具体用途选择按钮种类。例如，嵌装在操作面板上的按钮可选用开启式；要求显示工作状态的可选用光标式；要求能防止无关人员误操作的重要场合宜选用钥匙操作式；在有腐蚀性气体处要用防腐式。

（2）根据工作状态指示和工作情况要求，选择按钮或指示灯的颜色。例如，启动按钮可选用白、灰或黑色，优先选用白色，也允许选用绿色。急停按钮应选用红色。停止按钮可选用黑、灰或白色，优先用黑色，也允许选用红色。

（3）根据控制电路的需要选择按钮的数量。如单按钮、双联按钮和三联按钮等。

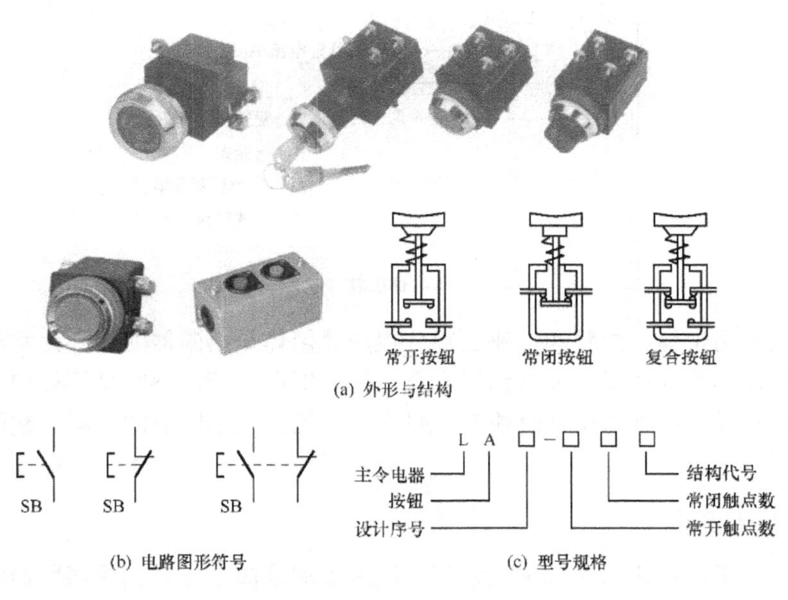

图 1-2-3 按钮

知识卡 5：熔断器（★★☆）

熔断器是一种简单而有效的保护电器，俗称保险丝，在低压配电电路中起短路和严重过载时的保护作用，在电动机控制电路中主要作为短路保护。使用时将熔断器串联在被保护的电路中，让负载电流流过熔体。当电路正常工作时，发热温度低于融断温度，熔体不会熔断；当电路发生严重过载或短路故障时，电流大于熔体允许的正常发热电流，使熔体温度急剧上升，超过其熔点时，熔体被瞬时熔断，从而分断电路，起到了保护电路和设备的作用。

1. 外形、结构与符号

熔断器的外形、结构与符号如图 1-2-4 所示。RT 系列圆筒帽形熔断器采取导轨安装和安全性能高的指触防护接线端子，目前在电气设备中广泛应用。瓷插式熔断器多用于照明电路，目前已被断路器所取代。螺旋式熔断器常用于机床电气设备中，其熔断管的端口处装有熔断指示片，该指示片脱落时表示内部熔丝已断。不同规格的熔断器按电流等级配置熔断管，如 380V/60A 的 RL1 型熔断器配有 20A、25A、30A、35A、40A、50A、60A 额定电流等级的熔断管。螺旋式熔断器底座的中心端为连接电源端子。

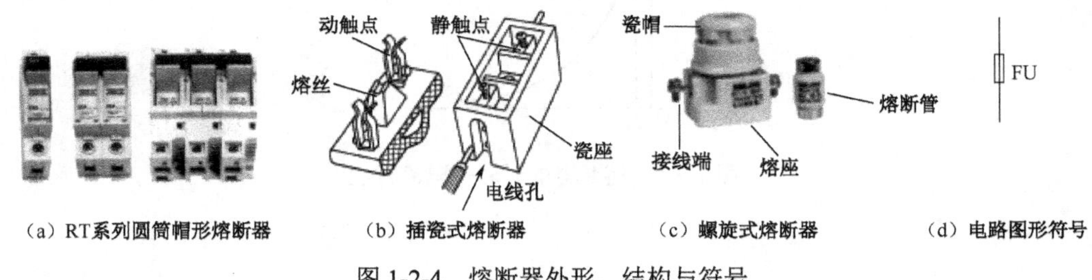

图 1-2-4 熔断器外形、结构与符号

熔断器型号及表示意义如下：

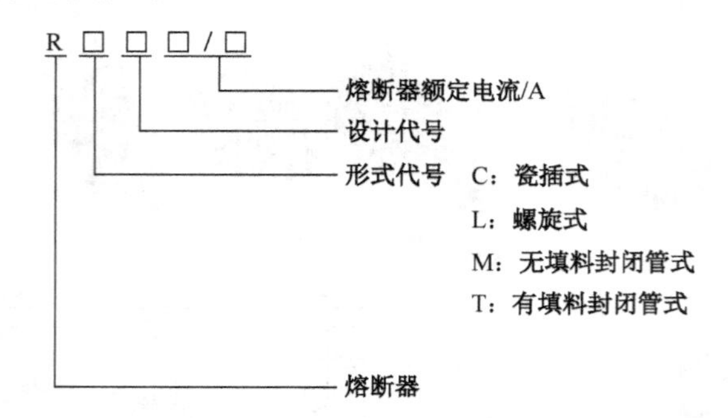

熔断器主要由熔体、熔管和熔座三部分组成。熔体是熔断器的核心，常制成丝状、片状或栅状，制作熔体的材料一般有铅锡合金、锌、铜和银等。熔管是熔体的保护外壳，用耐热绝缘材料制成，在熔体熔断时兼有灭弧作用。熔座是熔断器的底座，起固定熔管和连接引线作用。

2. 主要技术参数

（1）额定电压：指熔断器长期正常工作能承受的最高电压。如果熔断器的实际工作电压大于其额定电压，熔体熔断时可能会发生电弧不能熄灭的危险。

（2）额定电流：指保证熔断器能长期正常工作的电流，它的大小是由熔断器各部分长期工作时的允许温升决定的。

注意：熔断器的额定电流与熔体的额定电流是两个不同的概念。熔体的额定电流是指在规定工作条件下，长时间通过熔体而熔体不熔断的最大电流值。通常，一个额定电流等级的熔断器可以配用若干个额定电流等级的熔体，但熔体的额定电流不能大于熔断器的额定电流值。如型号为 RL1-15 的熔断器，其额定电流为 15A，但可以配用额定电流为 2A、4A、6A、10A 和 15A 的熔体。

（3）分断能力：指在规定的电压及性能条件下，熔断器能分断的预期分断电流值。常用极限分断电流值来表示。

（4）时间—电流特性：在规定的条件下，表征流过熔体的电流与熔体熔断时间的关系曲线称为时间—电流特性，也称为安—秒特性或保护特性，如图 1-2-5 所示。从特性曲线可以看出，熔断器的熔断时间随电流的增大而减小。如表 1-2-1 所示为熔体的安—秒特性列表。

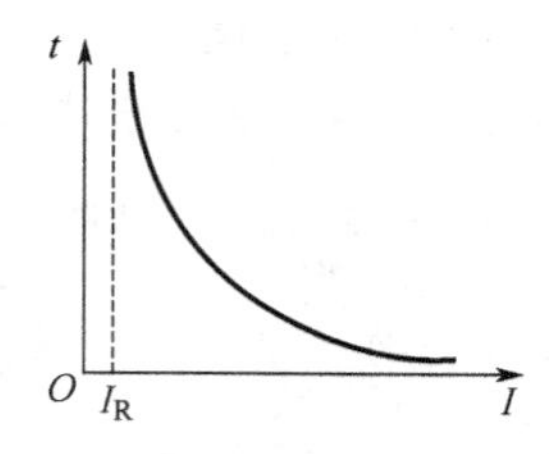

图 1-2-5 熔断器的时间—电流特性

表 1-2-1　常用熔体的安—秒特性

熔体通过电流（A）	$1.25I_N$	$1.6I_N$	$1.8I_N$	$2I_N$	$2.5I_N$	$3I_N$	$4I_N$	$8I_N$
熔断时间（s）	∞	3 600	1 200	40	8	4.5	2.5	1

表中，I_N 为熔体额定电流，通常取 $2I_N$ 为熔断器的熔断电流，其熔断时间约为 40s，因此，熔断器对轻度过载反应迟缓，一般不宜作为过载保护，主要作为短路保护。

3. 熔断器的选用

熔断器的选用主要考虑熔断器的形式、额定电流、额定电压以及熔体额定电流。熔体额定电流的选择是熔断器选择的核心，其选择方法如表 1-2-2 所示。

表 1-2-2　熔体额定电流选择

负载性质		熔体额定电流（I_{Te}）
电炉和照明等电阻性负载		$I_{Te} \geqslant I_N$
单台电动机	绕线式电动机	$I_{Te} \geqslant (1 \sim 1.25)I_N$
	笼式电动机	$I_{Te} \geqslant (1.5 \sim 2.5)I_N$
	启动时间较长的某些笼式电动机	$I_{Te} \geqslant 3I_N$
	连续工作制直流电动机	$I_{Te}=I_N$
	反复短时工作制直流电动机	$I_{Te}=1.25I_N$
多台电动机		$I_{Te} \geqslant (1.5 \sim 2.5)I_{Nmax}+I_{de}$； I_{Nmax}：熔体额定电流最大的那台电动机的额定电流； I_{de}：其他电动机额定电流之和

注意：在安装、更换熔体时，一定要切断电源，将刀开关拉开，不要带电作业，以免触电。熔体烧坏后，应换上和原来同材料、同规格的熔体，千万不要随便加粗熔体，或用不易熔断的其他金属丝去替换。

知识卡 6：接触器（★★★）

接触器是一种用来接通或切断交、直流主电路和控制电路，并且能够实现远距离控制的电器。大多数情况下其控制对象是电动机，也可以用于其他电力负载，如电阻炉、电焊机等，接触器不仅能自动地接通和断开电路，还具有控制容量大、欠电压释放保护、零压保护、可频繁操作、工作可靠、寿命长等优点。接触器实际上是一种自动的电磁式开关。触点的通断不是由手来控制，而是电动操作，属于自动切换电器。接触器按主触点通过电流的种类，分为交流接触器和直流接触器两类。在机床电气控制电路中主要使用的是交流接触器。

1. 交流接触器的结构和符号

CJ10 系列等交流接触器的外形如图 1-2-6 所示。

交流接触器主要由电磁系统、触点系统、灭弧装置和辅助部件等组成。

1）电磁系统

电磁系统由线圈、动铁芯（衔铁）和静铁芯组成。静铁芯和衔铁一般用 E 形硅钢片叠压而成，以减小铁芯的磁滞和涡流损耗；铁芯的两个端面上嵌有短路环，用以消除电磁系统的振动和噪声；线圈做成粗而短的圆筒形，且在线圈和铁芯之间留有空隙，以增强铁芯的散热效果。

交流接触器利用电磁系统中线圈的通电或断电，使铁芯吸合或释放衔铁，从而带动动触点与静触点闭合或分断，实现电路的接通或断开。

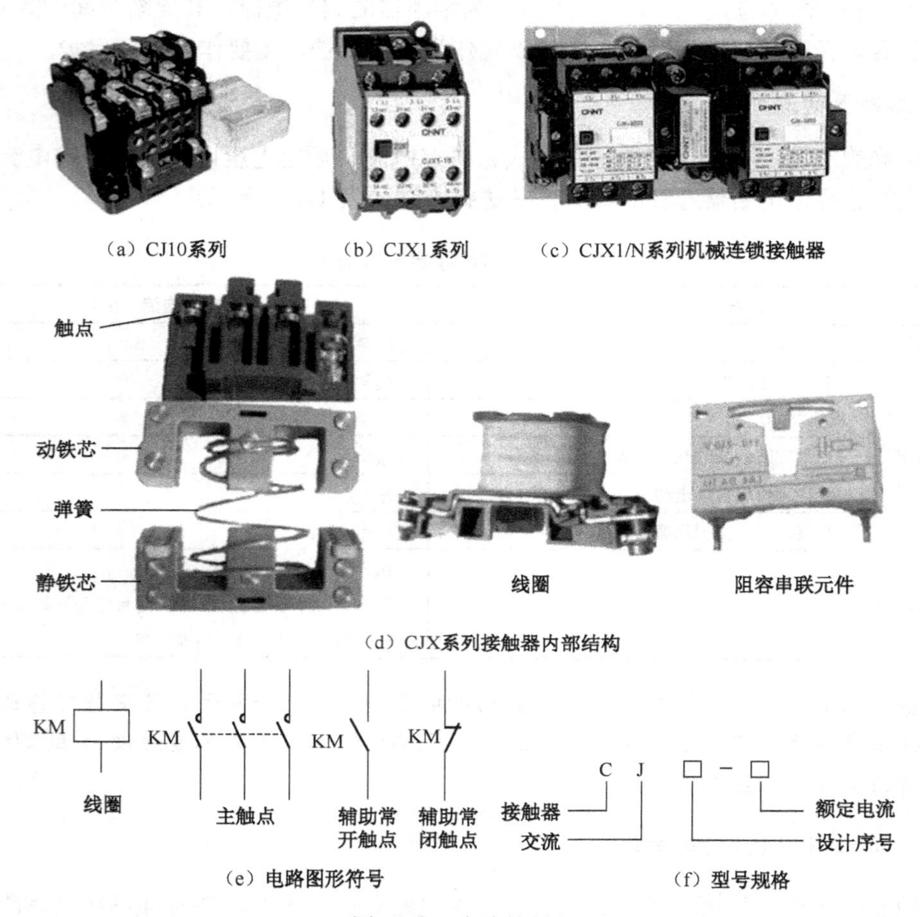

（a）CJ10系列　（b）CJX1系列　（c）CJX1/N系列机械连锁接触器

（d）CJX系列接触器内部结构

（e）电路图形符号　（f）型号规格

图 1-2-6　交流接触器

2）触点系统

触点按通断能力可分为主触点和辅助触点。主触点用以通断电流较大的主电路，一般由三对常开触点组成。辅助触点用以通断电流较小的控制电路，一般由两对常开触点和两对常闭触点组成。常开触点和常闭触点是联动的。当线圈通电时，常闭触点先断开，常开触点后闭合，中间有一个很短的时间差。当线圈断电后，常开触点先恢复断开，随后常闭触点恢复闭合，中间也存在一个很短的时间差。这个时间差虽然很短，但对实现电路的控制作用却很重要。

3）灭弧装置

交流接触器在断开大电流或高电压电路时，会在动、静触点之间产生很强的电弧。电弧是触点间气体在强电场作用下产生的放电现象，它的产生一方面会灼伤触点，减少触点的使用寿命；另一方面会使电路切断时间延长，甚至造成弧光短路或引起火灾事故。因此触点间的电弧应尽快熄灭。

灭弧装置的作用是熄灭触点分断时产生的电弧，以减轻电弧对触点的灼伤，保证可靠地分断电路。交流接触器常采用的灭弧装置有双断口结构电动力灭弧装置、纵缝灭弧装置和栅片灭弧装置。对于容量较小的交流接触器，一般采用双断口结构电动力灭弧装置和纵缝灭弧装置；对于容量较大的交流接触器多采用栅片来灭弧。

4）其他部件

包括反作用弹簧、缓冲弹簧、触点压力弹簧、传动机构及外壳等。反作用弹簧安装在衔铁和线圈之间，其作用是线圈断电后，带动触点复位；缓冲弹簧安装在静铁芯和线圈之间，其作用是缓冲衔铁在吸合时对静铁芯和外壳的冲击力，保护外壳；触点压力弹簧安装在动触点上面，其作用是增加动、静触点间的压力，从而增大接触面积，以减少接触电阻的阻值，防止触点过热损伤；传动结构的作用是在衔铁或反作用弹簧的作用下，带动动触点实现与静触点的接通或分断。

接触器的电路符号如图 1-2-6（e）所示，型号规格如图 1-2-6（f）所示，例如，CJX1-16 表示主触点额定电流为 16A（可控电动机最大功率为 7.5kW/380V）的交流接触器。

2. 交流接触器的工作原理

交流接触器的工作原理如图 1-2-7 所示。当接触器线圈通电时，线圈中的电流产生磁场，使静铁芯磁化产生足够大的电磁吸力，克服反作用弹簧的作用力将衔铁吸合，衔铁通过传动机构带动辅助常闭触点先断开，三对常开主触点和辅助触点后闭合；当接触器线圈断电或电压显著下降时，由于铁芯的电磁吸力消失或过小，衔铁在反作用弹簧的作用下复位，并带动各触点恢复到原始状态。

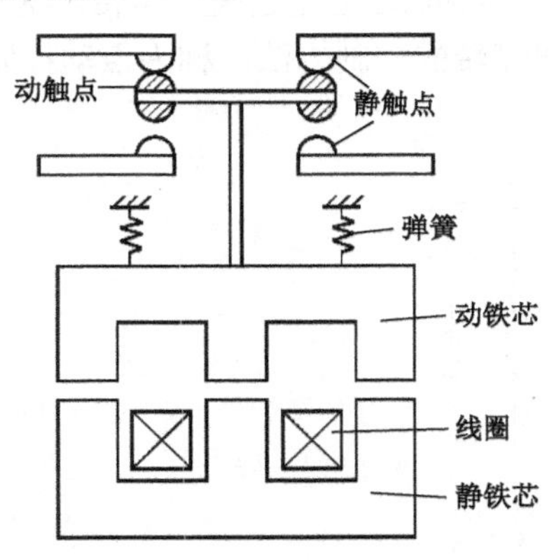

图 1-2-7　交流接触器工作原理图

3. 交流接触器的选用

（1）主触点额定电压的选择。接触器主触点的额定电压应大于或等于被控制电路的额定电压。

（2）主触点额定电流的选择。接触器主触点的额定电流应大于或等于电动机的额定电流。如果用于电动机的频繁启动、制动及正反转的场合，应将接触器主触点的额定电流降低一个等级使用。

（3）线圈额定电压选择。线圈的额定电压应与设备控制电路的电压等级相同。通常使用 380V 或 220V 的电压，如基于安全考虑使用较低电压时，也可选用 36V 或 110V 电压的线圈，但要通过变压器降压供电。

知识卡 7：点动控制线路（★☆☆）

1. 点动主电路

主电路是电动机电流流经的电路，其特点是电压高、电流大，在电路原理图中主电路常绘制于左侧。点动主电路如图 1-2-8 所示，由三相交流电源 L1、L2、L3 与负荷开关 QS、熔断器 FU1、交流接触器 KM 主触点和三相异步电动机 M 构成，其中 QS 起接通电源的作用，FU1 实现主电路的短路保护，交流接触器 KM 主触点控制电动机 M 的启动与停止。显然，合上负荷开关 QS，虽然电源已经接通，但由于交流接触器主触点未吸合，主电路仍处于断开状态，电动机 M 并不能得电启动运转，只有当交流接触器 KM 主触点闭合，主电路形成电路后，电动机 M 才能得电启动运转。

2. 点动控制电路

控制电路是对主电路起控制作用的电路，控制电路的特点是电压不确定（可通过变压器变压，通常电压范围为 36～380V），电流小，在电路原理图中控制电路按主电路动作顺序绘在右侧。点动控制电路如图 1-2-9 所示，由熔断器 FU2、启动按钮 SB 和交流接触器 KM 线圈构成，熔断器 FU2 用于控制电路的短路保护，启动按钮 SB 控制交流接触器 KM 线圈通电与断电。当电源接通后，按下启动按钮 SB，控制电路接通，交流接触器 KM 线圈通电，KM 主触点闭合，此时电动机 M 得电启动运转。松开 SB，控制电路断开，KM 线圈断电，KM 主触点断开复位，电动机 M 也随之失电停转。这种按下按钮，电动机就得电运转；松开按钮，电动机就失电停转的控制方法，称为点动控制。

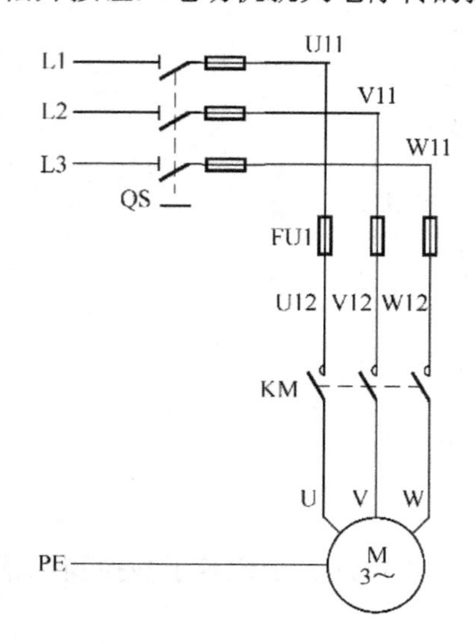

图 1-2-8　点动主电路原理图

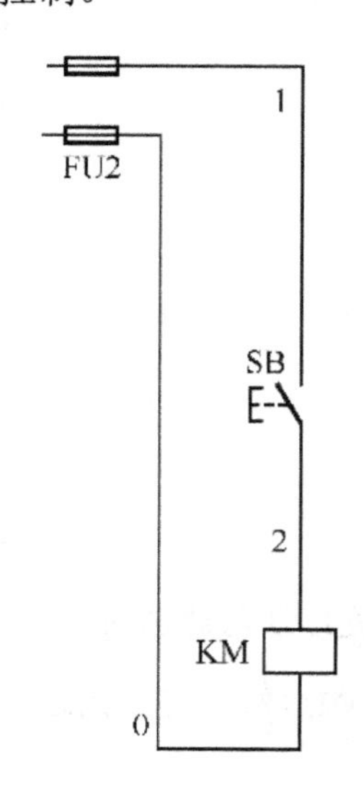

图 1-2-9　点动控制电路原理图

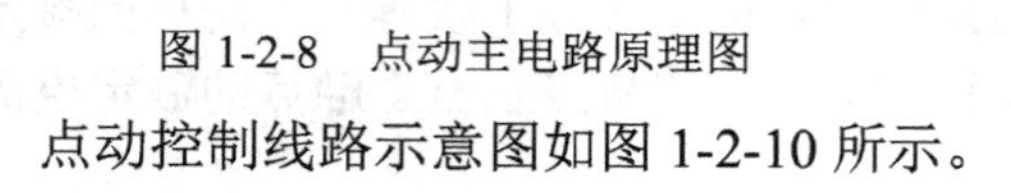

点动控制线路示意图如图 1-2-10 所示。

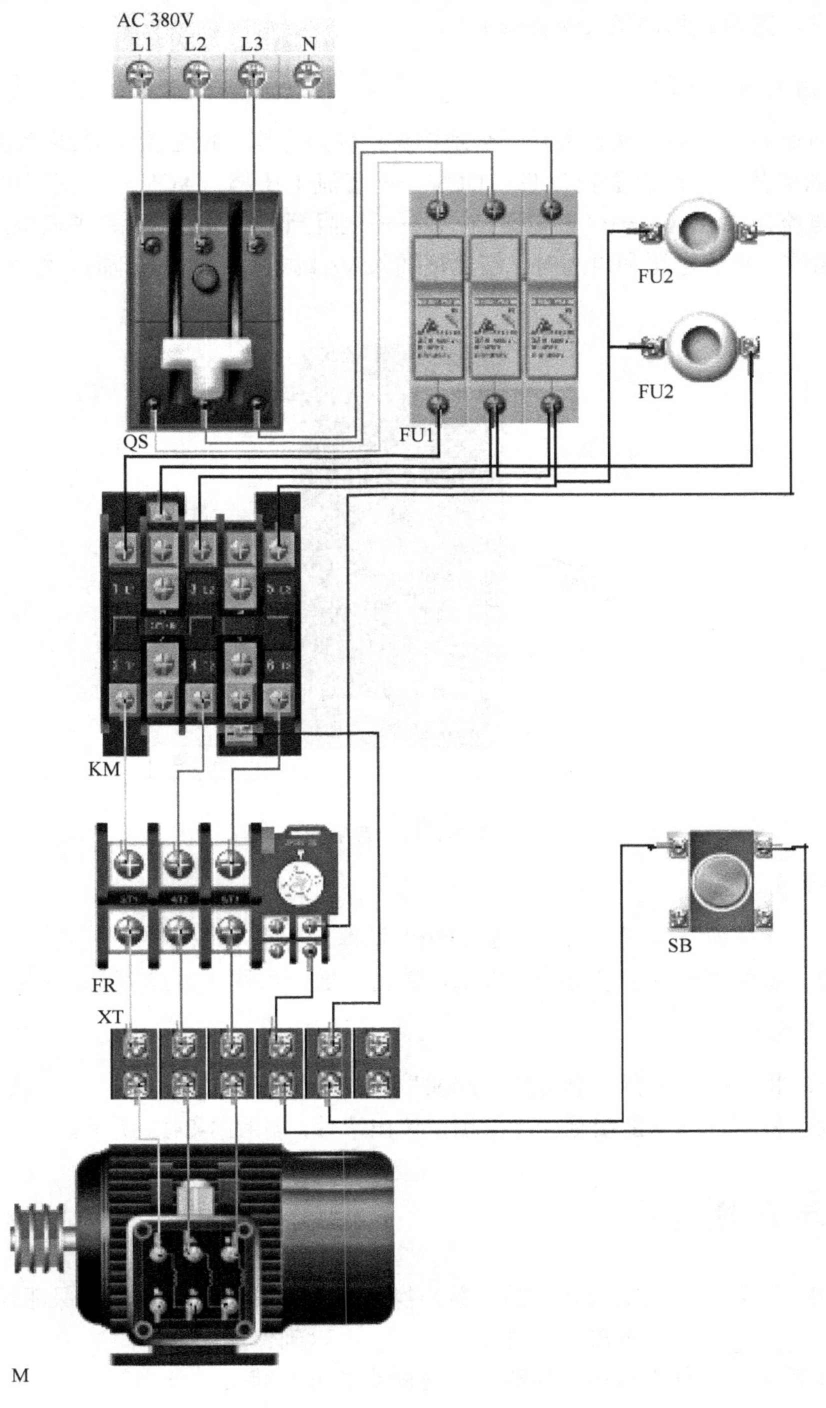

图 1-2-10　点动控制线路示意图

技能卡：万用表的使用（★★☆）

1. 万用表基本介绍

使用万用表时，将转换开关置于合适挡位；使用完毕，使之置于 OFF 挡位。显示器显示万用表的读数。万用表面板信息：DCV——直流电压挡；ACV——交流电压挡；DCA——直流电流挡；ACA——交流电流挡；Ω——电阻挡。万用表插孔：黑表笔插入 COM 插孔；在测量交、直流电压和电阻时，红表笔插入 V/Ω 插孔；测量电流时，红表笔插入 ADC 插孔。

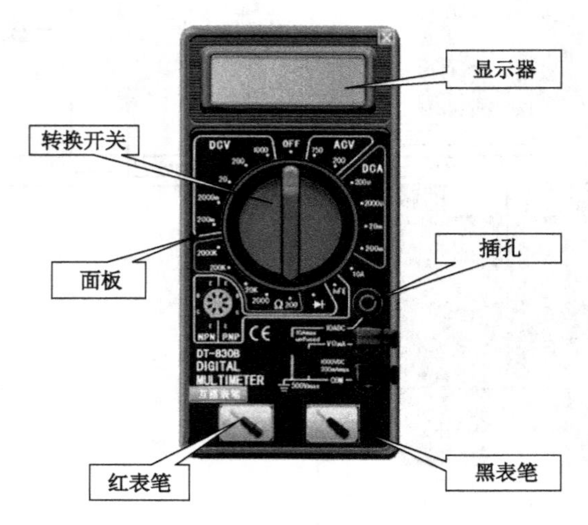

图 1-2-11　万用表

2. 测量交流电压

步骤 1：将转换开关置于 ACV 挡“750”量程，并合上 QS。
步骤 2：将两表笔分别接至①、②端，读出示数，如图 1-2-12 所示。

3. 测量电阻

步骤 1：将转换开关置于电阻挡“2000”量程，并断开 QS。
步骤 2：将两表笔分别接至①、②端，读出示数，如图 1-2-13 所示。

小试牛刀

（1）HH 系列封闭式负荷开关的罩盖与操作机构设置了连锁装置，保证开关在闭合状态下罩盖________，而当罩盖开启时又________，以确保操作安全。

（2）按钮按不受外力作用（即静态）时触点的分合状态，分为________、________和复合按钮。

（3）交流接触器的电磁系统主要由________、________和________三部分组成。

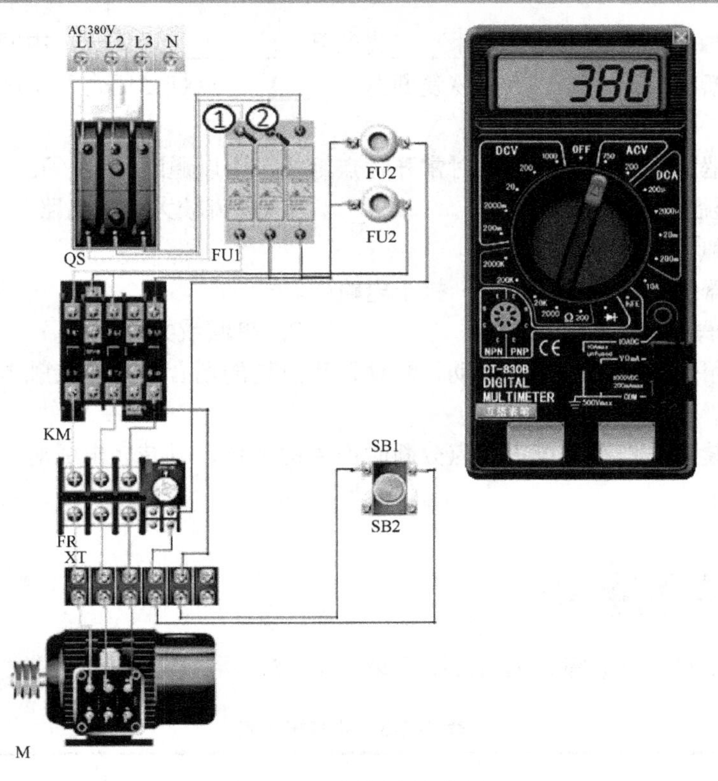

图 1-2-12　测量交流电压

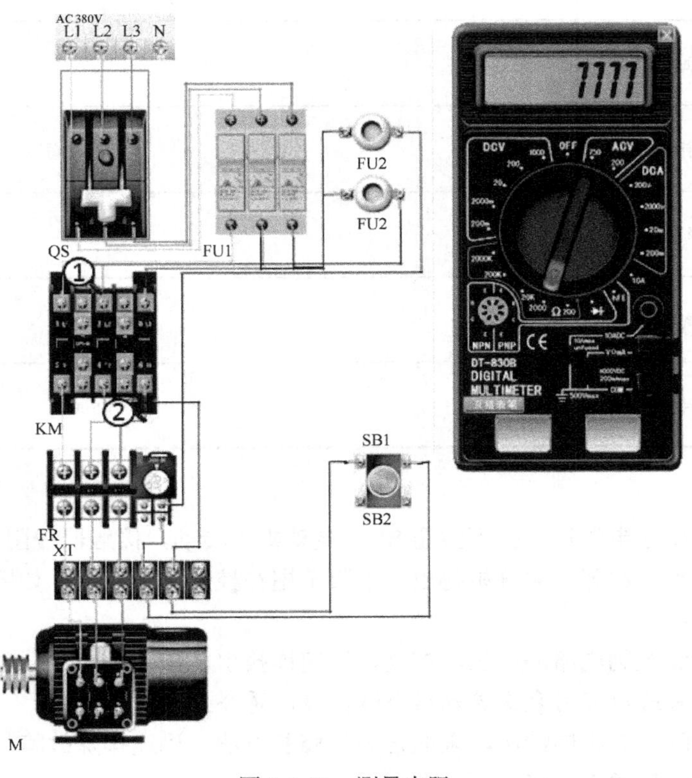

图 1-2-13　测量电阻

（4）当接触器线圈通电时，________先断开，________后闭合，中间有一个很短的时间差。当线圈断电后，________先恢复断开，________后恢复闭合，中间也存在一个很短的________。

（5）接触器的主触点一般由三对常开触点组成，用以通断（　　）。

A．电流较小的控制电路　　B．电流较大的主电路

C．控制电路和主电路

（6）接触器的励磁线圈（　　）接于电路中。

A．串联　　B．并联　　C．串联或并联

（7）如果用于电动机的频繁启动、制动及正反转的场合，应将接触器主触点的额定电流降低一个等级使用。（　　）

（8）灭弧装置的作用是熄灭触点分断时产生的电弧，以减轻电弧对触点的灼伤，保证可靠地分断电路。（　　）

大显身手

请分析、排除以下故障并填写故障记录表1-2-3。

表1-2-3　故障记录表

故障一	故障现象	
	故障分析	
	测量与排除方法	
故障二	故障现象	
	故障分析	
	测量与排除方法	

1．故障一

故障现象：接通电源后，按下按钮SB，电动机不转动，接触器线圈不吸合。

故障范围：根据故障现象分析得出，故障范围在控制电路部分，如图1-2-14所示。

排查故障点：

（1）通过测量控制电路的电压，准确、迅速地找出故障点。

注意： 测量时选用万用表交流电压合适挡位，再合上QS。

（2）根据故障点的不同情况，采取正确的修复方法，迅速排除故障。

（3）排除故障后通电试车。

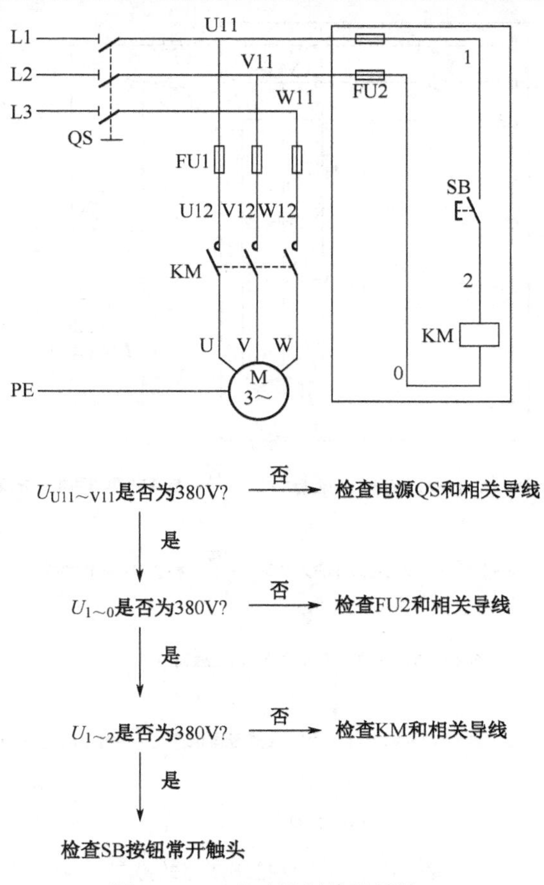

图 1-2-14　点动控制线路故障一

2. 故障二

故障现象：按下按钮 SB，接触器 KM 线圈吸合，但电动机不转动（或缺相）。

故障范围：根据故障现象分析得出，故障范围在主电路部分，如图 1-2-15 所示。

排查故障点：

（1）通过测量控制电路的电压，准确、迅速地找出故障点。

注意： 测量时选用万用表交流电压合适挡位，再合上 QS。

（2）根据故障点的不同情况，采取正确的修复方法，迅速排除故障。

（3）排除故障后通电试车。

点石成金

1. 缺相故障检测

检测缺相故障，用电阻法较简单，检测时利用电动机绕组构成的电路进行。方法是切断电源后，用万用表测量 U11～V11、U11～W11、V11～W11 之间的电阻，如三次测量电阻值相等且较小，判断 U11、V11、W11 三点至电动机三段电路无故障，若某一相与其他两相间阻值为无穷大，则该相断路。由于线路较为简单，故障一般发生在低压电器上。

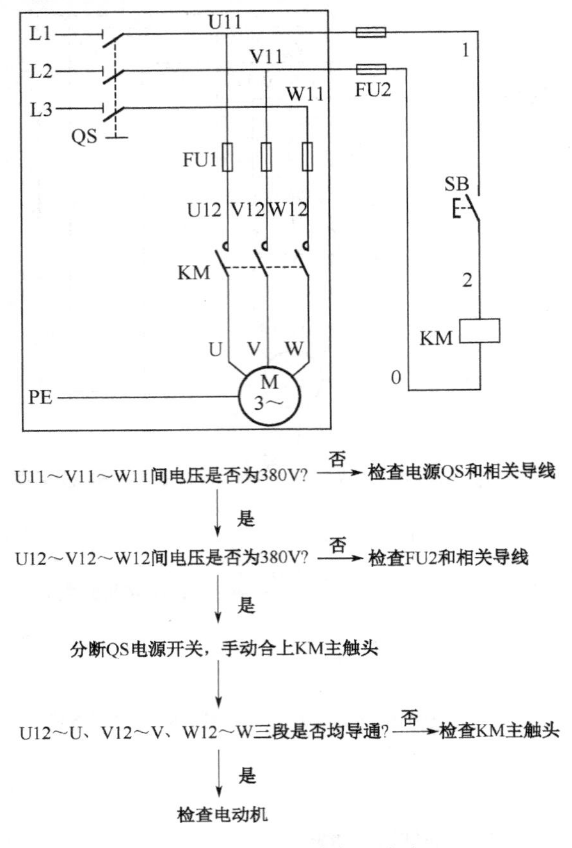

图 1-2-15　点动控制线路故障二

2. 交流接触器检测

用万用表测量各触点的通断情况，特别注意“常开”、“常闭”触点的不同。所谓“常开”、“常闭”是指电磁系统未通电时触点的状态，二者是联动的，**当线圈通电时，常闭触点先断开，常开触点后闭合；线圈断电时，常开触点先断开，常闭触点后闭合。**“常开”、“常闭”触点动作的先后顺序不能弄错，否则会影响到电路的分析。此外，交流接触器线圈电压在其 85%～105%额定电压时，能可靠地工作。电压过高，则磁路趋于饱和，线圈电流将显著增大，线圈有被烧坏的危险；电压过低，则吸不牢衔铁，触点跳动，不但影响电路正常工作，而且线圈电流会达到额定电流的几十倍，使线圈过热而烧坏。因此，电压过高或过低都会造成线圈发热而烧毁。

1.3　任务二：三相异步电动机长动控制线路分析

点动控制线路中，手必须按在按钮上电动机才能运转，手松开按钮后，电动机则停转。

这种控制电路对于生产机械中电动机的短时间控制十分有效，如果生产机械中电动机需要长时间控制，操作人员一只手必须始终按在按钮上，则不方便进行其他操作，劳动强度也大，因此现实中的许多生产机械都要求按下按钮启动电动机后，即使松开手，电动机仍继续运行。B690 型牛头刨床主轴电动机就是采用这种长动控制方式。本次任务将分析长动控制线路并排除常见故障。

有的放矢

（1）了解组合开关、热继电器、熔断器、变压器的结构、型号、规格及使用方法。

（2）掌握组合开关、热继电器、熔断器、变压器的工作原理、图形文字符号及用途。

（3）掌握三相异步电动机长动控制基本线路的工作原理。

聚沙成塔

知识卡 1：组合开关（★☆☆）

组合开关实际上是一种转换开关，其特点是体积小，触点对数多，接线方式灵活，操作方便。在机床电气设备中作为电源引入开关，也可以用于三相异步电动机非频繁的正/反转控制。

1. 组合开关的结构与型号

组合开关由多对动触点和静触点、方形转轴、手柄、定位机构和外壳等组成，其静触点装在能随转轴转动的绝缘垫板上，这样当手柄和转轴沿顺时针或逆时针方向转动 90° 时，就能带动三个动触点分别与静触点接触或分离，实现接通和断开电路的目的，其结构和图形、文字符号如图 1-3-1 所示。

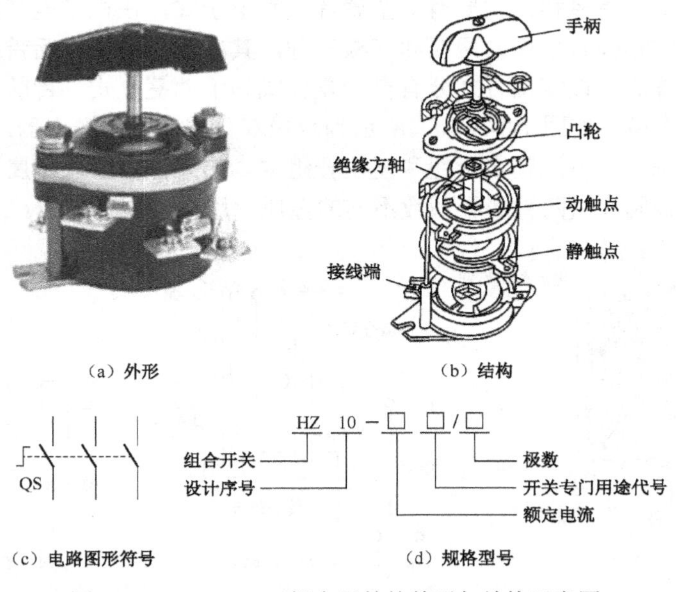

图 1-3-1　HZ10-10/3 组合开关的外形与结构示意图

2. 组合开关的主要技术数据及选用

组合开关可分为单极、双极和多极三类，主要参数有额定电压、额定电流、极数等，额定电流有10A、20A、40A、60A几个等级。组合开关应根据电源种类、电压等级、所需触点数、接线方式和负载容量进行选用。在用于控制小型异步电动机的运转时，开关的额定电流一般取电动机额定电流的1.5～2.5倍。

3. 组合开关的安装与使用

（1）HZ10系列组合开关应安装在控制箱（或壳体）内，其操作手柄最好伸出在控制箱的前面或侧面。开关为断开状态时应使手柄在水平位置。HZ3系列组合开关外壳上的接地螺钉应可靠接地。

（2）若要在箱内操作，开关最好装在箱内右上方，并且不要在它的上方安装其他电器，如果要安装则应采取隔离或绝缘措施。

（3）组合开关的通断能力较低，故不能用来分断异常电流。

（4）当操作频率过高或负载功率因数较低时，应降低开关的容量使用，以延长其使用寿命。

知识卡2：热继电器（★★☆）

1. 功能

热继电器是利用流过继电器的电流所产生的热效应而使其动作的自动保护电器。电动机在运行过程中，难免会遇到过载运行、频繁启动、断相运行、欠电压运行等情况，这样有可能造成电动机的电流超过它的额定值。当超过的量不大时，熔断器不会熔断，但时间长了会引起电动机过热，加速电动机绝缘的老化，缩短电动机的使用寿命，严重时甚至会烧毁电动机绕组，因此必须对电动机进行长期过载保护。

2. 结构与工作原理

热继电器的形式有多种，主要有双金属片式和电子式，在机床电气控制中双金属片式应用最多。按极数划分有单极、两极和三极三种，其中三极的又包括带断相保护装置的和不带断相保护装置的。按复位方式分有自动复位式和手动复位式。目前使用的热继电器有两极和三极两种类型。如图1-3-2（a）所示为两极双金属片式热继电器。它主要由热元件、传动推杆、常闭触点、电流整定旋钮和复位杆组成。热元件由主双金属片和绕在外面的电阻丝组成。主双金属片由两种膨胀系数不同的金属片用机械辗轧而成。

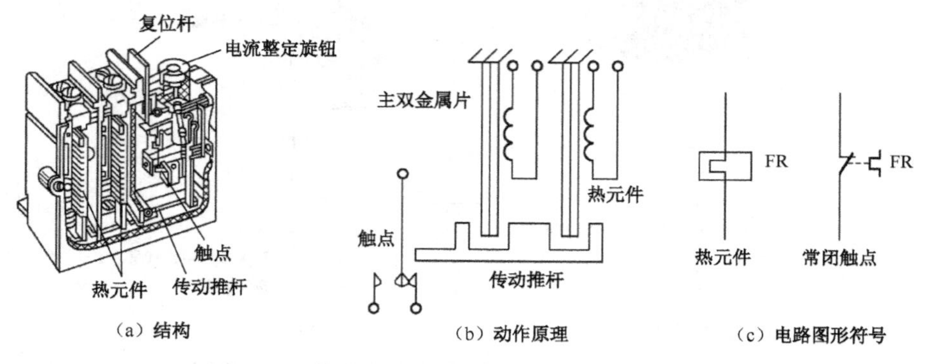

（a）结构　（b）动作原理　（c）电路图形符号

图1-3-2　热继电器的结构、动作原理和电路符号

使用热继电器时，要将热元件串联在主电路中，常闭触点串联在控制电路中。动作原理如图 1-3-2（b）所示，当电动机过载时，流过电阻丝的电流大于热继电器的整定电流值，电阻丝温度升高，由于两块金属片的膨胀系数不同而使主双金属片弯曲，通过传动推杆推动常闭触点使其分断，断开控制电路，再通过接触器切断主电路，实现对电动机的过载保护。电源切断后，主双金属片逐渐冷却回到原位。热继电器的复位杆有手动复位和自动复位两种形式，可根据使用要求通过复位调节螺钉来自由调整选择。热继电器的电路符号如图 1-3-2（c）所示。

热继电器的整定电流是指使热继电器连续工作而不动作的最大电流，可通过旋转电流整定旋钮来调节。一般自动复位时间不大于 5min，手动复位时间不大于 2min。超过整定电流，热继电器将在负载未达到其允许的过载极限之前动作。

3. 型号含义及选用

热继电器的型号及表示意义如下：

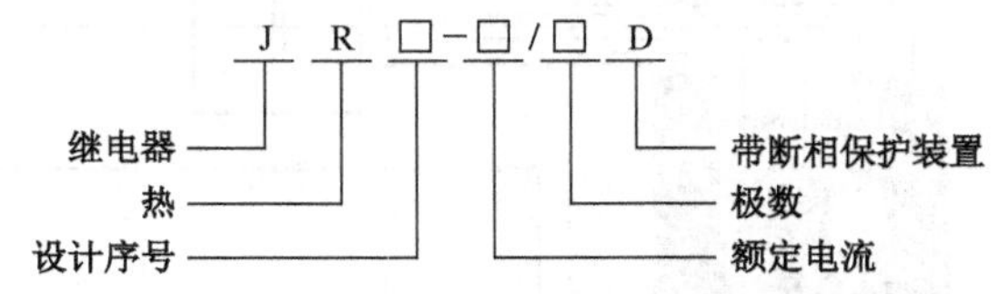

例如，JRS1-12/3 表示 JRS1 系列额定电流为 12A 的三极热继电器。

热继电器的选择：应根据电动机的额定电流来确定其型号及热元件的额定电流等级。应注意的是热继电器不能用于短路保护。

（1）根据电动机的额定电流选择热继电器的规格。一般应使热继电器的额定电流略大于电动机的额定电流。

（2）根据需要的整定电流值选择热元件的编号和电流等级。一般情况下，热元件的整定电流为电动机额定电流的 0.95～1.05 倍。

（3）根据电动机定子绕组的连接方式选择热继电器的结构形式，即定子绕组为 Y 形连接的电动机选用普通三极结构的热继电器，而采用△形连接的电动机选用三极带断相保护装置的热继电器。

知识卡 3：长动控制线路（★★☆）

长动控制线路如图 1-3-3 所示，其主电路和点动控制线路的主电路相同，但在控制电路部分又串联了一个停止按钮 SB2，在启动按钮 SB1 的两端并联了接触器 KM 的一对辅助常开触点。长动控制线路不但能使电动机连续运转，而且还具有欠压和失压（或零压）保护作用。

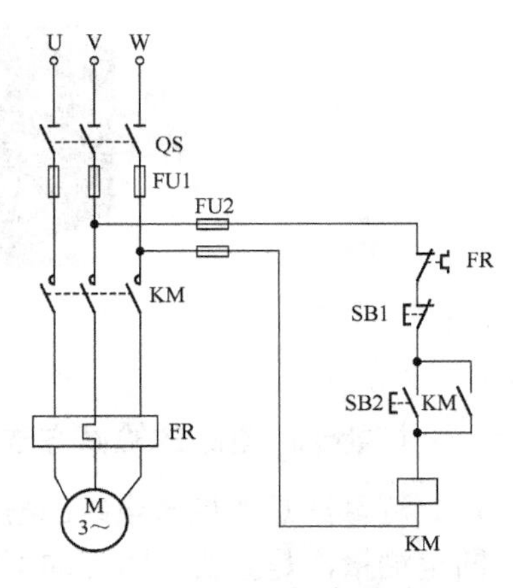

图 1-3-3　长动控制线路原理图

1. 工作原理

合上电源开关 QS 后，按下启动按钮 SB2，接触器 KM 线圈通电吸合，KM 的 3 对主触点闭合，电动机 M 通电启动，同时与 SB2 并联的 1 对辅助常开触点闭合，形成自锁。松开 SB2 后，接触器 KM 的线圈通过辅助常开触点的闭合仍继续保持通电，从而实现电动机的连续运转。这种依靠接触器自身辅助常开触点使其线圈保持通电的控制方式称为自锁。与启动按钮并联起自锁作用的辅助常开触点称为自锁触点。当需要电动机停转时，只要按下停止按钮，则接触器 KM 线圈断电，KM 主触点分断，电动机 M 失电停转。

长动控制线路示意图如图 1-3-4 所示。

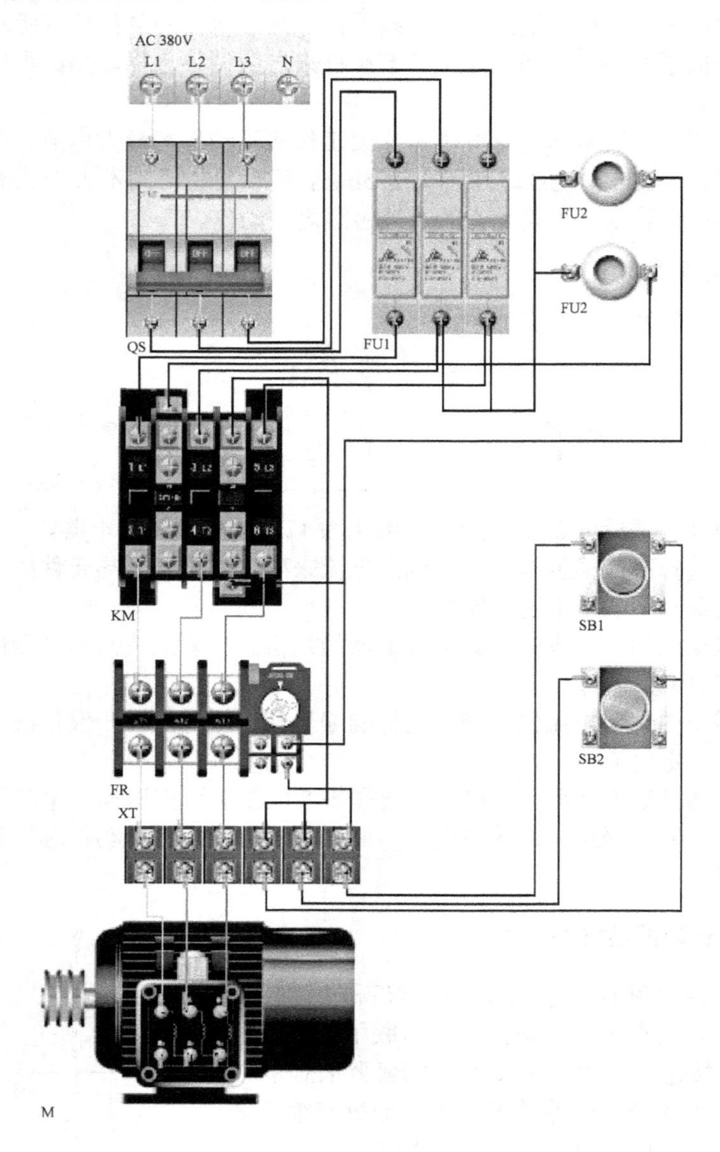

图 1-3-4　长动控制线路示意图

技能卡：电路的检修方法（★★★）

测量法是在机床电路的检修中最常用的方法，利用电工工具和仪表对电路进行带电或断电测量，是查找故障点的可靠方法。

1. 电压分阶测量法

测量检查时，首先把万用表的转换开关置于交流 750V 挡位。

按图 1-3-5 所示的方法进行测量。先断开主电路，接通控制电路的电源。若按下启动按钮 SB1 时，接触器 KM 不吸合，则说明控制电路有故障。

检测时要两人配合进行。一人先用万用表测量 0 和 1 两点之间的电压，若电压为 380V，则说明控制电路的电源电压正常。然后由一人按下 SB2 不放，一人把黑表笔接到 0 点上，红表笔依次接到 2、3、4 各点上，分别测量出 0-2、0-3、0-4 两点间的电压。

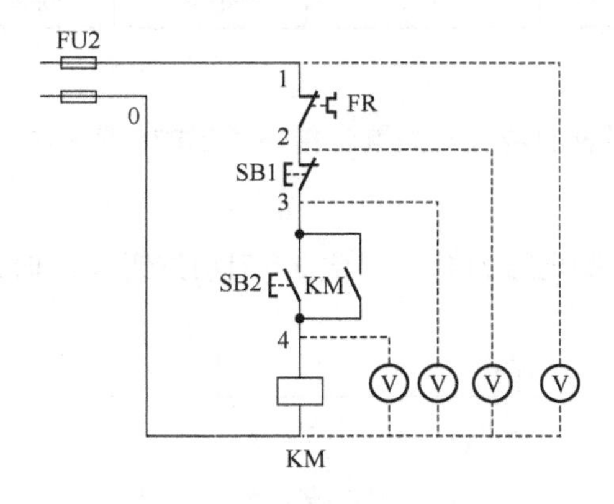

（a）电路示意图

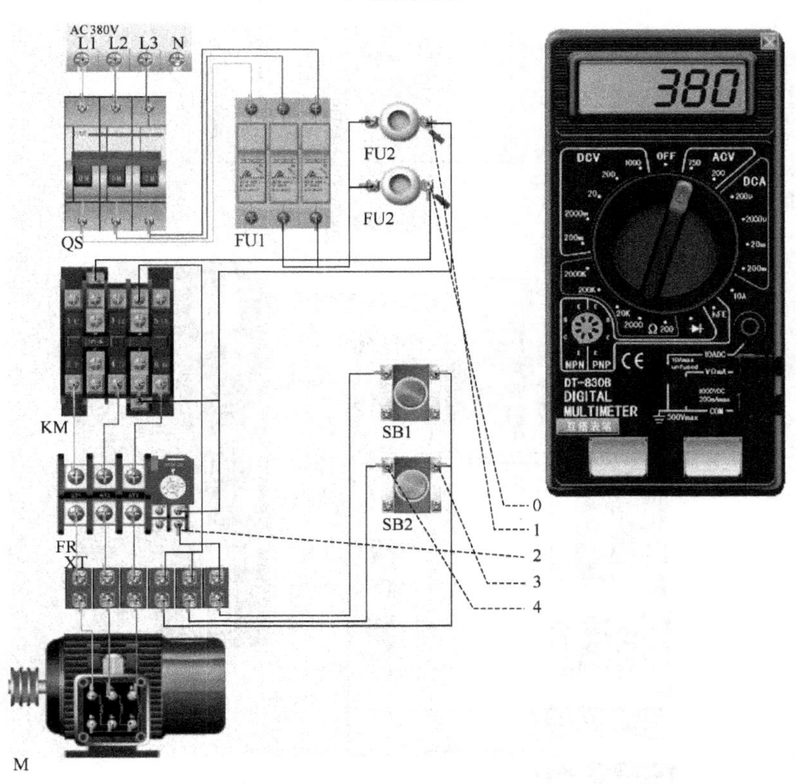

（b）各点实际位置示意图

图 1-3-5　电压分阶测量法

根据其测量结果即可找出故障点，见表 1-3-1。由于这种测量方法像下（或上）台阶一样依次测量电压，所以称为电压分阶测量法。

表 1-3-1　电压分阶测量法查找故障点

故障现象	测试状态	0-2	0-3	0-4	故　障　点
按下 SB2 时，接触器 KM 不吸合	按下 SB2 不放	0	0	0	FR 常闭触点接触不良
		380V	0	0	SB1 常闭触点接触不良
		380V	380V	0	SB2 接触不良
		380V	380V	380V	KM 线圈断路

2. 电阻分阶测量法

测量时，首先把万用表的转换开关置于倍率适当的电阻挡位上，然后按图 1-3-6 所示的方法进行测量。

断开主电路，接通控制电路的电源。若按下启动按钮 SB1 时，接触器 KM 不吸合，则说明控制电路有故障。

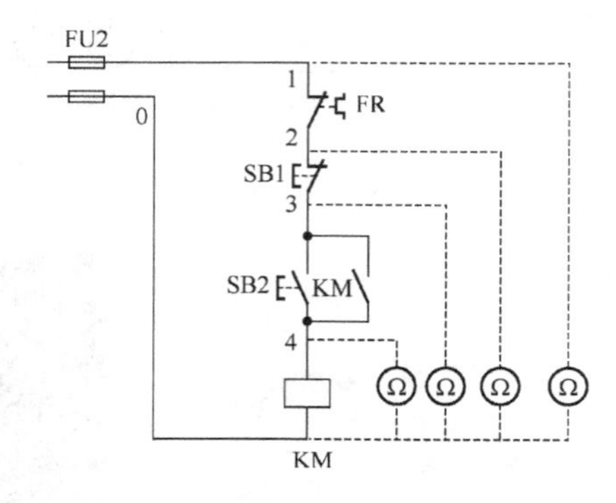

（a）电路示意图

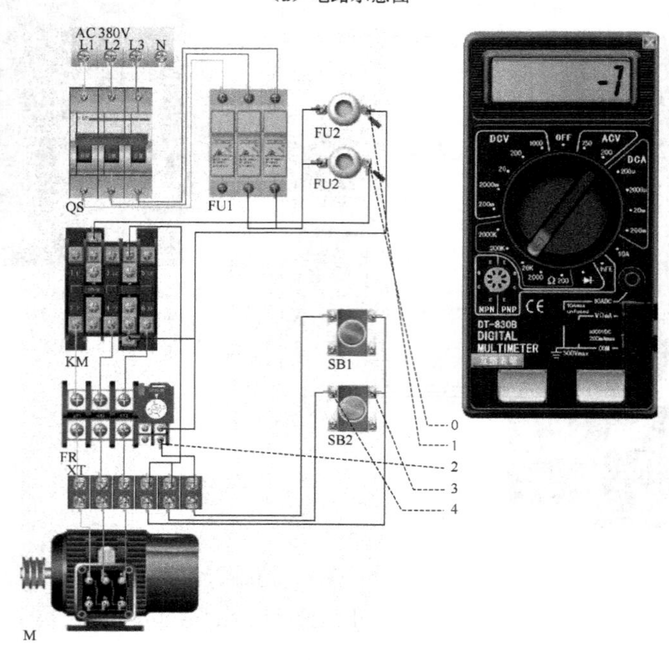

（b）各点实际位置示意图

图 1-3-6　电阻分阶测量法

检测时要两人配合进行。首先切断控制电路的电源，然后由一人按下 SB1 不放，另一人用万用表依次测量出 0-1、0-2、0-3、0-4 两点间的电阻。根据测量结果找出故障点，见表 1-3-2。

表 1-3-2　电阻分阶测量法查找故障点

故障现象	测试状态	0-1	0-2	0-3	0-4	故障点
按下 SB2 时，接触器 KM 不吸合	按下 SB2 不放	∞	R	R	R	FR 常闭触点接触不良
		∞	∞	R	R	SB1 常闭触点接触不良
		∞	∞	∞	R	SB2 接触不良
		∞	∞	∞	∞	KM 线圈断路

小试牛刀

（1）组合开关应根据电源种类、电压等级、________、________和负载容量进行选用。

（2）在用于控制小型异步电动机的运转时，组合开关的额定电流一般取电动机额定电流的________倍。

（3）热继电器主要由________、________、________、触点系统、整定调节装置及温度补偿元件等组成。

（4）组合开关可以用于三相异步电动机非频繁正、反转控制。　　（　　）

（5）热继电器是防止电动机因过热而烧毁的一种保护电器。　　（　　）

（6）热继电器的作用是什么？能不能在控制电路中用于短路保护？

（7）在长动控制线路中有哪些保护措施？

（8）什么是自锁控制电路？

大显身手

请分析、排除以下故障并填写故障记录表 1-3-3。

表 1-3-3　故障记录表

故障一	故障现象	
	故障分析	
	测量与排除方法	
故障二	故障现象	
	故障分析	
	测量与排除方法	

续表

故障三	故障现象	
	故障分析	
	测量与排除方法	

1. 故障一

故障现象：按下按钮 SB1，KM 线圈不吸合。

（1）故障分析：根据工作原理和故障现象分析得出故障范围在控制电路部分，如图 1-3-7 所示。

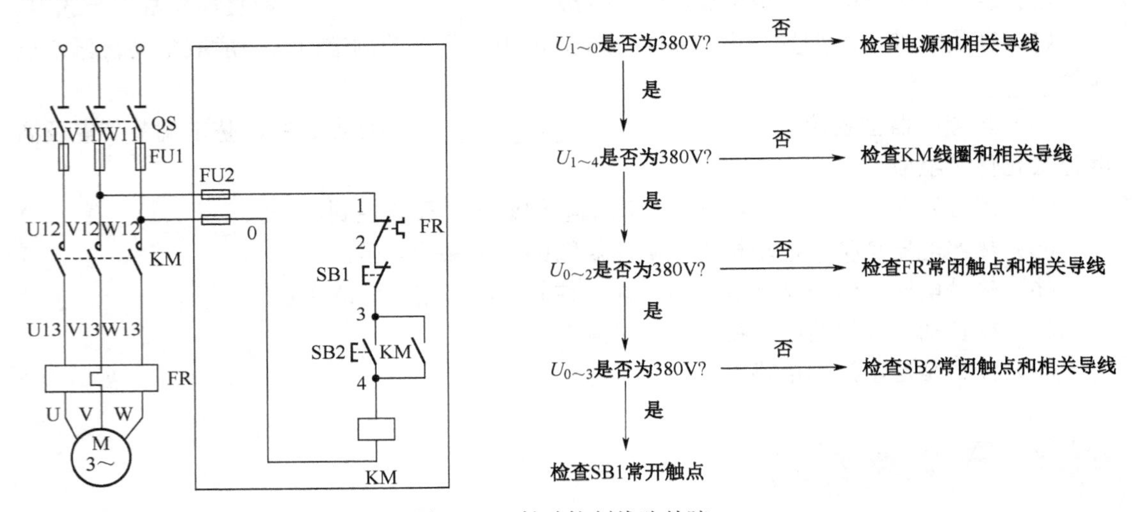

图 1-3-7　长动控制线路故障一

（2）排查故障点：用测量法（电压法）准确、迅速地找出故障点（注意：测量时选用万用表交流电压合适挡位，再合上 QS）。

（3）根据故障点的不同情况，采取正确的修复方法，迅速排除故障。

（4）排除故障后通电试车。

2. 故障二

故障现象：接通电源后，按下按钮 SB1，KM 线圈吸合。放开 SB1，KM 线圈释放。

（1）故障分析：根据故障现象分析得出故障范围在自锁部分，如图 1-3-8 所示。

（2）排查故障点：用测量法（电压法）准确、迅速地找出故障点（注意：测量时选用万用表交流电压合适挡位，再合上 QS）。

（3）根据故障点的不同情况，采取正确的修复方法，迅速排除故障。

（4）排除故障后通电试车。

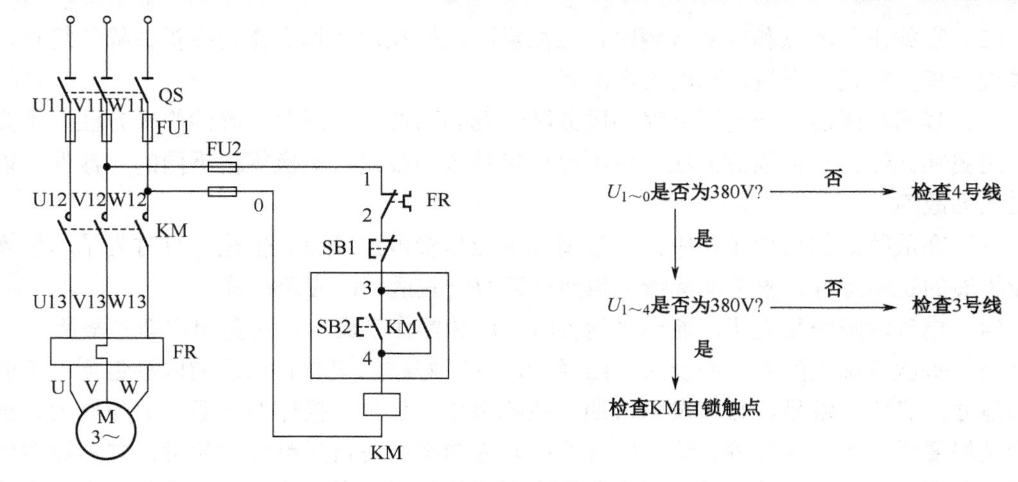

图 1-3-8　长动控制线路故障二

3. 故障三

故障现象：接通电源后，按下按钮 SB1，KM 线圈吸合，但电动机不转动。

（1）故障分析：根据故障现象分析得出故障范围在主电路，如图 1-3-9 所示。

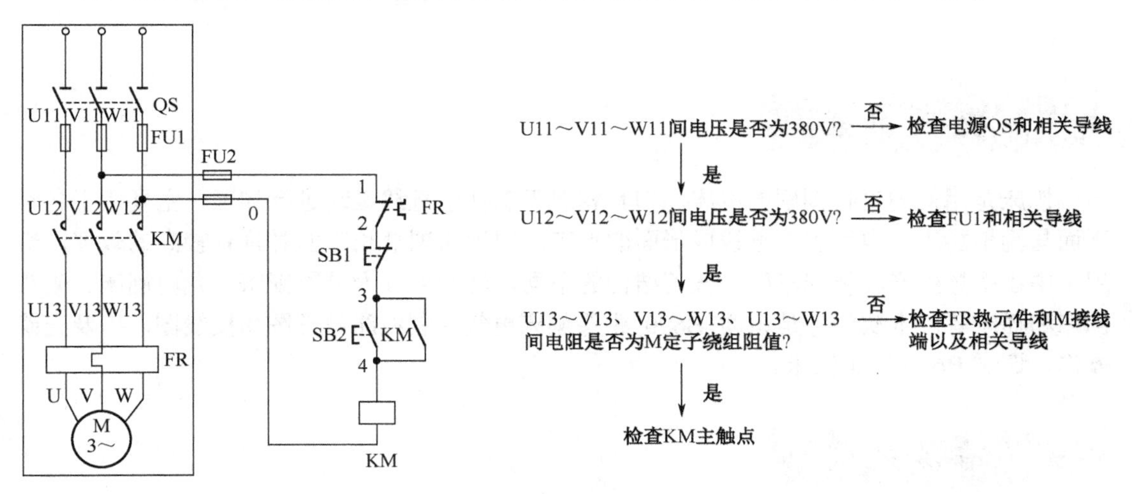

图 1-3-9　长动控制线路故障三

（2）排查故障点：用测量法（电压法或电阻法）准确、迅速地找出故障点（注意：测量时选用万用表合适挡位，再合上 QS）。

（3）根据故障点的不同情况，采取正确的修复方法，迅速排除故障。

（4）排除故障后通电试车。

点石成金

当找出电气设备的故障点后，就要着手进行修复、试运转、记录等，然后交付使用，但必须注意如下事项。

（1）在找出故障点和修复故障时，应注意不能把找出故障点作为寻找故障的终点，还必须进一步分析查明产生故障的根本原因。

（2）找出故障后，一定要针对不同故障情况和部位相应采取正确的修复方法，不要轻易采用更换元器件和补线等方法，更不允许轻易改动线路或更换规格不同的元器件，以防产生人为故障。

（3）在故障点的修理工作中，一般情况下应尽量做到复原。但是，有时为了尽快恢复工业机械的正常运行，根据实际情况也允许采取一些适当的应急措施。

（4）电气故障修复完毕，通电试运行时，应和操作者配合，避免出现新的故障。

（5）每次排除故障后，应及时总结经验，并写好维修记录。记录的内容包括：工业机械的型号、名称、编号、故障发生日期、故障现象、部位、损坏的电器、故障原因、修复措施及修复后的运行情况等。记录的目的：作为档案以备日后维修时参考，并通过对历次故障的分析，采取相应的有效措施，防止类似事故的再次发生或对电气设备本身的设计提出改进意见等。

1.4 任务三：B690 牛头刨床控制线路分析与检修

抛砖引玉

刨床是用刨刀进行刨削的机床。刀具相对于工件沿直线运动进行加工，主要用于各种平面与沟槽加工，也可用于直线成形面的加工。用刨床削窄长表面时具有较高的效率，适用于中小批量生产和维修车间。按其结构的不同，刨床可分为悬臂刨床、龙门刨床、牛头刨床和插床等。本次任务是识读 B690 牛头刨床电气控制线路原理图和接线图，以及正确操作、调试 B690 牛头刨床。

有的放矢

（1）掌握变压器的工作原理、图形文字符号及用途。

（2）了解 B690 牛头刨床的功能、主要结构和运动形式。

（3）识读 B690 牛头刨床电气控制原理图和接线图。

（4）掌握 B690 牛头刨床的控制线路、原理及基本操作方法。

聚沙成塔

知识卡 1：变压器

变压器是根据电磁感应原理制成的一种电气设备，它具有变换电压、变换电流和变换阻抗等功能，因而在各领域中得到广泛应用。变压器是电力系统中不可缺少的一种重要设备。在电力系统中均采用高电压输送电能，再用变压器将电压降低供用户使用。在电子线路中，变压器主要用来传递信号和实现阻抗匹配。此外，还有用于调节电压的自耦变压器、电加工用的电焊变压器和电炉变压器、测量电路用的仪用变压器等。

1. 变压器的结构及符号

虽然变压器种类繁多、形状各异，但其基本结构是相同的。变压器的主要组成部分是铁芯和绕组。铁芯构成变压器的磁路。按照铁芯结构的不同，变压器可分为芯式和壳式两种。图 1-4-1（a）为变压器实物图，图 1-4-1（b）为芯式铁芯的变压器，其绕组套在铁芯柱上，容量较大的变压器多为这种结构。图 1-4-1（c）为壳式铁芯的变压器，铁芯把绕组包围在中间，常用于小容量的变压器中。绕组是变压器的电路部分。与电源连接的绕组称为一次绕组（俗称原绕组或原边），与负载连接的绕组称为二次绕组（俗称副绕组或副边）。一次绕组与二次绕组及各绕组与铁芯之间都进行了绝缘处理。为了保证各绕组与铁芯之间的绝缘等级，一般将低压绕组绕在里层，将高压绕组绕在外层。大容量的变压器一般都配备散热装置，如三相变压器配备散热油箱、油管等。变压器的图形符号及文字符号如图 1-4-1（d）所示。

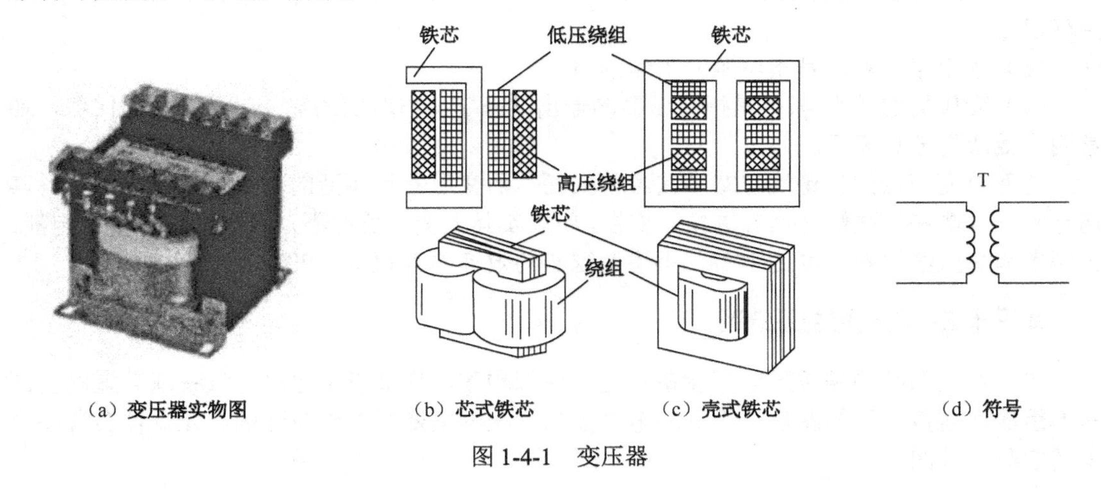

（a）变压器实物图 （b）芯式铁芯 （c）壳式铁芯 （d）符号

图 1-4-1 变压器

2. 变压器的工作原理

图 1-4-2 是单相变压器的原理图。一次绕组匝数为 N_1、二次绕组匝数为 N_2。由于线圈电阻产生的电压降及漏磁电动势都非常小，因此可以忽略。当变压器一次侧接上交流电压 u_1 时，一次绕组中便有电流 i_1 通过，其磁动势 N_1i_1 产生的磁通 ϕ_1 绝大部分通过电磁铁芯且闭合，从而在二次绕组中产生感应电动势。当其二次侧接负载时，就有电流 i_2 通过，二次侧的磁动势 $N_2\,i_2$ 产生磁通 ϕ_2，其绝大部分也通过铁芯而闭合。因此，铁芯中的磁通是两者的合成，称为主磁通 ϕ，它交链一次、二次绕组，并在其中分别感应出电动势 e_1 和 e_2。变压器提供给负载的电压就是 u_2（e_2）。

此时，一、二次电压满足以下关系：

$$\frac{U_1}{U_2}=\frac{N_1}{N_2}=K \tag{1-4-1}$$

式中，U_1、U_2 为变压器一、二次电压的有效值，K 为变压器的电压比。

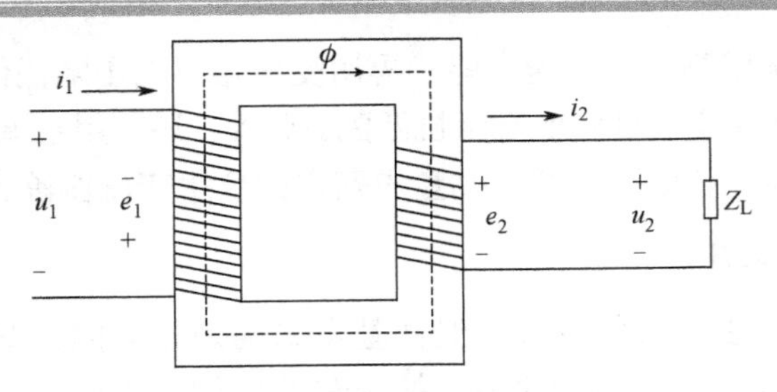

图 1-4-2　单相变压器原理图

3. 变压器的额定技术指标

（1）一次额定电压 U_{1N}：是指一次绕组应当施加的正常电压。

（2）一次额定电流 I_{1N}：是指在 U_{1N} 作用下一次绕组允许通过的电流。

（3）二次额定电压 U_{2N}：是指一次电压为额定电压 U_{1N} 时，二次侧的空载电压。

（4）二次额定电流 I_{2N}：是指一次电压为额定电压 U_{1N} 时，二次绕组允许长期通过的电流限额。

（5）额定容量 S_N：是指变压器输出的额定视在功率；对于单相变压器，有 $S_N = U_{2N}I_{2N} = U_{1N}I_{1N}$。

（6）额定容量 f_N：是指电源的工作频率。

（7）变压器的效率 η_N：是指变压器的输出功率 P_{2N} 与对应的输入功率 P_{1N} 的比值，通常用小数或百分数表示。

前面对变压器的讨论均忽略了其各种损耗，而变压器是典型的交流铁芯线圈电路，其运行时一次侧和二次侧必然有铜损和铁损，所以实际上变压器并不是百分之百地传递电能。大型电力变压器的效率可达 99%，小型变压器的效率约为 60%～90%。

知识卡 2：电气控制系统图

电气控制系统图是按照电气设备和电气控制顺序，详细表示电路、设备或装置的全部基本组成和连接关系的图形。常见的电气控制系统图主要有电气原理图、元器件布置图、电气安装接线图三种。

1. 电气原理图

电气原理图也称为电路图，是根据电路的工作原理绘制的，它表示电流从电源到负载的传送情况和元器件的动作原理，以及所有元器件的导电部件和接线端子之间的相互关系。电气原理图结构简单、层次分明，通过它可以很方便地研究和分析电气控制电路，了解控制系统的工作原理。电气原理图是根据电路的工作原理绘制的，它只表明各元器件的导电部件和接线端子之间的相互关系，并不表示元器件的实际安装位置、实际结构尺寸和实际配线方法，也不反映元器件的实际大小。

2. 元器件布置图

元器件布置图是根据元器件在控制板上的实际安装位置，采用简化的外形符号，如正方形、矩形、圆形等而绘制的一种简图。它不表达各电器的具体结构、作用、接线情况以及工作原理，主要用于元器件的布置和安装。图中各电器的文字符号必须与电路图和接线图的标注相一致，如图 1-4-3 所示。

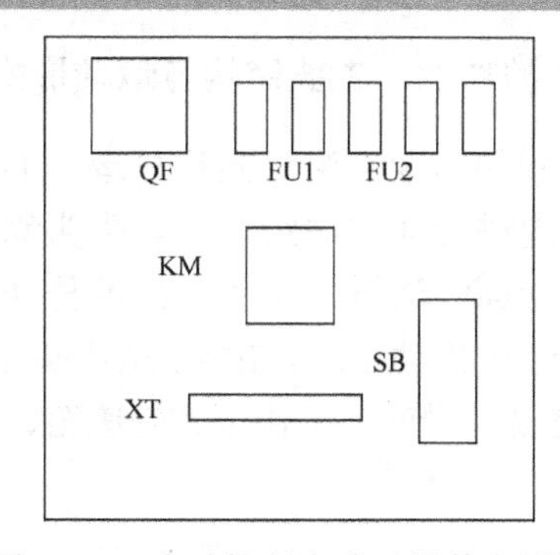

图 1-4-3　点动控制电路元器件布置图

3. 电气安装接线图

电气安装接线图简称接线图，它是根据电气设备和元器件的实际位置和安装情况绘制的，只用来表示电气设备和元器件的位置、配线方式和接线方式，而不明确表示电器动作原理。主要用于安装接线、线路的检查维修和故障处理。

绘制、识读接线图应遵循以下原则。

（1）接线图中一般包括如下内容：电气设备和元器件的相对位置、文字符号、端子号、导线号、导线类型、导线截面积、屏蔽和导线绞合等。

（2）所有的电气设备和元器件都按其所在的实际位置绘制在图纸上，且同一电器的各元器件根据其实际结构，使用与电路图相同的图形符号画在一起，其文字符号以及接线端子的编号应与电路图中的标注一致，以便对照检查接线。

（3）接线图中的导线有单根导线、导线组（或线扎）、电缆之分，可用连续线和间断线来表示。凡导线走向相同的可以合并，用线束来表示，到达接线端子板或元器件的连接点时再分别画出。在用线束来表示导线组、电缆等时可用加粗的线条表示，在不引起误解的情况下也可部分加粗。另外，导线及管子的型号、根数和规格应标注清楚。

如图 1-4-4 所示。

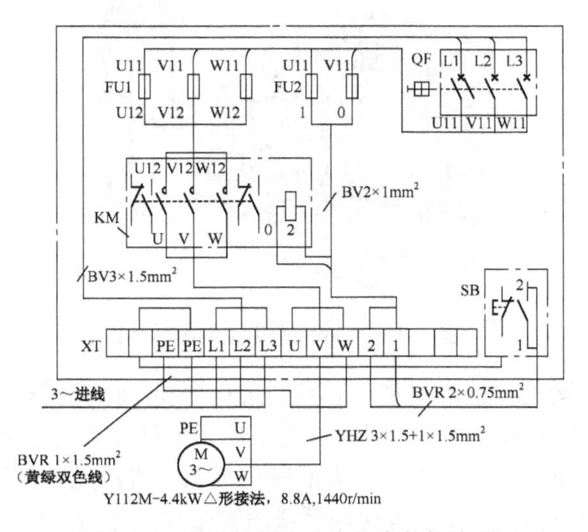

图 1-4-4　点动控制电路电气安装接线图

知识卡 3：B690 牛头刨床的功能、主要结构与运动形式（★☆☆）

牛头刨床是刨刀安装在滑枕的刀架上沿纵向往复运动的刨床，因滑枕前端的刀架形似牛头而得名，通常工作台沿横向进行间歇进给运动。牛头刨床主要用于单件的小批生产中刨削中小型工件上的平面、成形面和沟槽。牛头刨床的传动系统有机械式与液压式两种。较大功率的牛头刨床一般采用液压传动系统。B690 型牛头刨床外形如图 1-4-5 所示。

B690 型牛头刨床主要由滑枕、导轨、工作台、变速箱、床身、底座等组成，如图 1-4-6 所示。

图 1-4-5　B690 型牛头刨床外形图

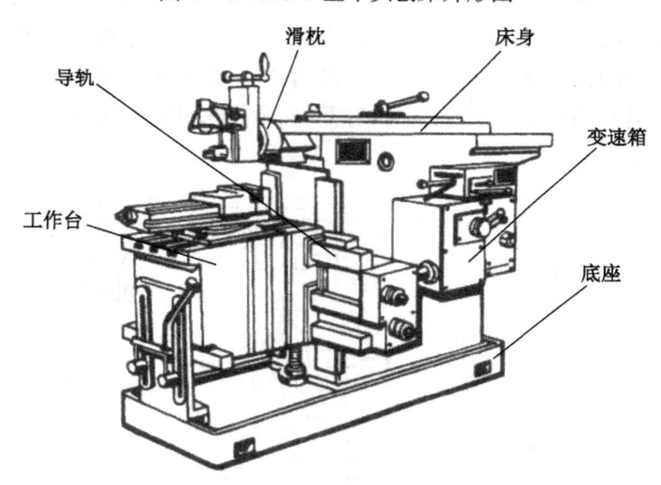

图 1-4-6　B690 型牛头刨床结构图

牛头刨床的切削运动包括滑枕带动刀具的主运动和工作台带动工件的横向或纵向的间歇进给运动，两运动均为直线往复运动，但主运动要提供较大的切削力和较宽的变速范围，其消耗的功率随切削条件的不同而有较大的变化范围。进给运动虽说消耗的功率不大，但其动作与主运动要保持协调，即在滑枕退至最后时带动工作台完成进给动作。B690 型牛头刨床电气控制线路如图 1-4-7 所示。

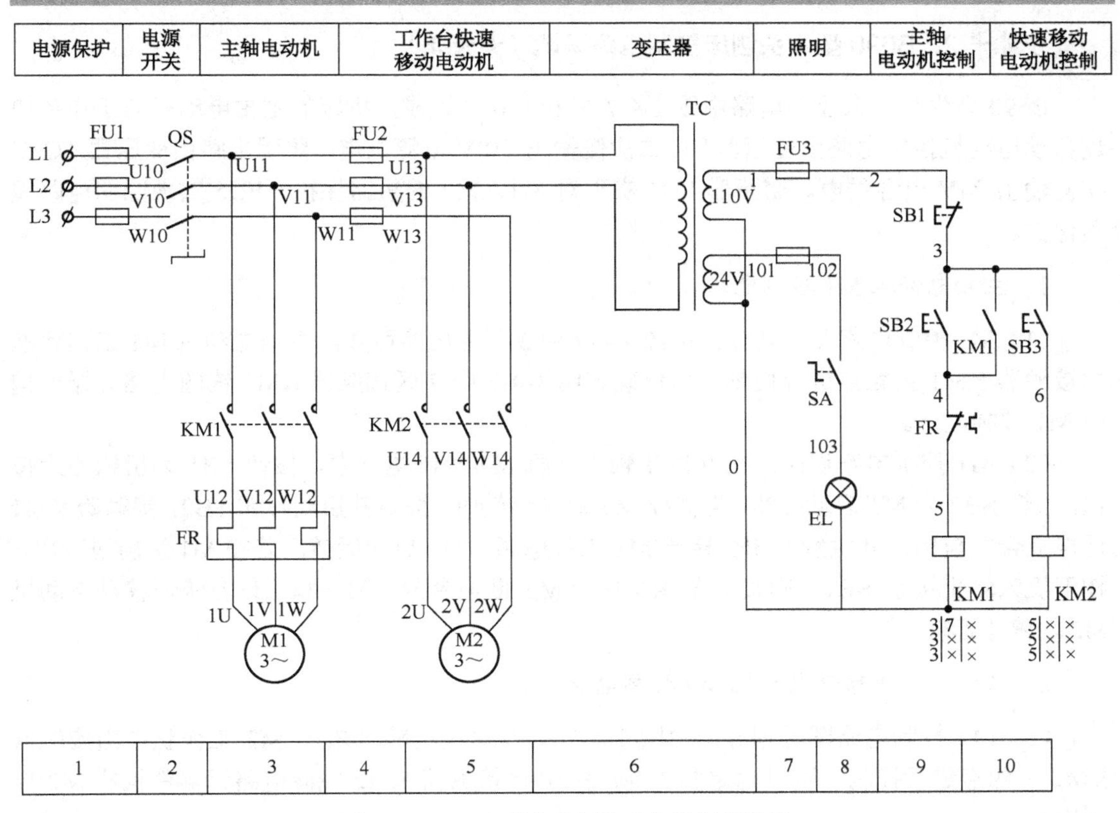

图 1-4-7　B690 型牛头刨床电气控制线路图

技能卡 1：B690 型牛头刨床主电路识读（★★☆）

1. 主电路图区划分

B690 型牛头刨床由主轴电动机 M1 和工作台快速移动电动机 M2 驱动相应机械部件实现工件刨削加工，其主电路由图 1-4-7 中 1～5 区组成，其中 1 区、2 区、4 区为电源开关及保护部分，3 区为 M1 主电路，5 区为 M2 主电路。

2. 主电路识图

（1）电源开关及保护部分。电源开关及保护部分由图 1-4-7 中组合开关 QS、熔断器 FU1 和 4 区熔断器 FU2 组成。实际应用时，组合开关 QS 为机床电源开关，熔断器 FU1 实现主轴电动机 M1 短路保护功能，熔断器 FU2 实现工作台快速移动电动机 M2、机床控制电路短路保护功能。

（2）主轴电动机 M1 主电路。由图 1-4-7 中 3 区主电路可知，M1 主电路属于单向运转主电路。实际应用时，接触器 KM1 主触点控制 M1 工作电源通断，热继电器 FR 用于防止 M1 过载损坏元件。

（3）工作台快速移动电动机 M2 主电路。由图 1-4-7 中 5 区主电路可知，M2 主电路属于单向运转主电路。实际应用时，接触器 KM2 主触点控制 M2 工作电源通断。此外，由于 M2 采用短期点动控制，故未设置过载保护装置。

技能卡 2：B690 型牛头刨床控制电路识读（★★★）

B690 型牛头刨床控制电路由图 1-4-7 中 6～10 区组成，机床的主轴电动机与工作台快速移动电动机控制电路由变压器 TC 二次侧输出 110V 电源供电，照明电路由变压器 TC 二次侧输出 24V 电源供电。熔断器 FU4 实现对 M1、M2 的短路保护，FU5 实现照明电路短路保护。

1. 主轴电动机 M1 控制电路

（1）M1 控制电路图区划分。由图 1-4-7 中 3 区主电路可知，主轴电动机 M1 工作状态由接触器 KM1 主触点进行控制，可以确定图 1-4-7 中 9 区接触器 KM1 线圈电路元器件构成 M1 控制电路。

（2）M1 控制电路识图。在 9 区主轴电动机 M1 控制电路中，按钮 SB1 为机床停止按钮，按钮 SB2 为 M1 启动按钮。当需要 M1 启动运转时，按下其启动按钮 SB2，接触器 KM1 通电吸合并自锁，其主触点闭合接通 M1 工作电源，M1 启动运转。若在 M1 运转过程中，按下机床停止按钮 SB1，则接触器 KM1、KM2 断电释放，M1 和工作台快速移动电动机 M2 均停止运转。

2. 工作台快速移动电动机 M2 控制电路

（1）M2 控制电路图区划分。由图 1-4-7 中 5 区主电路可知， M2 工作状态由接触器 KM2 主触点进行控制，可以确定图 1-4-7 中 10 区接触器 KM2 线圈电路元器件构成 M2 控制电路。

（2）M2 控制电路识图。在 10 区 M2 控制电路中，按钮 SB3 为 M2 点动按钮。当需要 M2 运转时，按下其点动按钮 SB3，接触器 KM2 通电吸合，其主触点闭合接通 M2 工作电源，M2 启动运转，驱动工作台快速移动。当工作台快速移动至所需位置时，松开按钮 SB3，接触器 KM2 断电释放，M2 停止运转，从而实现点动控制功能。值得注意的是 M2 还受按钮 SB1 控制，即只有当主轴电动机 M1 停止按钮处于按下状态时，M2 才能启动运转。

3. 照明电路

B690 型牛头刨床工作照明电路由图 1-4-7 中 8 区对应元器件组成，工作照明灯 EL 受照明灯控制开关 SA 控制。

小试牛刀

（1）机床电气控制原理分析中最常用的图是________。

（2）所有电路元器件的图形符号，均按电器________和________作用时的状态绘制。

（3）绘制电气控制系统图时，所有元器件的图形符号和文字符号必须符合________标准规定。

（4）电气控制线路是用导线将________、________、仪表等元器件连接起来并实现某种要求的电气线路。

（5）电气原理图反映电流从电源到负载的传送情况和元器件的动作原理。 （ ）

（6）主电路是从电源到电动机的电路，用粗实线绘制在图面的右侧或上部。（　）

（7）电气原理图各元器件的导电部件和接线端子之间的相互关系就是元器件的实际安装位置关系。（　）

大显身手

请绘制 B690 型牛头刨床电气原理图。

电气原理图的绘制规则由相关国家标准 GB/T 6988.4 给出。

（1）电路图一般分为主电路图和辅助电路图两部分。主电路图是电气控制电路中强电流通过的部分，是由电动机以及与它相连接的元器件（包括接触器的主触点、热继电器的热元件、熔断器等）所组成的电路图，用粗实线画在图面的左侧或上部。辅助电路图是由继电器和接触器的线圈、继电器的触点、接触器的辅助触点、按钮、照明灯、信号灯、控制变压器等元器件组成的，包括控制电路、照明电路、信号电路及保护电路等，用细实线画在图面的右侧或下部。

（2）同一个电器的各个元器件和部件在控制电路中的位置，应根据便于阅读的原则安排；同一元器件的各个部件可以不画在一起，但是要用同一符号表示；所有元器件都应采用国家统一规定的图形符号和文字符号来表示。

（3）电器均以常态标出，即图中元器件和设备的可动部分都按没有通电和受外力作用时的状态绘制。对于常开触点，垂直绘制时应遵循“左开右闭”原则，水平绘制时应遵循“下开上闭”原则。

（4）电气原理图绘制时一般遵循“自上而下或自左而右”的原则。垂直布置时，电源线水平绘制，其他电路垂直绘制，控制电路中的耗能元器件画在电路的最下端。水平布置时，控制电路中的耗能元器件画在电路最右端。电气原理图中，两线交叉连接时的电气连接点要用“实心圆点”表示，无直接联系的交叉导线，交叉处不能用“实心圆点”表示。表示要测试和拆、接外部引出线的端子，应用“空心圆点”符号表示。

点石成金

（1）按功能分为若干单元绘制，如电源保护单元、电源开关单元、主轴电动机单元等。绘图前应先考虑整体布局、各功能单元所处的位置、空间大小及比例的确定；其次选取元器件的图形符号；然后确定布局方式、电源表示方法、元器件图的位置表示法及插图的运用等。

（2）以单元电路的主要元器件作为中心，含有电动机的单元以电动机为中心，含有接触器、继电器的单元以其线圈为中心，含有信号灯、照明灯的单元以灯为中心等。绘制时尽可能地使电路简洁、匀称和美观。同类元器件的图形符号排列应尽量纵横对齐。

（3）一般先绘制主电路，后绘制控制电路、信号电路，最后绘制照明电路等。在电子线路中，可按元器件的信号流向依次绘制，也可按元器件的功能绘制。

（4）标注项目代号、主要参数和绘制其他附加电路。将图的其他部分如附加电路和元器件的项目代号、标注、插图、表格等依次补齐。

（5）复查电路图。复查时，常用的方法是按电路的工作原理或流程依次进行。同时还要注意复查电路图的布置是否合理，图形符号是否有误，连线是否正确，标注和注释是否有遗漏等，最后完成全图。

绘制电路图时，也可先在方格纸上徒手绘制出草图，检查无误后，再在合适的图纸上用绘图仪按元器件图形符号的比例正式绘制，最后填写标题栏。

1.5 项目闯关

识读B690型牛头刨床电路图和接线图。

（1）指出图1-5-1中用途栏、图区栏，用虚线圈画出电源电路、主电路、控制电路和照明电路。

（2）分别指出两台电动机的主电路和控制电路，说明它们属于哪种基本控制线路，各由哪些电器实现控制和保护作用，简述它们的原理。

（3）接触器KM1、KM2的线圈、触点分别在哪个图区？各起什么作用？有哪些触点未用？

（4）对照图1-5-1（电路图），识读图1-5-2（接线图），找出主电路、控制电路、照明电路，并指示电路中主要元器件的位置。配电盘都安装了哪些电器？其他电器安装在什么地方？叙述它们的用途。

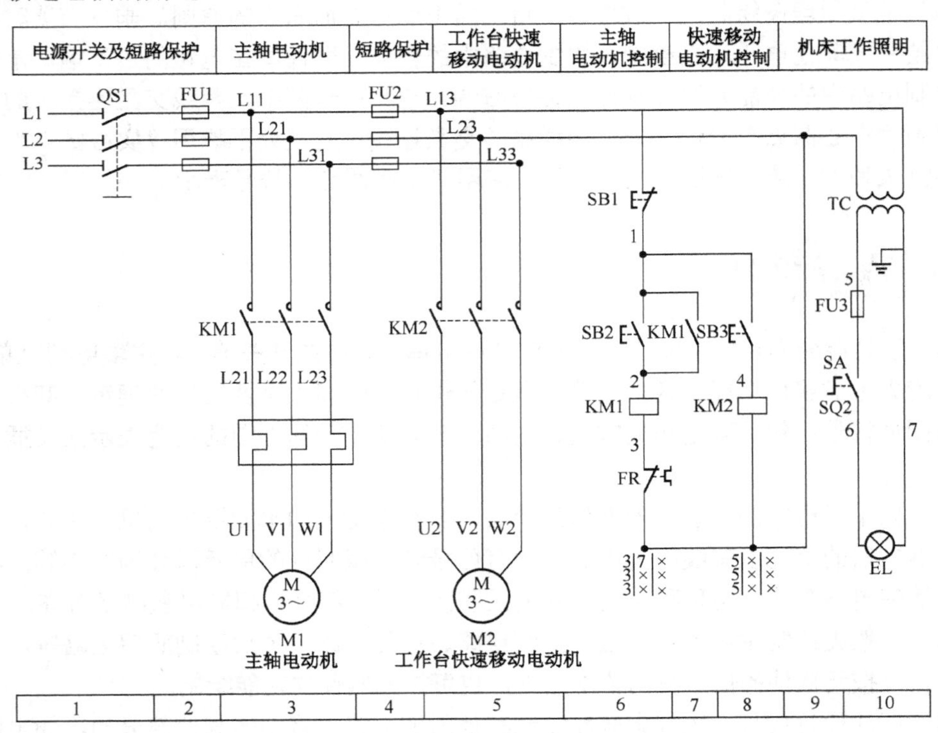

图1-5-1 B690型牛头刨床电路图

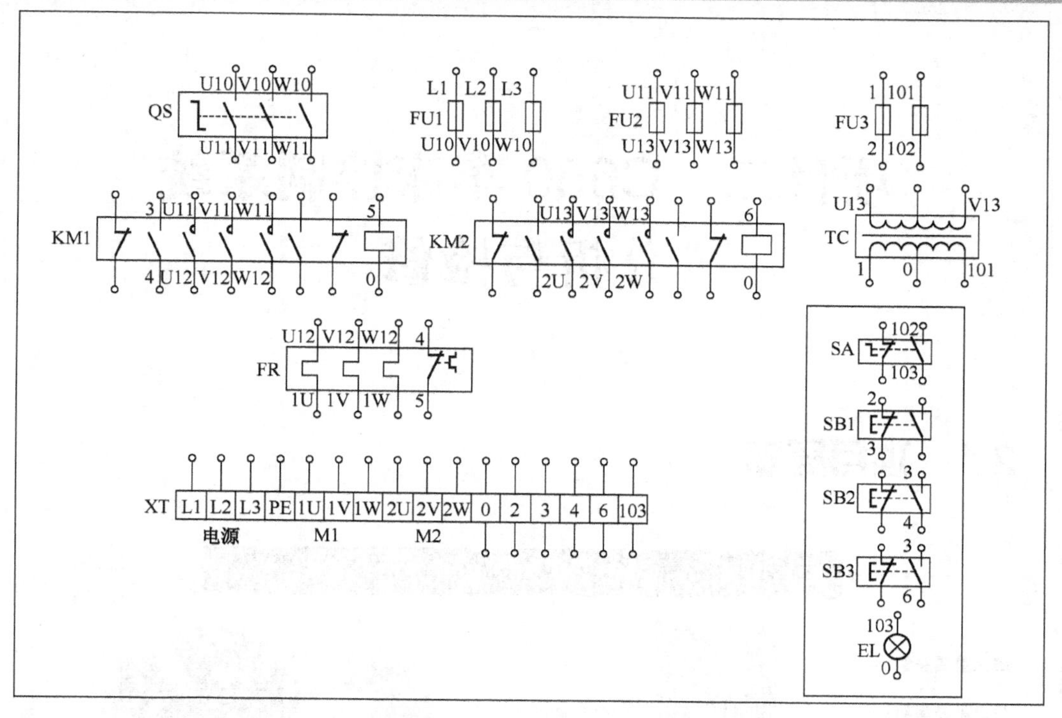

图 1-5-2　B690 型牛头刨床接线图

项目二　C650 车床控制系统分析与检修

2.1　项目导航

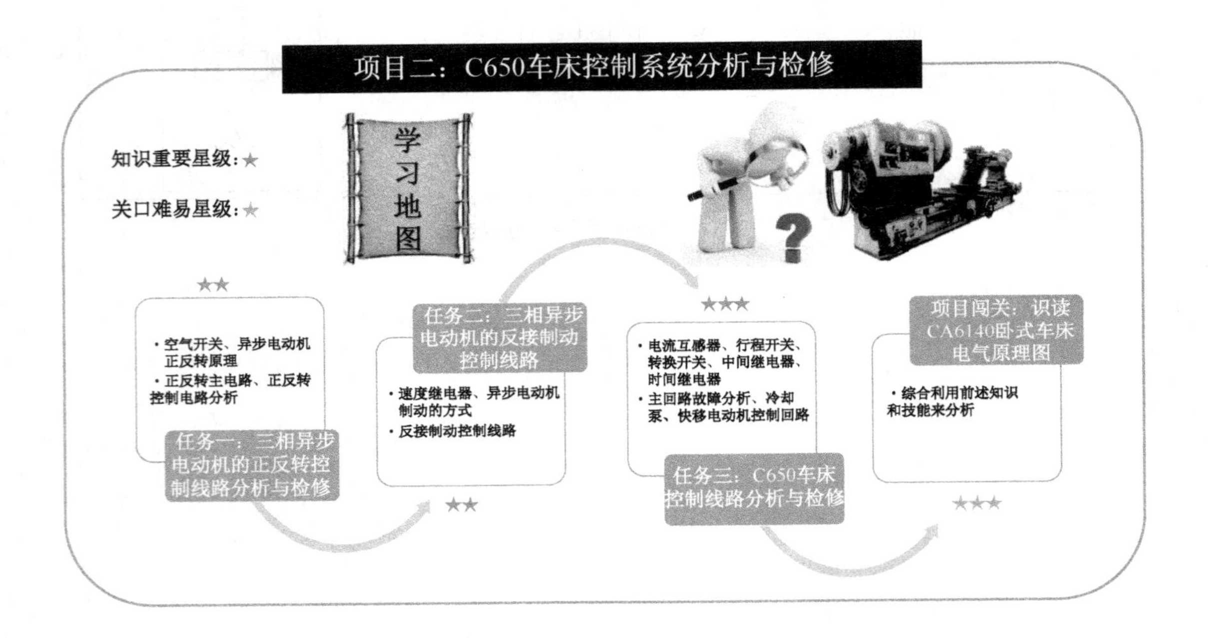

2.2　任务一：三相异步电动机的正反转控制线路分析与检修

生产中常常要对电动机进行正反转控制，例如车床的来回运动等。以 C650 卧式车床为例，主轴电动机主控制电路中设置有正反转电路，进行车削加工时，一般不要求反转，但在加工螺纹时，为避免乱扣，加工完毕后，要求反转退刀。所以 C650 卧式车床可以通过主轴电动机来实现对正反转的控制。本次任务主要是通过学习三相异步电动机的正反转

控制线路来解决常见故障。

有的放矢

（1）了解空气开关的结构、型号、规格及使用方法。
（2）掌握三相异步电动机正反转的工作原理、电气元器件及电路图识读。
（3）掌握三相异步电动机正反转控制线路的互锁结构和工作原理。

聚沙成塔

知识卡1：空气开关（★☆☆）

1．功能

空气开关其实就是指断路器，即能够接通、承载和断开正常电路条件下的电流，并能在规定的时间内承载和断开异常电路条件（包括短路条件）下的电流的开关装置。

空气开关可以用来分配电能、不频繁地启动异步电动机、对电源线路及电动机等实行保护，当电路发生严重的过载、短路或欠压等故障时，能够自动切断电路，并且在分断故障电流后一般不用变更零部件。

2．结构和作用

空气开关一般由触头系统、灭弧系统、操作机构、脱扣器、外壳等构成，如图2-2-1所示。

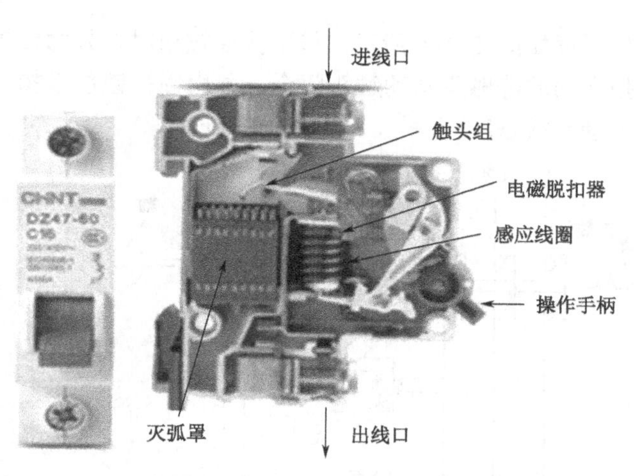

图2-2-1　空气开关实物图及内部结构图

空气开关触头系统：

由主触头和连锁触头两部分组成，其中主触头由动、静主触头和触头弹簧等组成。用于直接实现主电路的通断。连锁触头通常由两对以上常开和常闭连锁触头组成。

空气开关灭弧系统：

灭弧系统的作用是：

（1）将电弧拉长，使电源电压不足以维持电弧燃烧，从而使电弧熄灭。

（2）有足够的冷却表面，使电弧能与整个冷却表面接触迅速冷却。

（3）将电弧分成多段，成为短弧。由于交流电路通过空气开关断开时，产生了很高的感应电动势，这样加在空气开关两端的总电压降增加，空气开关通过灭弧系统将总电压降分成多段，每段短弧有一定的电压降，这些短弧不足以产生电火花，同时电源电压不足以维持电弧燃烧，因此电弧熄灭。

（4）限制电弧火花喷出的距离，以免造成相间飞弧。

操作机构：

空气开关通过操作机构可以实现分合。操作机构有手动、电动、气动等形式。常见的低压断路器都是手动形式的。

电磁脱扣器：

电磁脱扣器的工作原理：主触点闭合后，自由脱扣机构将主触点锁在合闸位置上。过电流脱扣器的线圈和热脱扣器的热元件与主电路串联，欠电压脱扣器的线圈和电源并联。当电路发生短路或严重过载时，过电流脱扣器的衔铁吸合，使自由脱扣机构动作，主触点断开主电路。当电路过载时，热脱扣器的热元件发热使双金属片向上弯曲，推动自由脱扣机构动作。当电路欠电压时，欠电压脱扣器的衔铁释放。

3. 工作原理

空气开关的工作原理如图 2-2-2 所示，按下接通按钮时，外力使锁扣克服反作用弹簧的力，将固定在锁扣上面的静触头与动触头闭合，并由锁扣锁住搭扣，使静触头与动触头保持闭合，开关处于接通状态。

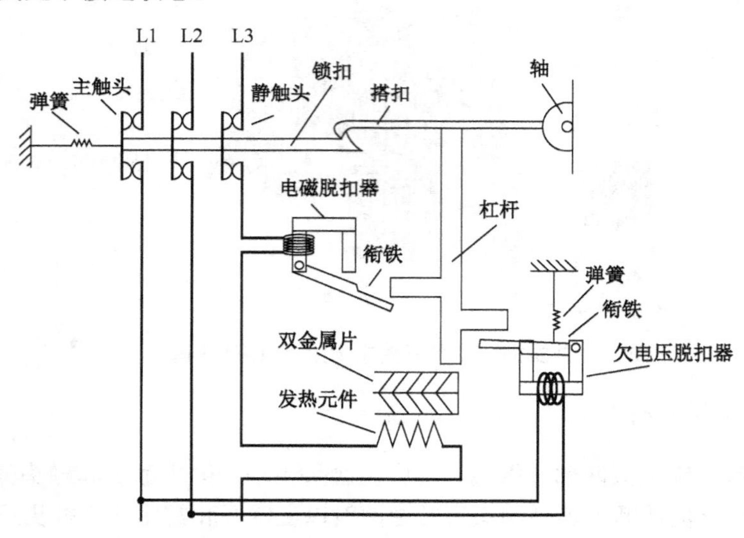

图 2-2-2　空气开关工作原理示意图

当线路发生过载时，过载电流流过热元件，电流的热效应使双金属片受热向上弯曲，通过杠杆推动搭扣与锁扣脱扣，在弹簧力的作用下，动触头和静触头分断，切断电路，完成过流保护。

当电路发生短路故障时，短路电流流经电磁脱扣器左侧线圈部分，使电磁脱扣器产生很大的磁力吸引衔铁，衔铁撞击杠杆，推动搭扣与锁扣脱扣，切断电路，完成短路保护。

当电路欠压时，欠压脱扣器上产生的电磁力小于拉力弹簧上的力，在弹力的作用下，衔铁松脱撞击杠杆，推动搭扣与锁扣脱扣，切断电路，完成欠压保护。

4. 接法和符号

空气开关实际接法和符号如图 2-2-3 所示。

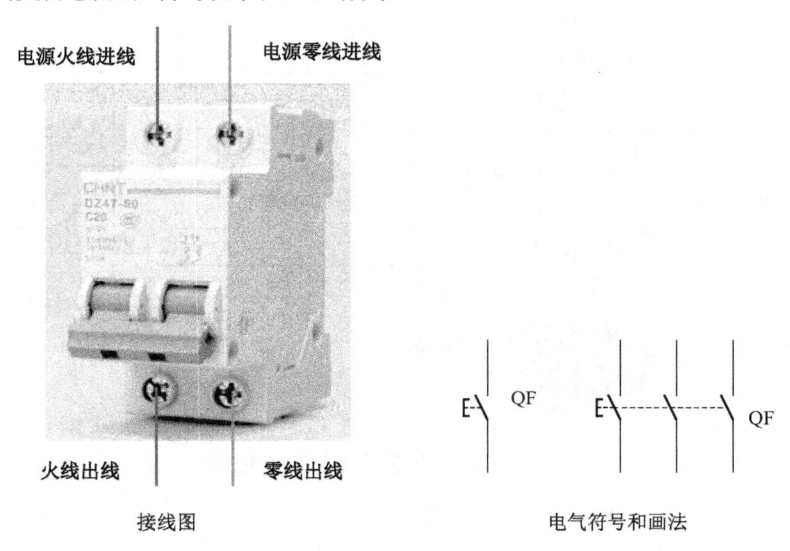

图 2-2-3　空气开关接线方法和符号

空气开关分为 1P、2P、3P 等，其实就是指单级控制（接单独的火线）；双极控制（接单相电上的火线和零线）；三级控制（接三相电上的三根火线）。图 2-2-3 是 2P 空气开关接线示意图。

空气开关的电气符号和刀开关的电气符号相似，有一处不同，如图 1-2-1、图 1-2-3 所示。

知识卡 2：异步电动机正反转控制电路（★★★）

1. 工作原理

异步电动机要实现正反转控制，将其电源的相序中任意两相对调即可，即换相。例如：V 相不变，将 U 相与 W 相对调，为了保证两个接触器动作时能够可靠调换电动机的相序，接线时应使接触器的上口接线保持一致，在接触器的下口调相。由于将两相相序进行了对调，所以两个 KM 线圈不能同时得电，否则会发生严重的相间短路故障，因此必须采取保护措施，其接法如图 2-2-4 所示。

2. 接线与分析

异步电动机正反转控制电路如图 2-2-5 所示，在主电路中采用两个接触器：正转接触器 KM1 和反转接触器 KM2。当 KM1 的主触点接通时，进入电动机的三相电源的相序是 U-V-W；当 KM1 的主触点断开，KM2 的主触点接通时，进入电动机的三相电源的相序就变成了 W-V-U，电动机就向相反方向转动。

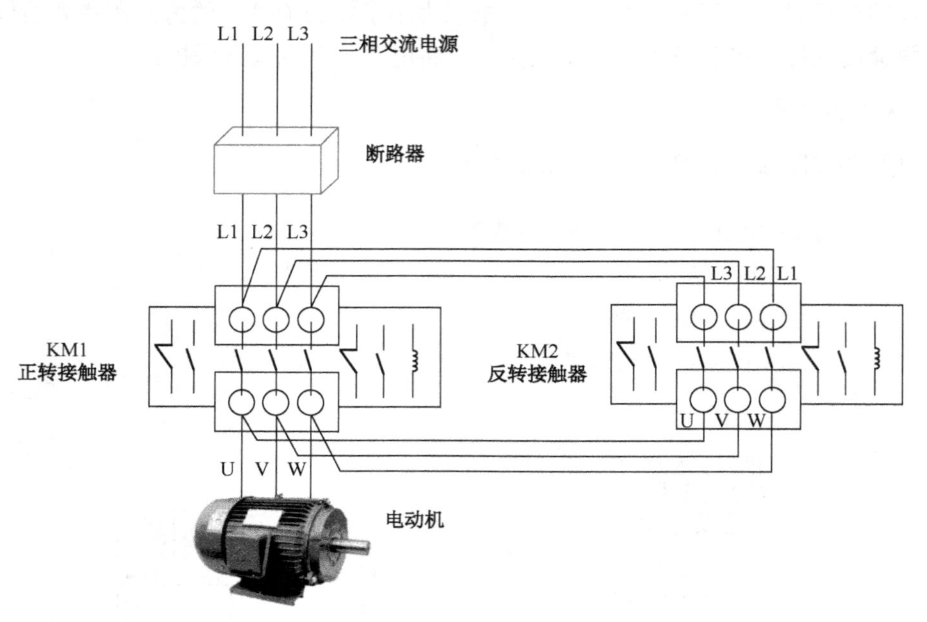

图 2-2-4　电动机正反转换相接线方法

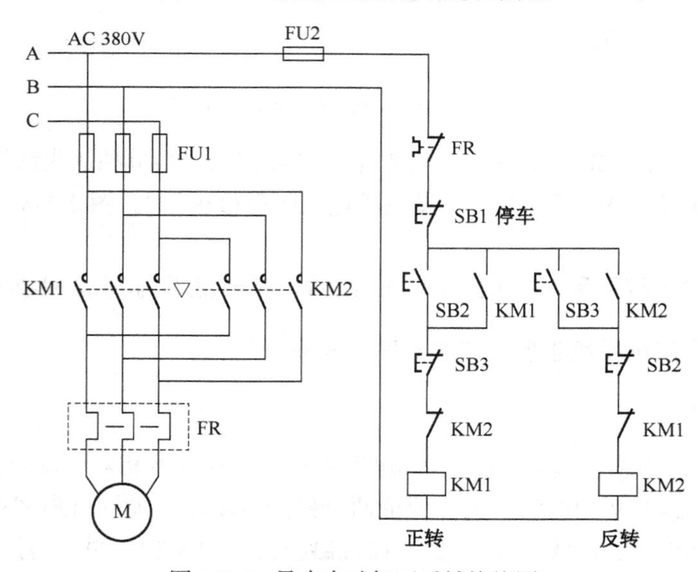

图 2-2-5　异步电动机正反转接线图

正转启动过程：

按下正转启动按钮 SB2，接触器 KM1 线圈得电，与 SB2 并联的 KM1 的辅助常开触点闭合，以保证 KM1 线圈持续通电，所以 KM1 的主触点可以持续闭合，电动机连续正向运转。如图 2-2-6 所示。

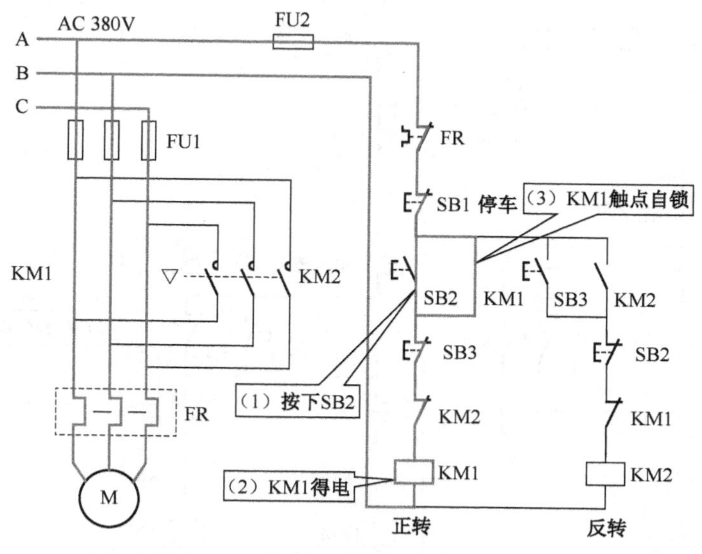

图 2-2-6 电动机正转启动过程示意图

停止过程：

正转运行过程中，按下停止按钮 SB1，接触器 KM1 线圈失电，与 SB2 并联的 KM1 的辅助触点断开，以保证 KM1 线圈失电，串联在电动机电路中的 KM1 的主触点断开，切断电动机定子电源，电动机停转，如图 2-2-7 所示。反转运行过程中按下停止按钮 SB1，则 KM2 线圈失电。

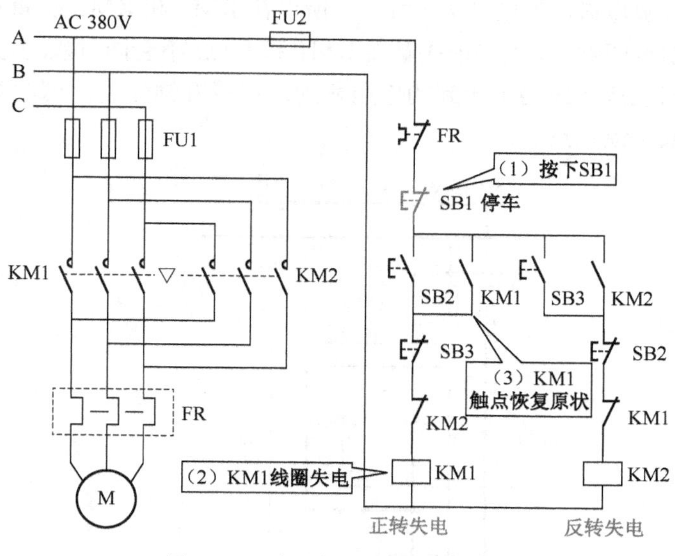

图 2-2-7 电动机停止过程示意图

反转启动过程：

按下反转启动按钮 SB3，接触器 KM2 线圈通电，与 SB3 并联的 KM2 的辅助常开触点闭合，以保证 KM2 线圈持续得电，串联在电动机电路中的 KM2 主触点持续闭合，电动机

连续反向运转，如图 2-2-8 所示。（注：图中“ ”及后面图中的“ ”表示开关闭合，非标准图形表示方法，仅用于本书）

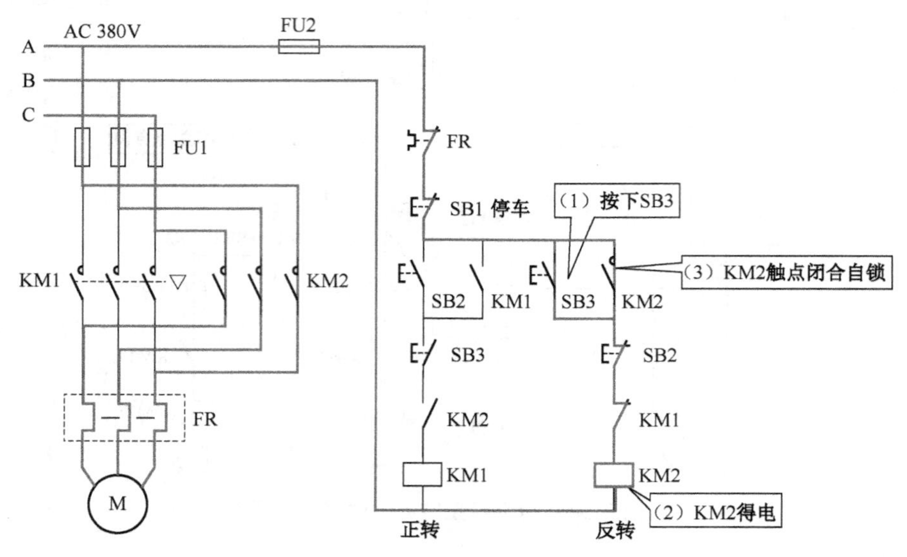

图 2-2-8　电动机反转启动过程示意图

知识卡 3：连锁（互锁）（★★★）

换向过程：

由于正反转控制电路接触器 KM1 和 KM2 不能同时接通电源，否则它们的主触点同时闭合，UW 两相电源短路，如图 2-2-9 所示，所以在 KM1 和 KM2 线圈各自支路中相互串联对方的一对辅助常闭触点，以保证接触器 KM1 和 KM2 不会同时接通电源，KM1 和 KM2 的这两对辅助常闭触点在线路中所起的作用称为连锁或互锁作用；这两对正向启动辅助常闭触点就叫连锁或互锁触点。

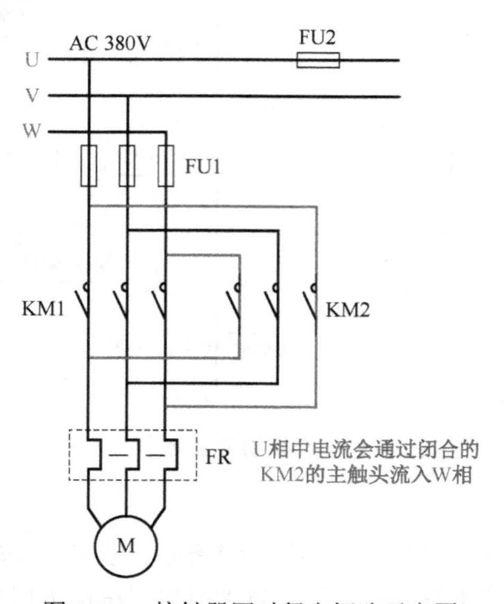

图 2-2-9　接触器同时得电短路示意图

1. 按钮互锁

在控制电路中按下正转启动按钮SB2，在反转控制电路中按钮SB2的常闭触点同时动作，断开反转控制线路，可以防止接触器KM1和KM2同时得电；同理，按下反转启动按钮SB3，在正转控制电路中也有按钮SB3的常闭触点同时动作，同样是防止接触器KM1和KM2同时得电。如图2-2-10所示。

通过按钮常开触点和常闭触点金属片的杠杆作用，使得一个接触器合上时，另一个被机构卡住而无法同时合上，可以防止正反转同时得电，因此称为机械互锁，其特点是可靠性高，但比较复杂，通常互锁的两个装置要在近邻位置安装。

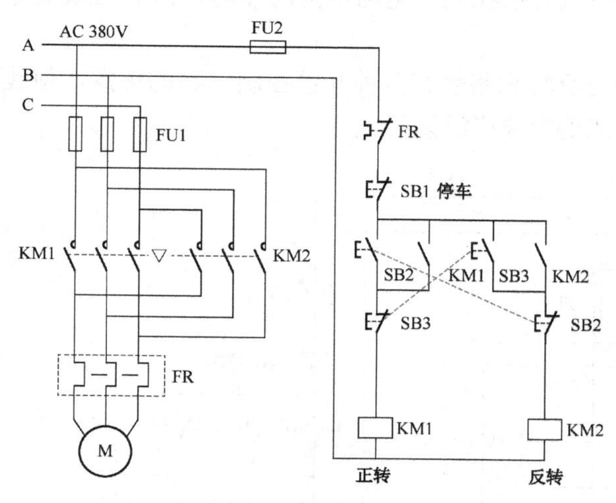

图2-2-10　按钮互锁示意图

2. 接触器互锁

在控制电路中，正转电路线圈KM1上方串联KM2的常闭触点，KM2线圈得电时，KM2常闭触点动作，线圈KM1不可能得电；同理，反转电路线圈KM2前端也串联有KM1的常闭触点。如图2-2-11所示。

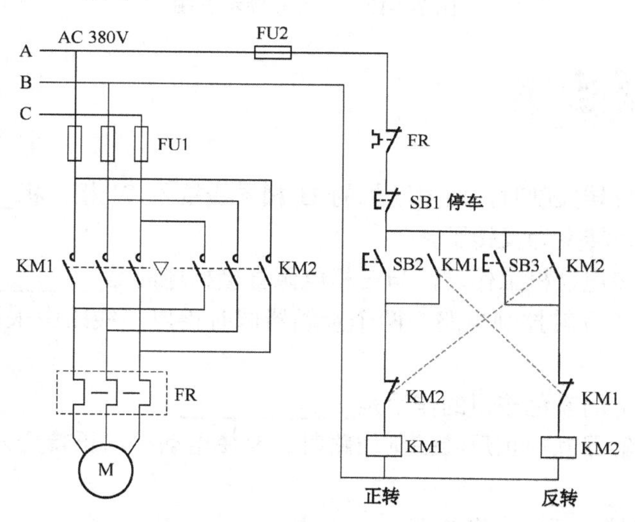

图2-2-11　接触器触点互锁示意图

通过继电器、接触器的触点实现互锁，正转运动时，正转接触器的触点切断反转电路；反转运动时，反转接触器的触点切断正转电路，因此称为电气互锁。电气互锁比较容易实现，灵活简单，互锁的两个装置可在不同位置安装，但可靠性相对机械互锁稍差。采用接触器互锁的正反转控制电路的优点是工作安全可靠，缺点是操作不方便，因为电动机从正转变为反转时，必须先按下停止按钮后，再按下反转启动按钮，才能实现反转过程。为了克服此线路的不足，可采用双重互锁来完成正反转控制。

3. 双重互锁

上述机械互锁和电气互锁在同一电路中同时使用，即称为双重互锁电路，如图 2-2-12 所示。

采用双重互锁的正反转线路兼有两种互锁控制线路的优点，使线路操作方便，工作安全可靠，因此在电力拖动中被广泛采用。

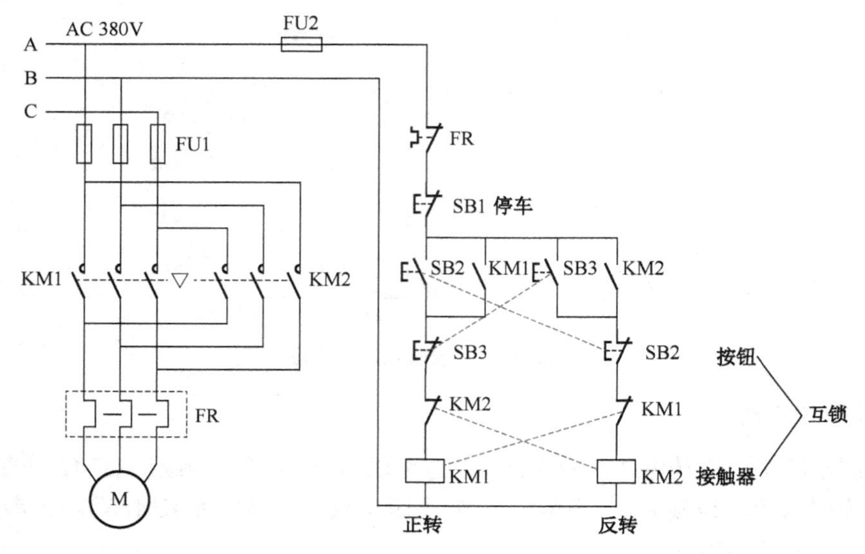

图 2-2-12　双重互锁示意图

小试牛刀

（1）电动机正反转控制时，将电动机的 U 相导线接入 W 相，将______相接入______相后，电动机就从正转变为反转了。

（2）在三相异步电动机工作时，与三相电源直接相连的是__________。

（3）为了避免正反转控制电路中两个接触器同时得电，线路中采取的措施是_______控制。

（4）空气开关上的蓝色按钮的作用是______________。

（5）在操作接触器互锁正反转控制线路时，要使电动机从正转变为反转，正确的方法是（　　）。

A. 可直接按下反转启动按钮

B．可直接按下正转启动按钮

C．必须先按下停止按钮，再按下反转启动按钮

（6）两个接触器控制电路的互锁保护一般采用的是（　　）。

A．串联对方控制电器的常开触点　　B．串联对方控制电器的常闭触点

C．串联自己的常开触点

（7）空气开关灭弧系统的作用是将电弧拉长，使电源电压不足以维持电弧燃烧，从而使电弧熄灭。　（　　）

（8）电动机正反转互锁控制线路正转运行过程中不能按反转启动按钮，否则容易引起电动机两相短路。　（　　）

（9）在异步电动机的正反转控制电路中，正转启动工作正常，反转也能启动，但方向与正转相同，原因是什么？

一、分析、排除

请分析、排除以下故障并填写故障记录表 2-2-1。

表 2-2-1　故障记录表

故障一	故障现象	
	故障分析	
	测量与排除方法	
故障二	故障现象	
	故障分析	
	测量与排除方法	

1. 故障一的排除

故障现象：某家庭电路总开关采用空气开关进行电路保护和控制，其线路分为控制电路 1～3、控制电路 4（大功率）和照明电路。照明电路能正常运行，但控制电路 4 的空气开关的操作手柄一直推不上去，其他控制电路（1、2、3）的空气开关都能正常运行，接线如图 2-2-13 所示。

故障范围：控制电路 4 一般接大功率电气设备，与照明电路分开，所以推测是控制电路 4 出现故障。

排查故障点：

（1）首先观察控制电路 4 空气开关旁边的测试按钮（蓝色按钮）是否凸出，如果凸出，先把所有控制电路 4 所接的大功率电气设备拔出，按下测试按钮，如合闸成功，说明是电

气设备故障。

（2）按下测试按钮，如果合闸再次不成功，说明是空气开关自身原因或者是控制电路 4 由于某种原因导致火零线短路，应进行维修或更换。

（3）排除故障后，找个用电器测试，通电试车。

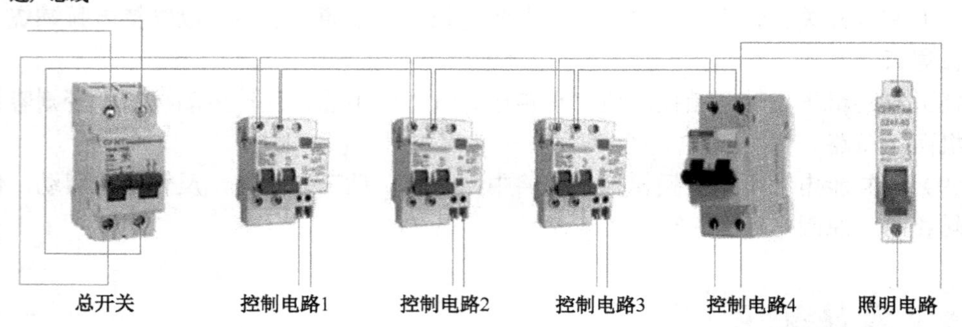

图 2-2-13　家庭空气开关安装示意图

2. 故障二的排除

故障现象：电动机正反转控制线路按照图 2-2-14 进行接线，在实际应用过程中电动机只能进行正转启动和运行，不能进行反转启动和运行，停止按钮工作正常。

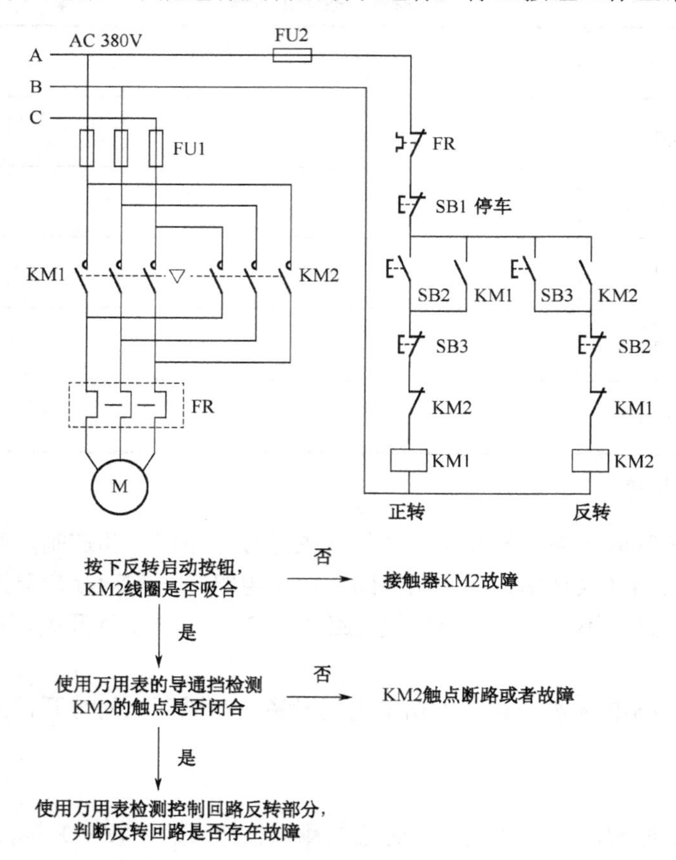

图 2-2-14　电动机正反转控制线路故障

故障范围：根据故障现象分析得出，故障范围主要集中在反转控制线路或者是 KM2 接触器部分。

排查故障点：

（1）按下反转启动按钮 SB3 后，观察并检测 KM2 线圈是否得电，线圈是否吸合，如果不能吸合，说明接触器 KM2 有故障。

（2）如果线圈吸合，使用万用表检测接触器 KM2 主触点和辅助触点是否存在故障，并进行维修。

（3）排除故障后，通电试车。

二、分析线路并完成相应的接线图

1. 分析电路一

分析现象：电动机正反转控制线路按照图 2-2-15 进行接线，在实际应用过程中电动机可能会出现什么样的状况？

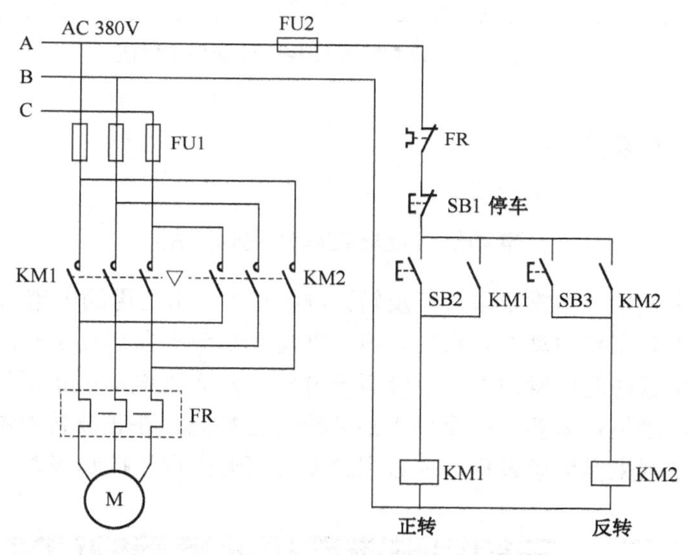

图 2-2-15　电动机正反转控制线路分析

状况分析：根据电动机的实际接线图和本节所学习的正反转控制线路接线图进行对比分析得出，该电路控制部分没有设置互锁，按下 SB2 启动按钮，KM1 线圈得电，触点闭合，电动机正转，然后按下停止按钮，KM1 线圈失电，触点恢复原状，电动机停止；按下 SB3 按钮，电动机反转；但是由于没有互锁线路，电动机在正转情况下，不能直接切换成反转线路，必须要先按下停止按钮才能进行反转。

2. 分析电路二

图 2-2-16 是电动机正反转控制元器件布置图，实际接线可以按其布置进行接线设计。

根据电动机正反转控制的元器件布置图，查阅相关资料，确定各元器件的触点数并在图中画出各元器件的主触点、辅助触点、线圈等，如 KM1 接触器所画一样。

将各触点、线圈画完以后，试在图中完成电动机正反转控制电路图的接线。

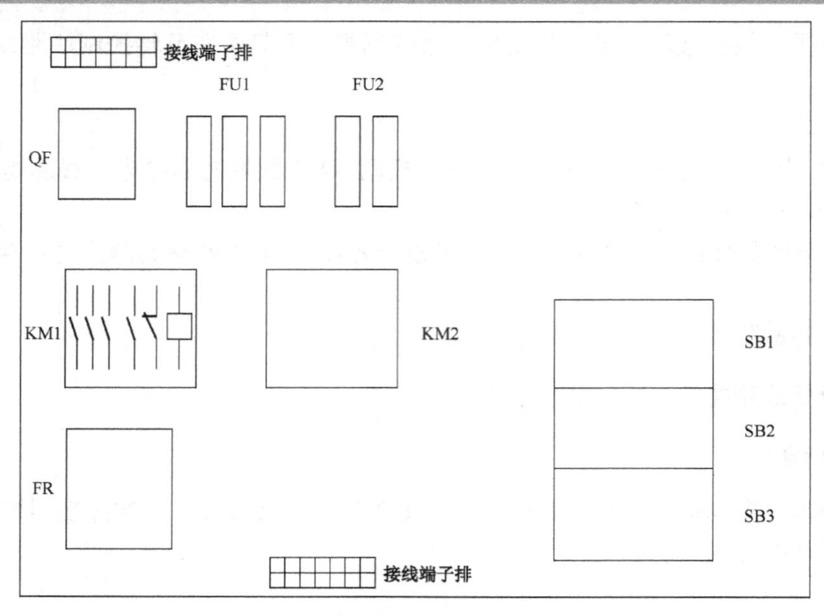

图 2-2-16　电动机正反转控制元器件布置图

电动机正反转控制的实际应用

电动机在日常使用中常常要求能正反转，例如行车、木工用的电刨床、台钻、刻丝机、甩干机、车床等都要用到电动机正反转。有一些电动机设备要求在运行过程中延时自动换向，这就要将通电延时时间继电器（后续章节介绍）加入到电动机正反转控制线路中实现该功能；有一些电动机设备要求完全停车后才能进行换向，在正反转控制线路中可以加入通电延时时间继电器来实现该过程，或者用速度传感器来设计控制线路。

2.3　任务二：三相异步电动机的反接制动控制线路

电动机自由停车的时间随惯性大小而有所不同，而生产机械设备要求能够迅速、准确地停车，如卧式车床、镗床的主轴电动机都要求能快速停车；起重机为使重物定位准确及满足现场安全的要求，也必须采用快速、可靠的制动方式。以 C650 卧式车床为例，主轴电动机在加工时，工件比较大，其转动惯性也比较大，进行停车时，不易立即停止转动，为了提高工作效率，采用反接制动，通过在主电路正转运行结束时，将电路反接，达到快速降低电动机转速的目的。本次任务主要是掌握异步电动机的制动方式和对反接制动线路的分析。

有的放矢

（1）了解速度继电器的结构、型号、规格及使用方法。

（2）掌握异步电动机的制动方式、工作原理及使用场合。

（3）掌握反接制动的基本线路、工作原理及应用。

聚沙成塔

知识卡 1：异步电动机的制动方式（★☆☆）

异步电动机常用的制动方式有机械制动和电气制动两种。

1）机械制动

机械制动是指当电动机的定子绕组断电以后，使用机械装置使电动机立即停转。常用的有电磁抱闸、电磁离合器等电磁铁制动器。

图 2-3-1 是电磁抱闸断电制动控制电路，断开开关，电动机失电，同时电磁抱闸线圈 YB 也失电，衔铁在弹簧拉力作用下与铁芯分开，并使制动器的闸瓦紧紧抱住闸轮，电动机被制动而停转。这种电磁抱闸断电制动控制电路在起重机械上广泛应用，如行车、卷扬机、电动葫芦等，其优点是能准确定位，可防止电动机突然断电时重物自行坠落而造成事故。

2）电气制动

电气制动就是指在切断电源的同时给电动机一个和实际转向相反的电磁力矩，使电动机迅速停止的方法。最常用的方法是反接制动和能耗制动。

（1）反接制动的原理：在使电动机停止时，对电动机施加一个反向的制动力，当电动机的转速接近于零时，还应当立即切断反接制动电源，否则电动机会反转。实际控制中采用速度继电器来自动切断制动电源。图 2-3-2 就是典型的反接制动控制电路图。

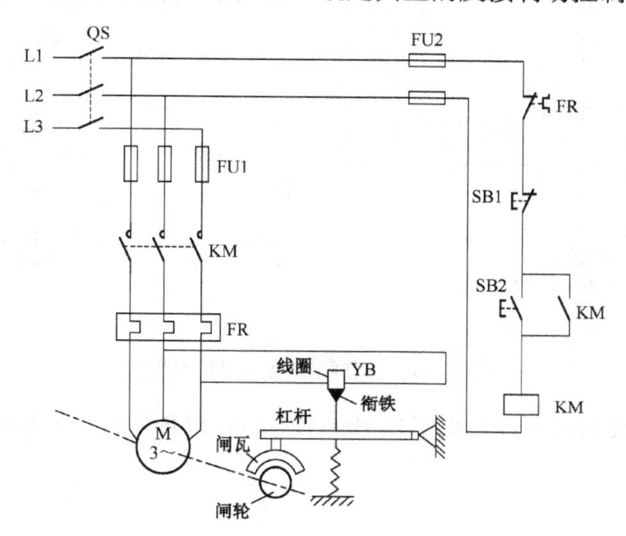

图 2-3-1　电磁抱闸断电制动控制电路

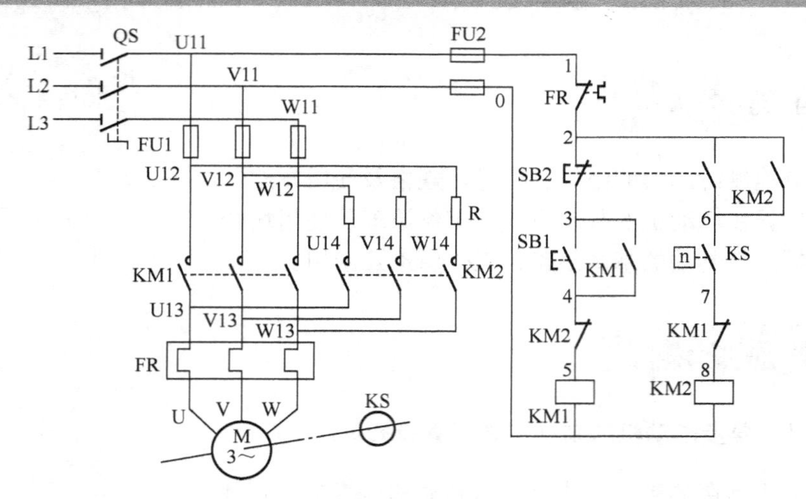

图 2-3-2　反接制动控制电路

（2）能耗制动的原理：能耗制动的原理是电动机切断交流电源的同时给定子绕组的任意二相加一直流电源，以产生静止磁场，依靠转子的惯性转动切割该静止磁场产生制动力矩。能耗制动平稳、准确、能量消耗小，但须附加直流电源装置，设备投资较高，制动力较弱，在低速时制动力矩小。主要用于容量较大的电动机制动或制动频繁的场合，如磨床、立式铣床等的控制，不适用于紧急制动停车，其电气原理图如图 2-3-3 所示。

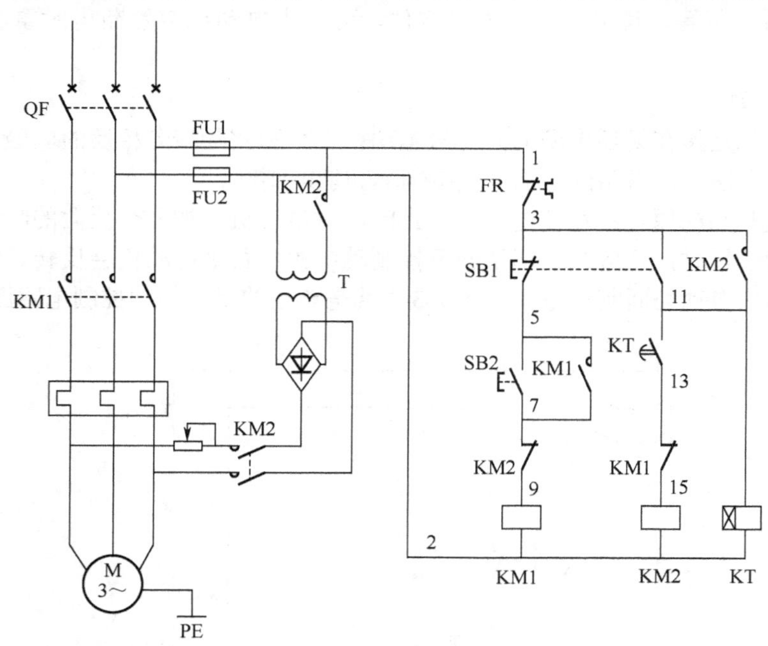

图 2-3-3　能耗制动电气控制原理图

想一想：该能耗制动电气控制原理图的主电路如何在停止时进行能耗制动？

知识卡 2：速度继电器（★★★）

1. 功能

速度继电器又称为反接制动继电器，主要用于三相异步电动机反接制动控制电路中。当三相电源的相序改变以后，产生与实际转子转动方向相反的旋转磁场，从而产生制动力矩，使电动机在制动状态下迅速降低速度，它的主要任务是在电动机转速接近零时立即发出信号，切断电源使之停车。

2. 结构和符号

常用的速度继电器有 JY1 型和 JFZO 型两种。其中，JY1 型可在 700～3600r/min 范围内可靠地工作；JFZO-1 型转速为 300～1000r/min，JFZO-2 型转速为 1000～3600r/min。一般速度继电器的转轴在转速达 130r/min 时即能动作，在转速达 100r/min 时触点即能恢复到正常位置。可以通过螺钉的调节来改变速度继电器动作的转速，以适应控制电路的要求。

图 2-3-4 为速度继电器的外形图和内部结构图，其结构由转子、定子、两个常开触点和两个常闭触点等组成。

速度继电器在电路图主电路中一般搭载在电动机上，而控制电路中接有速度继电器的常开触点或者常闭触点，符号表示如图 2-3-5 所示。

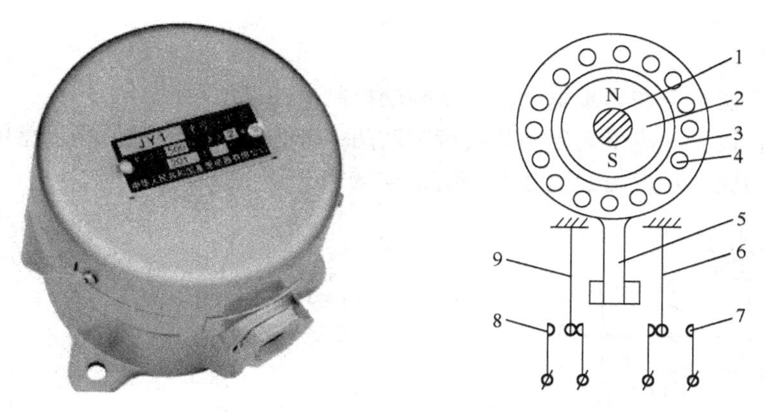

1-转轴，2-转子，3-定子，4-绕组，5-摆锤，6、9-簧片，7、8-静触点

图 2-3-4　速度继电器外形图和内部结构图

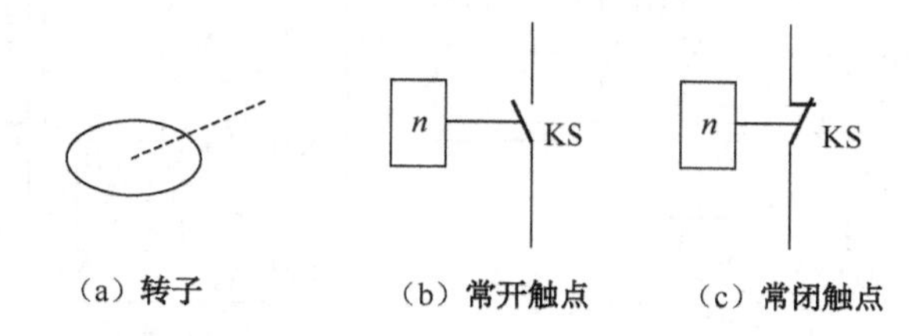

（a）转子　　（b）常开触点　　（c）常闭触点

图 2-3-5　速度继电器的符号

3. 工作原理

速度继电器的工作原理如图 2-3-6 所示，当电动机正转运行，且速度达到 120r/min 以上时，速度继电器摆锤在电动机正转运行产生的磁力作用下向左偏转，触碰左侧 KS-1 使簧

片动作，左侧 KS-1 的常开触点闭合，常闭触点断开，KS-2 不动作；当电动机反转运行，且速度达到 120r/min 以上时，速度继电器摆锤在电动机反转产生的磁力作用下向右偏转，触碰右侧 KS-2 使簧片动作，右侧 KS-2 的常开触点闭合，常闭触点断开，KS-1 不动作。

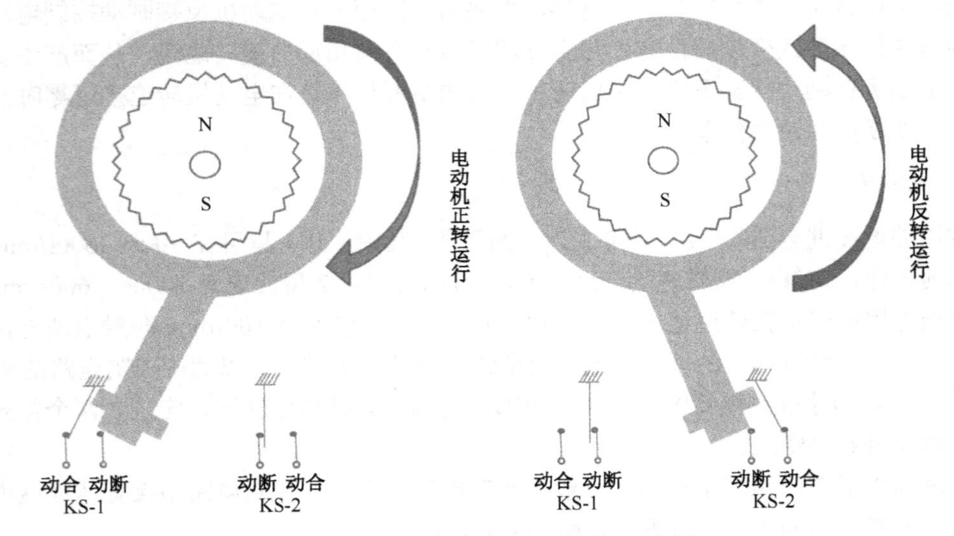

图 2-3-6　速度继电器的工作原理示意图

4. 应用

速度继电器常用在异步电动机反接制动控制电路环节中。

整个运行过程分成单向启动和反接制动两个部分，单向启动原理示意图如图 2-3-7 所示，反接制动原理示意图如图 2-3-8 和图 2-3-9 所示。

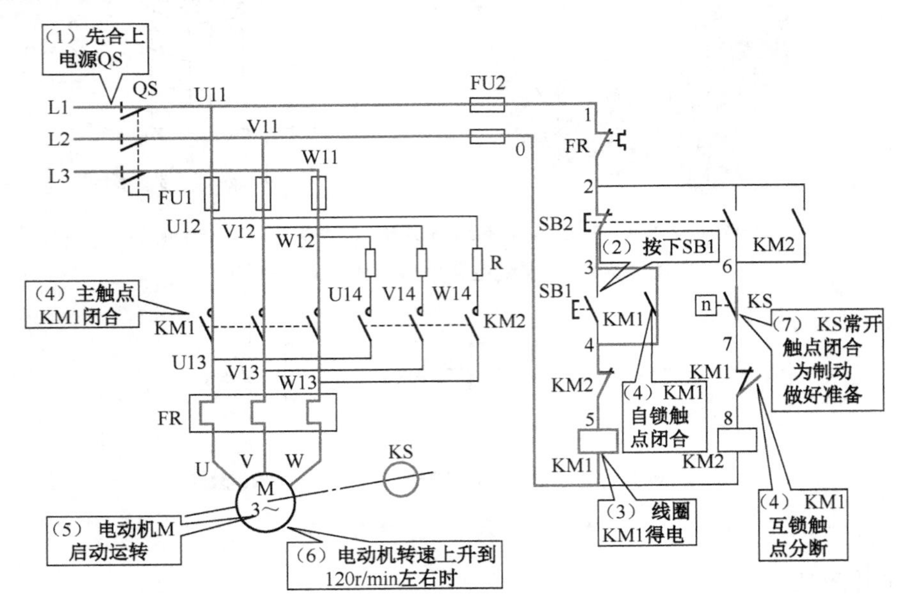

图 2-3-7　单向启动过程原理分析图

当电动机正常运转要求制动时，将三相电源相序切换，然后在电动机转速接近零时将电源及时切断。控制电路是采用速度继电器来判断电动机的零速点并及时切断三相电源的。速度继电器 KS 的转子与电动机的轴相连，当电动机正常运转时，速度继电器的常开触点闭合，当电动机停车，转速接近零时，KS 的常开触点断开，切断接触器的线圈电路。

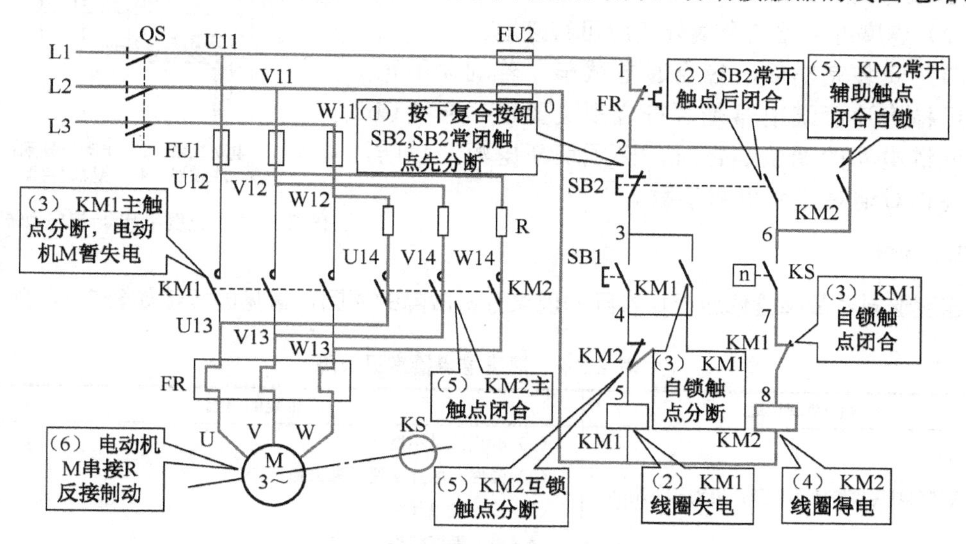

图 2-3-8 反接制动过程原理分析图

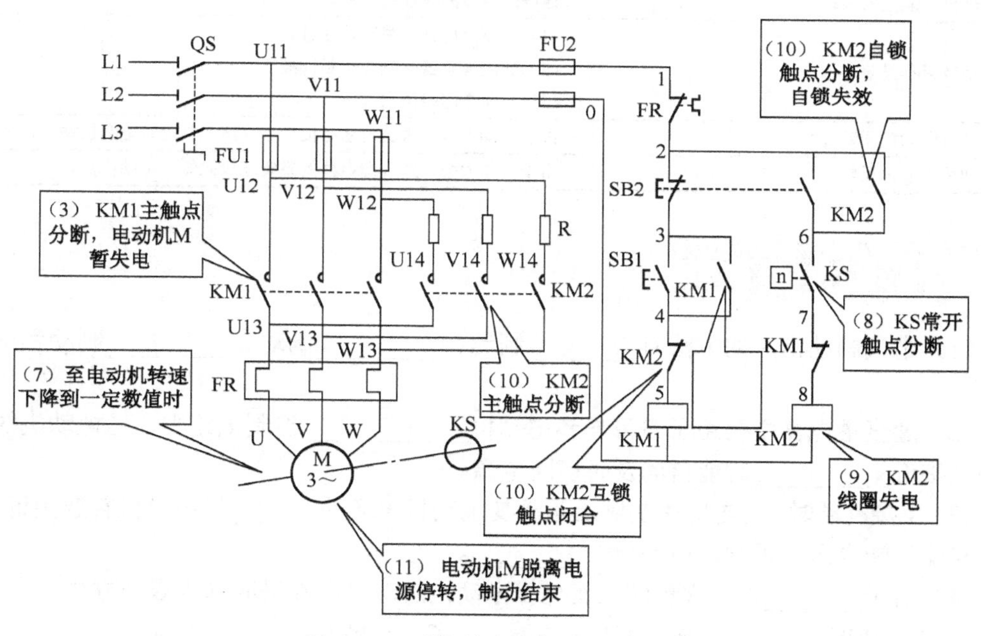

图 2-3-9 反接制动结束原理分析图

技能卡 1：速度继电器的安装与检修（★☆☆）

1. 安装

速度继电器的转轴应与电动机同轴连接，使两轴的中心线重合。速度继电器的轴可用连轴器与电动机的轴连接。如图 2-3-10 所示。

安装注意事项：

（1）安装接线时，应注意正反向触头不能接错，否则不能实现反接制动控制。

（2）速度继电器的金属外壳应可靠接地。

（3）安装完毕后，应当通电试车，若制动不正常，可检查速度继电器是否符合规定要求。若要调节速度继电器的调整螺钉时，必须切断电源，以防止出现相对地短路而引起事故。

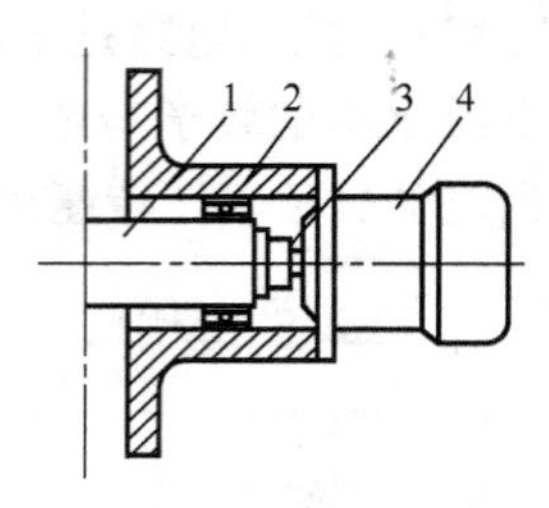

1—电动机轴；2—电动机轴承；3—连轴器；4—速度继电器

图 2-3-10　速度继电器与电动机连轴

2. 检修

速度继电器故障检修应根据实际的现象分析故障的原因，常见的故障如表 2-3-1 所示。

表 2-3-1　速度继电器常见故障

故障现象	可能的原因
反接制动时速度继电器失效，电动机不制动	（1）触点接触不良 （2）弹性动触片断裂或失去弹性 （3）笼形绕组开路 （4）胶木摆杆断裂
电动机不能正常制动	速度继电器的弹性动触片调整不当
制动效果不显著	（1）速度继电器的整定转速过高 （2）速度继电器永磁转子磁性减退 （3）限流电阻阻值太大
制动时电动机振动过大	由于制动太强，限流电阻阻值太小，造成制动时电动机振动过大
制动后电动机反转	由于制动太强，速度继电器的整定速度太低，电动机反转

小试牛刀

（1）电气制动常用的方法有________制动、_________制动、_________制动和电容制动等。

（2）速度继电器主要用于笼形异步电动机____________控制电路中，当电动机的转速下降到接近__________时能自动及时切断电源。

（3）反接制动时，主电路中实际上是改变电动机电源的_____，当电动机转速接近零时，必须立即切断电源，否则，电动机会________。

（4）对于_______以上容量的三相异步电动机启动时，都采取降压启动方式。

A. 1kW　　B. 5kW　　C. 10kW

（5）进行反接制动时，由于反接制动电流较大，制动时必须在电动机每相定子绕组中串联一定规格的_____，以限制反接制动电流。

A. 电阻　　B. 电容　　C. 电感

（6）反接制动控制电路中，速度继电器的常开触点在转速低于_______r/min 时动作。

A. 13　　B. 130　　C. 1300

（7）能耗制动通常用于大容量的电动机，以及要求制动平稳和制动频繁的场合。

（　　）

（8）电动机不能正常制动的原因是速度继电器的弹性动触片位置不对。　（　　）

大显身手

请分析、排除以下故障并填写故障记录表 2-3-2。

表 2-3-2　故障记录表

故障一	故障现象	
	故障分析	
	测量与排除方法	
故障二	故障现象	
	故障分析	
	测量与排除方法	

1. 故障一排除

故障现象：按下停止按钮 SB2 后，KM1 线圈断电，但是电动机没有制动。

故障范围：根据故障现象分析得出，KM1 线圈断电，说明正转控制线路没有问题，故障出现在反接制动控制线路中，此时应逐个排查，如图 2-3-11 所示。

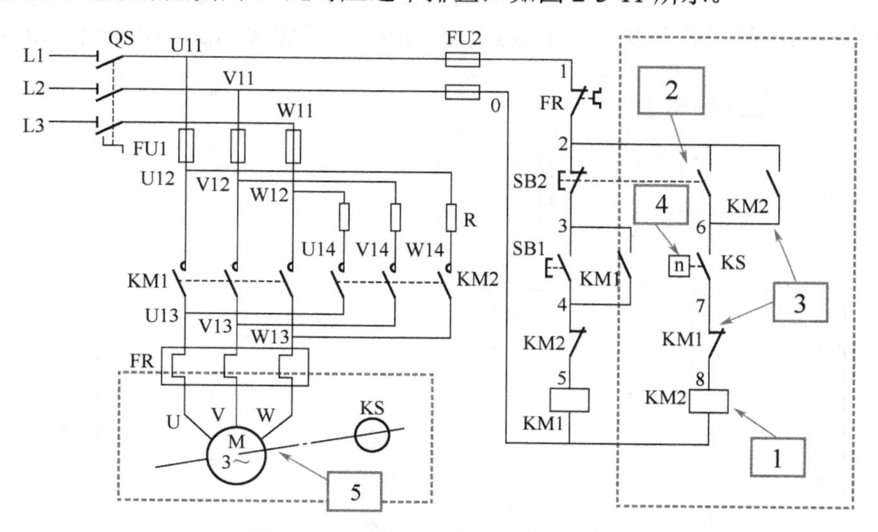

图 2-3-11　反接制动控制线路故障一

排查故障点：

（1）首先观察制动开始时，接触器 KM2 线圈是否吸合，来判断 KM2 线圈是否损坏。

（2）然后检测按钮 SB2 常开触点是否接触不良，使用万用表的导通挡检测按下 SB2 后常开触点通断情况来判断按钮是否接触不良。

（3）在通电试车情况下检测接触器 KM1 常闭触点和接触器 KM2 常开触点是否存在接触不良，同样使用万用表的导通挡检测。

（4）检测速度继电器 KS 常开触点接触是否不良。

（5）最后若没有排查出故障点，则检查速度继电器与电动机连接是否良好。

2. 故障二排除

故障现象：两台带反接制动的电动机，在进行制动时，第 1 台电动机的制动效果不显著，第 2 台电动机制动后反转。

故障范围：根据表 2-3-1 推测第 1 台电动机故障原因可能是速度继电器整定转速过高、永磁转子磁性减退或者是限流电阻值太大；第 2 台电动机故障原因可能是制动太强、速度继电器的整定速度太低导致电动机反转。

排查故障点：

对于第 1 台电动机：（1）首先调松速度继电器的整定弹簧，观察制动效果是否有明显改善。（2）若制动效果无明显改善，则减小限流电阻阻值，调整后再观察其变化，若仍然制动效果不明显，则更换速度继电器。

对于第 2 台电动机：（1）调紧调节螺钉，用来调高整定速度。（2）更换胶木摆杆旁的簧片，簧片的作用是使速度继电器的触头动作，簧片弹力不够，制动后速度继电器触点不能动作，因此更换弹簧。

下面分析上述控制线路，并完成相应的接线图。

如图 2-3-12 所示是电动机反接制动元器件布置图。将下述元器件布置图进行完善，实现电动机反接制动。根据电动机反接制动的元器件布置图，查阅相关资料，确定各元器件的触点数并在图中画出各元器件的主触点、辅助触点、线圈等，KS 速度继电器的触点已画。

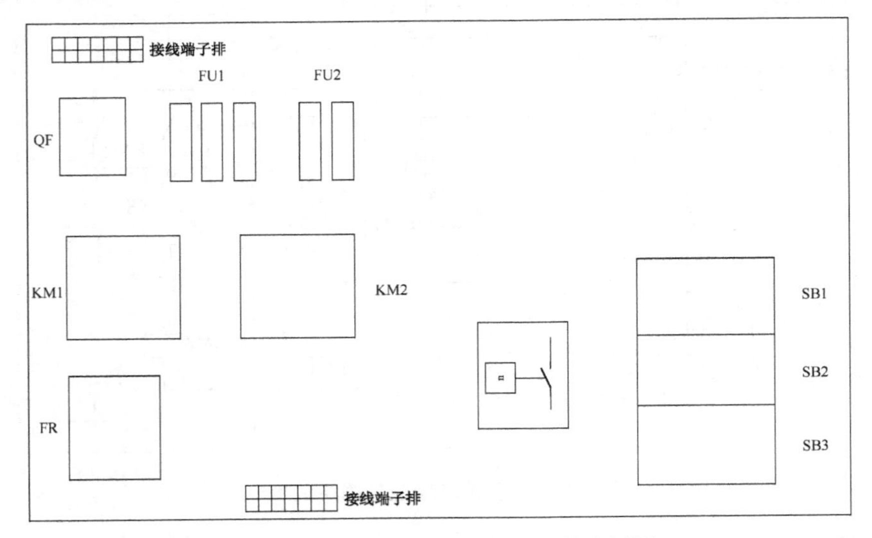

图 2-3-12　电动机反接制动元器件布置图

能耗制动控制原理

能耗制动是电动机切断交流电源后，立即在定子绕组的任意两相中通入直流电，利用转子感应电流受静止磁场的作用以达到制动的目的，其制动原理如图 2-3-13 所示。先断开电源开关 QS1，切断电动机的交流电源，这时转子仍沿原方向以惯性运转；随后立即合上开关 QS2，并将 QS1 向下合闸，电动机 V、W 两相定子绕组通入直流电，使定子中产生一个恒定的静止磁场，这样以惯性运转的转子因切割磁力线而在转子绕组中产生感应电流，其方向可以用右手定则判断出来，上面的感应电流向内，下面的感应电流向外。绕组一旦产生了感应电流，就立即受到静止磁场的作用，产生电磁转矩，用左手定则判断，可知道转矩的方向正好与电动机的转向相反，电动机受制动迅速停转。

图 2-3-14 是无变压器单相半波直流能耗制动自动控制线路，主电路部分：当 KM2 主触点闭合时，在电动机 V、W 相上形成一段直流电路进行能耗制动；控制电路部分：加入了通电延时时间继电器 KT 来完成 KM2 线圈的断开，使整个线路能够最终停下。

试分析一下图 2-3-14 的工作原理。

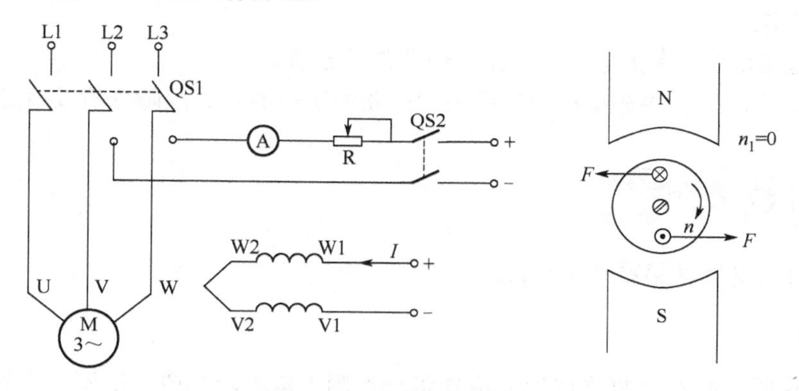

图 2-3-13　能耗制动原理图

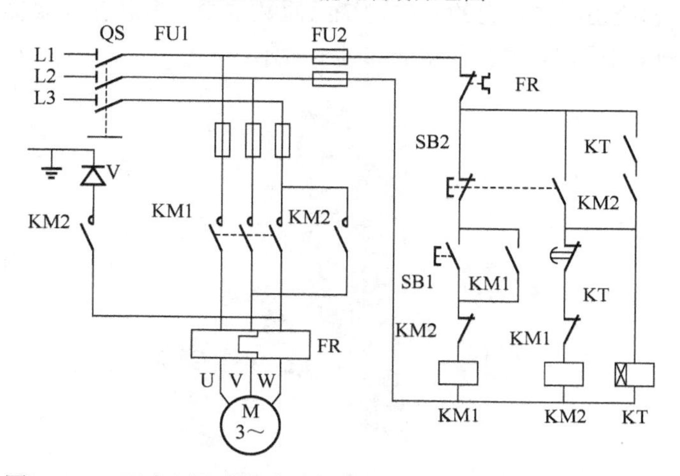

图 2-3-14　无变压器单相半波直流能耗制动自动控制线路原理图

2.4　任务三：C650 车床控制线路分析与检修

抛砖引玉

C650 卧式车床是机床中应用最为广泛的一种，可以用于切削各种工件的外圆、内孔、端面及螺纹，车床在加工工件时，随着工件材料和材质的不同，应选择合适的主轴转速及进给速度。为了满足生产加工需要，主轴的旋转运动可正转，也可以反转，这就要求可以改变主轴电动机的转向。进给运动大多通过主轴运动分出一部分动力，通过挂轮箱传给进给箱来实现。刀架的快速运动由单独一台进给电动机来拖动。车床一般都设有交流电动机拖动的冷却泵，实现刀具切削时的冷却。由于 C650 卧式车床的广泛应用，掌握该车床控制线路的原理、分析及检修必不可少。

有的放矢

（1）了解电流互感器、行程开关、转换开关、中间继电器、时间继电器的结构、型号、规格及使用方法。

（2）掌握 C650 车床主电路的工作原理和故障分析。

（3）掌握冷却泵和快速移动电动机控制电路的工作原理、故障分析及故障排除。

聚沙成塔

知识卡 1：电流互感器（★☆☆）

1. *原理*

电流互感器 TA 是依据电磁感应原理将一次侧大电流转换成二次侧小电流来测量的仪器，由闭合的铁芯和绕组组成。它的一次侧绕组匝数很少，串联在需要测量电流的线路中，它的工作原理和变压器相似，其外形如图 2-4-1 所示。

图 2-4-1　电流互感器

2. 特点、作用

电流互感器一、二次额定电流之比，称为电流互感器的额定互感比：$K_n=I_{1n}/I_{2n}$；一次线圈串联在电路中，并且匝数很少，因此，一次线圈中的电流完全取决于被测电路的负荷电流，而与二次电流无关；电流互感器二次线圈所接仪表和继电器的电流线圈阻抗都很小，所以正常情况下，电流互感器在近于短路状态下运行。

电流互感器的作用是可以把数值较大的一次电流通过一定的变比转换为数值较小的二次电流，用来进行保护、测量等。如变比为 400/5 的电流互感器，可以把实际为 400A 的电流转变为 5A 的电流。

在大型车床主轴电动机中加入电流互感器的主要作用是防止启动时的冲激电流，启动时将电流表暂时短接。

3. 电流互感器的结构、符号

（1）普通电流互感器结构如图 2-4-2 所示，由相互绝缘的一次绕组、二次绕组、铁芯以及构架、壳体、接线端子等组成。

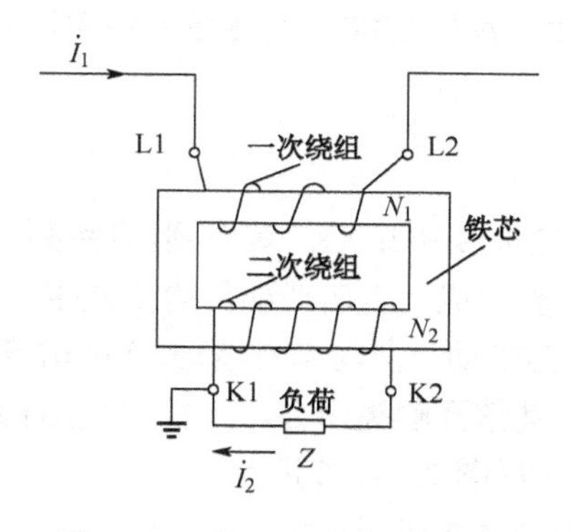

图 2-4-2　普通电流互感器结构

（2）穿心式电流互感器结构如图 2-4-3 所示，其本身结构不设一次绕组，载流导线由 L1 至 L2，穿过由硅钢片擀卷制成的圆形（或其他形状）铁芯，起一次绕组作用。二次绕组直接均匀地缠绕在圆形铁芯上，与仪表、继电器、变送器等电流线圈的二次负荷串联形成闭合电路。

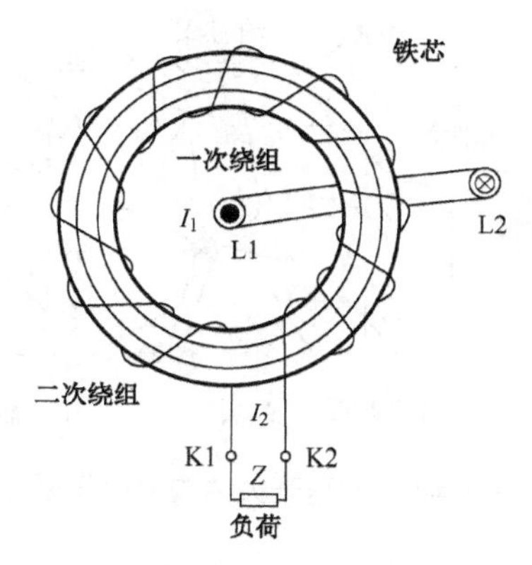

图 2-4-3　穿心式电流互感器结构

（3）电流互感器的符号如图 2-4-4 所示。

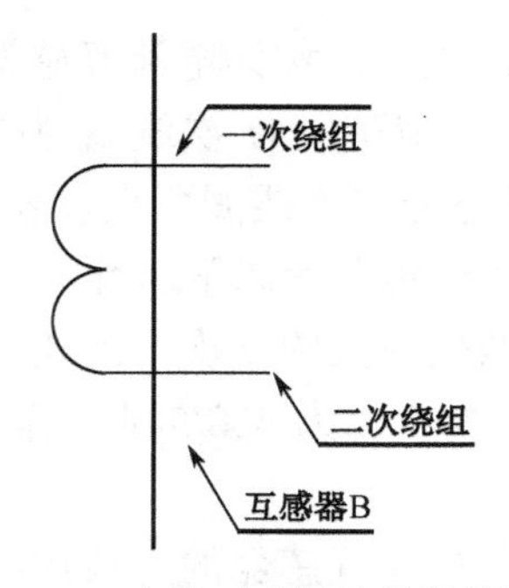

图 2-4-4　电流互感器符号结构图解

知识卡 2：行程开关（★☆☆）

行程开关又称限位开关，是一种利用生产机械某些运动部件的碰撞使其触头动作来接通或分断控制电路的电器。通常，这类开关被用来限制机械运动的位置或行程，使运动机械按一定位置或行程自动停止、反向运动、变速运动或自动往返运动等，因此它是一种自动控制电器。

1. 结构和符号

机床中常用的行程开关有 LX19 和 JLXK1 等系列，各系列行程开关的基本结构大体相同，都由操作机构、触头系统和外壳组成。当运动部件的挡铁碰压行程开关的滚轮时，上转臂连同转轴一起转动，使弹簧和套架推动小滑轮向右滑动；当小滑轮向右滑动中压到一定位置时，触头推杆随之与触头碰撞，使其常开触头闭合。行程开关结构和动作原理如图 2-4-5 所示。

JLXK1 系列行程开关的外形图如 2-4-6 所示。

行程开关的图形符号如图 2-4-7 所示。

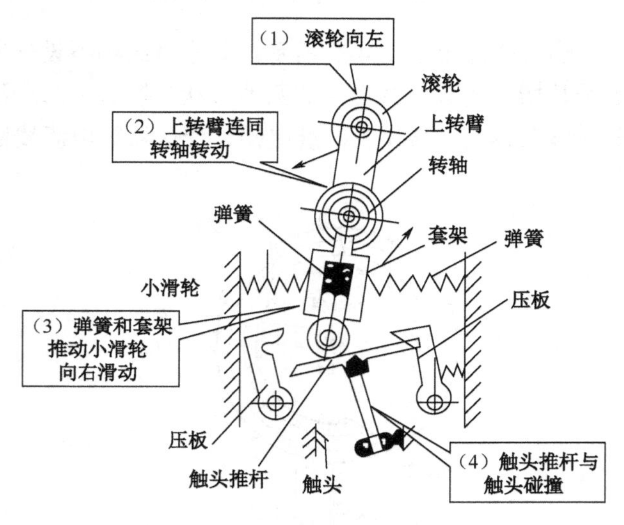

图 2-4-5　行程开关结构和动作原理

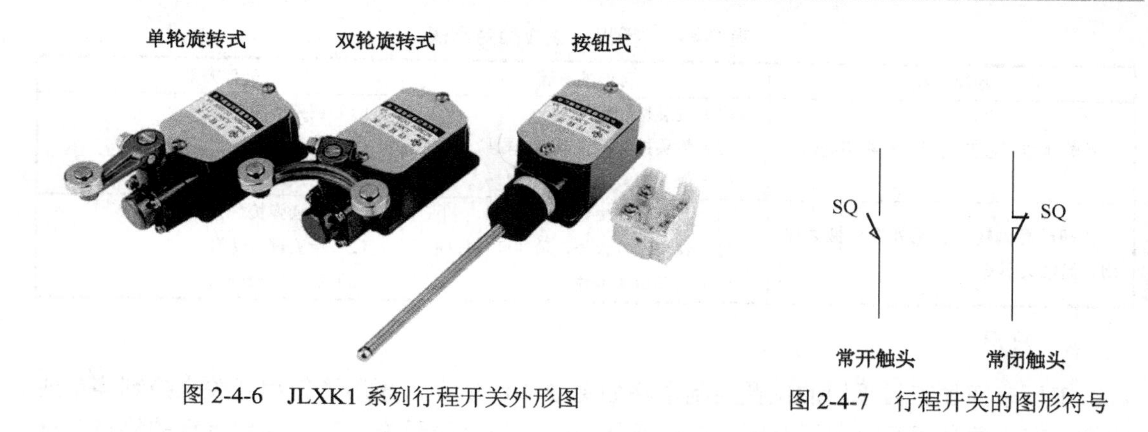

图 2-4-6　JLXK1 系列行程开关外形图

图 2-4-7　行程开关的图形符号

2. 型号及含义

LX19 系列行程开关适用于采用 50Hz 的 380V 交流电压或 220V 直流电压的控制电路，以控制运动机构的行程和变换其运动方向或速度。

JLXK1 系列行程开关具有瞬时换接动作机构。适用于交流 50Hz，电压不超过 380V 及直流电压不超过 220V 的电路中，作为机床自动控制、限制运动机构动作或程序控制用。

常用的 LX19 系列和 JLXK1 系列行程开关的型号及含义如下：

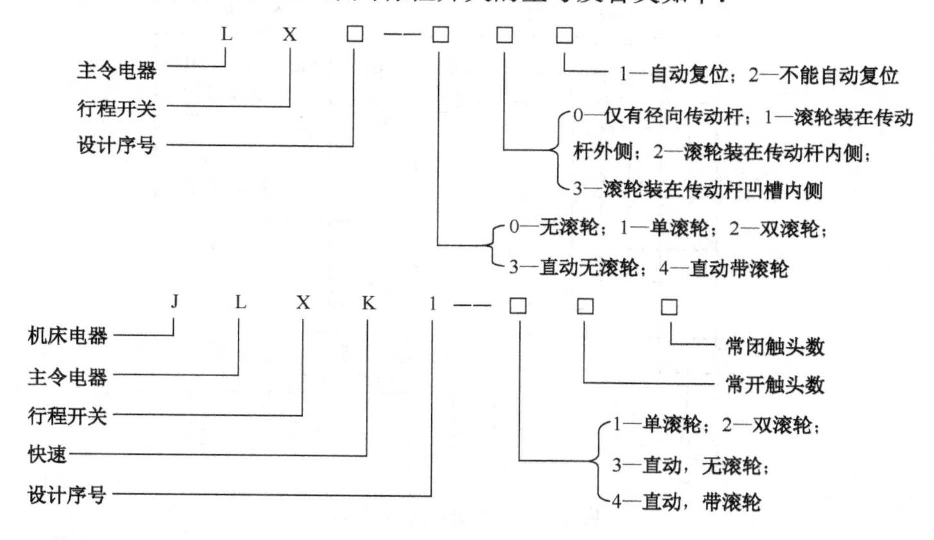

3. 安装与调试

（1）安装行程开关时，其位置要准确，安装要牢固；滚轮的方向不能装反，挡铁与其碰撞的位置应符合控制线路的要求，并确保能可靠地与挡铁碰撞。

（2）在使用行程开关时，要定期检查和保养，除去油垢及粉尘，清理触头，并检查其动作是否灵活、可靠，及时排除故障，防止因行程开关触头接触不良或接线松脱而产生误动作，从而导致设备和人身安全事故。

（3）常见的行程开关故障如表 2-4-1 所示。

表 2-4-1　行程开关故障对照表

故障现象	可能的原因	处理方法
挡铁碰撞行程开关后，触头不动作	（1）安装位置不准确 （2）触头接触不良或接线松脱 （3）触头弹簧失效	（1）调整安装位置 （2）清洁触头或紧固接线 （3）更换弹簧
杠杆已经偏转，且无外界机械力作用，但触头不复位	（1）复位弹簧失效 （2）调节螺钉太长，顶住开关按钮 （3）内部撞块卡住	（1）更换弹簧 （2）检查调节螺钉 （3）清理内部杂物

4. 应用

工厂车间加工常采用的位置控制电路如图 2-4-8 所示，采用了行程开关来控制停车或变换。右下角是运行过程示意图，向前运行的终点是行程开关 SQ1，向后运行的终点是行程开关 SQ2。当安装在行车前后的挡铁撞击行程开关的滚轮时，行程开关的常闭触点分断，切断控制电路，运行自动停止。

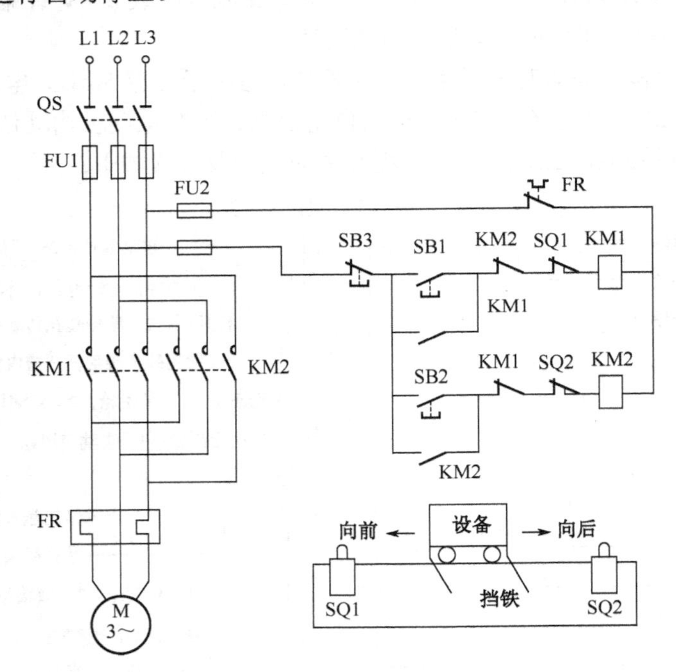

图 2-4-8　位置控制电路图

想一想： 根据前面所学习的电动机的正反转控制线路知识来分析主电路和控制电路的运行过程（KM1 线圈控制正转，KM2 线圈控制反转）；如果要求碰撞到 SQ1 和 SQ2 行程开关后，不停止，而是立刻反转运行，整个电路要如何调整和修改才能实现？

知识卡 3：转换开关（★☆☆）

转换开关是一种可供两路或两路以上电源或负载转换用的开关电器。在开关转轴上装有扭簧储能结构，使开关能快速闭合或分断，以利于灭弧，其分合速度与手柄操作速度无关。在电气设备中，多用于非频繁地接通和分断电路、接通电源和负载、测量三相电压以及控制小容量异步电动机的正反转和星三角启动等。

转换开关是由多组相同结构的触头组件叠装而成的多电路控制电器。它由操作结构、定位装置、触头、接触系统、转轴、手柄等部件组成。图 2-4-9 是转换开关的外形。转换开关的挡位有两挡、三挡和多挡几种。

图 2-4-9　转换开关的外形

转换开关的电气符号如图 2-4-10 所示。

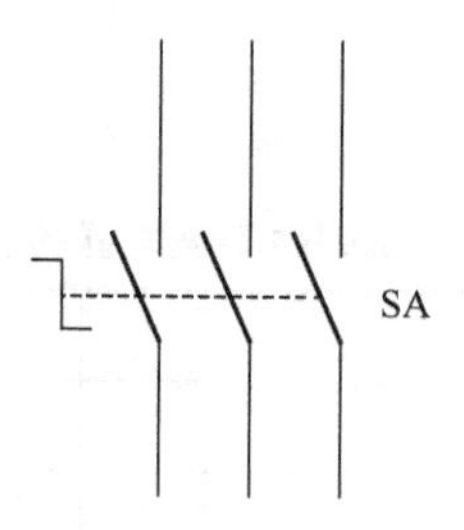

图 2-4-10　转换开关的电气符号

知识卡 4：中间继电器（★☆☆）

1．功能

中间继电器用于继电保护与自动控制系统中，以增加触点的数量及容量。它用于在控制电路中传递中间信号。中间继电器的结构和原理与交流接触器基本相同，主要区别在于：接触器的主触点可以通过大电流，而中间继电器的触点只能通过小电流。中间继电器的触点系统中无主、辅触点之分，各触点容量相同（一般为 5A），常用中间继电器实物如图 2-4-11 所示。

（a）JZ7 系列

（b）PR41 系列

图 2-4-11　中间继电器实物图

2. 符号、型号

中间继电器的符号如图 2-4-12 所示。

图 2-4-12　中间继电器文字符号和图形符号

常用的中间继电器有 JZ7 系列、HH5 系列。以 JZ7-62 为例，JZ 为中间继电器的代号，7 为设计序号，有 6 对常开触点，2 对常闭触点，其工作原理和交流接触器的原理类似，因此不再一一说明。

它的技术数据如表 2-4-2 所示。

表 2-4-2　JZ7 系列中间继电器的主要技术数据

额定绝缘电压/V		380
额定电流/A		5
线圈电压/V		12，36，127，220，380
操作频率/（次/h）		1200
机械寿命/次		3000000
触点对数	JZ7-44	4 常开 4 常闭
	JZ7-62	6 常开 2 常闭
	JZ7-80	8 常开 0 常闭
线圈参数	吸合电压	85%～105%线圈电压
	释放电压	75%～20%线圈电压
	吸合功率	75 V·A
	保持功率	12 V·A

知识卡 5：通电延时时间继电器（★☆☆）

1. 概念

时间继电器是一种利用电磁原理或机械原理实现延时控制的控制电器，当加入（或去掉）输入的动作信号后，其输出电路要经过规定的准确时间才产生跳跃式变化（或触点动作）。时间继电器是一种使用在较低电压或较小电流的电路上，用来接通或切断较高电压、较大电流电路的元器件。

通电延时时间继电器是指在通电后并不立即使触点状况发生变化，而是要经过一定的延时后才动作（常闭触点断开、常开触点闭合）的元器件。

2. 结构和符号

按动作原理与构造的不同，时间继电器可分为电磁式、空气阻尼式、电动式和电子式等类型。如图 2-4-13 所示的是空气阻尼式和电子式通电延时时间继电器的外形，其外形差异很大，其结构原理也相差很大。

空气阻尼式时间继电器又称气囊式继电器，通过调节延时螺钉，即可调节进气孔的大小，从而得到不同的延时时间。进气孔大，延时时间就短；进气孔小，延时时间就长。

电子式时间继电器又称为半导体时间继电器，是利用半导体元器件做成的时间继电器。具有延时精度高、调节方便、寿命长等一系列的优点，被广泛应用。

（a）空气阻尼式时间继电器

（b）电子式时间继电器

图 2-4-13　通电延时时间继电器的外形

通电延时时间继电器的符号如图 2-4-14 所示，其触点包含延时动作触点和瞬时动作触点。延时动作触点是指延时计时时间到后动作的触点，瞬时常开常闭触点不受延时计时的影响，得电就动作，失电就复位。

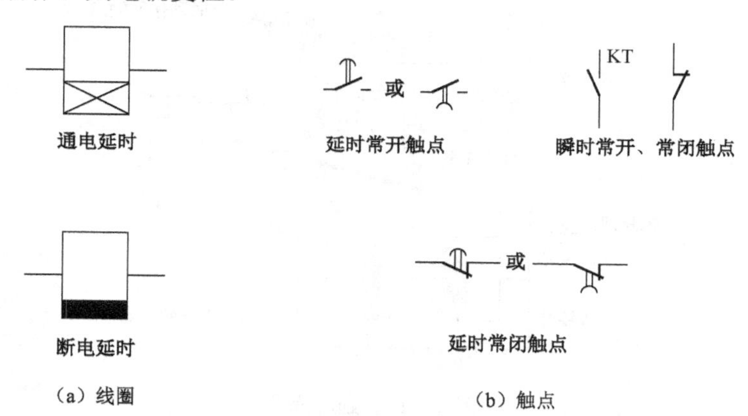

（a）线圈　　（b）触点

图 2-4-14　通电延时时间继电器的符号

3. 工作原理

以空气阻尼式时间继电器为例讲解时间继电器计时的工作原理，其内部结构初始状态如图 2-4-15 所示，初始状态下，静铁芯和动铁芯并没有吸合。

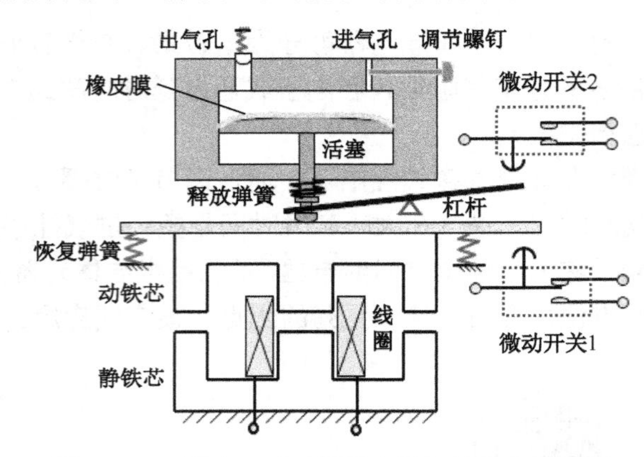

图 2-4-15　通电延时时间继电器初始状态结构图

当时间继电器线圈通电后，线圈产生感应电流，动铁芯和静铁芯吸合，瞬时动作触点闭合，延时动作触点在活塞和杠杆的作用下延时弹开，如图 2-4-16 和图 2-4-17 所示。

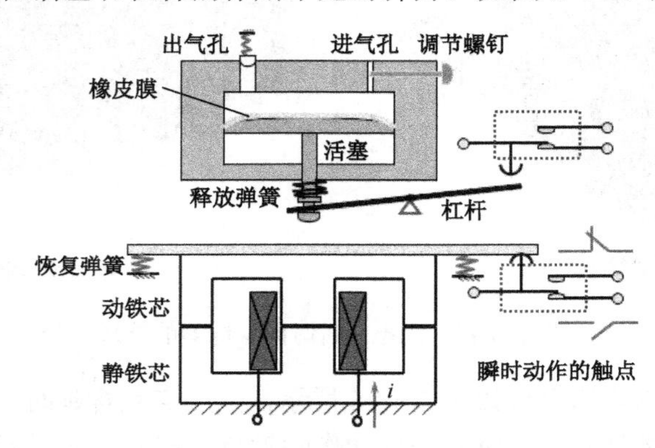

图 2-4-16　动铁芯和静铁芯吸合

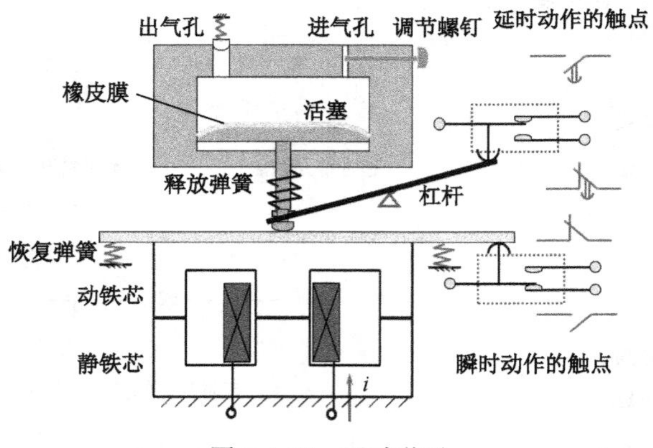

图 2-4-17　延时弹开

当线圈断电后，在释放弹簧和恢复弹簧的作用下，所有触点立刻复位，如图 2-4-18 所示。

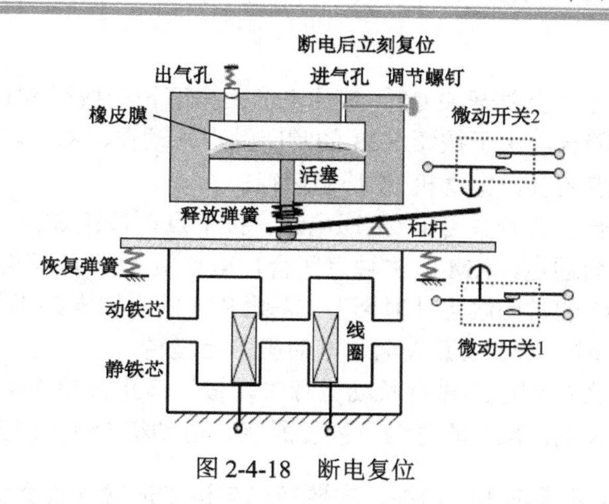

图 2-4-18　断电复位

4. 时间继电器的选用

（1）根据系统的延时范围和精度选择时间继电器的类型和系列。目前电力拖动控制线路中，一般选用晶体管式时间继电器，常用的有 JS20 系列晶体管式时间继电器，该系列产品特点是机械结构简单、延时范围宽、整定精度高、体积小、耐冲击和振动、消耗功率小、调整方便及寿命长等。

（2）根据控制线路的要求选择时间继电器的延时方式，除了有通电延时时间继电器外，还有断电延时时间继电器。两者之间的区别在于通电延时时间继电器通电开始计时，达到设定时间时触点状态切换，断电后触点状态立即恢复；而断电延时时间继电器通电后触点状态立即切换，直到断电后开始计时，达到设定时间时触点状态才恢复。请根据通电延时时间继电器的特性，分析断电延时时间继电器如何应用。

（3）根据控制线路电压选择时间继电器吸引线圈的电压。

知识卡 6：点动及长动控制线路分析（★☆☆）

在前面的部分我们已经了解什么是点动控制线路，什么是长动控制线路，在实际应用过程中，我们还会经常使用点动及长动控制线路来实现对电气设备的短时控制或者长时控制。图 2-4-19 就是一个点动及长动电气控制原理图，其中，SB1 为长动按钮，SB3 为点动按钮，SB2 为停止按钮。

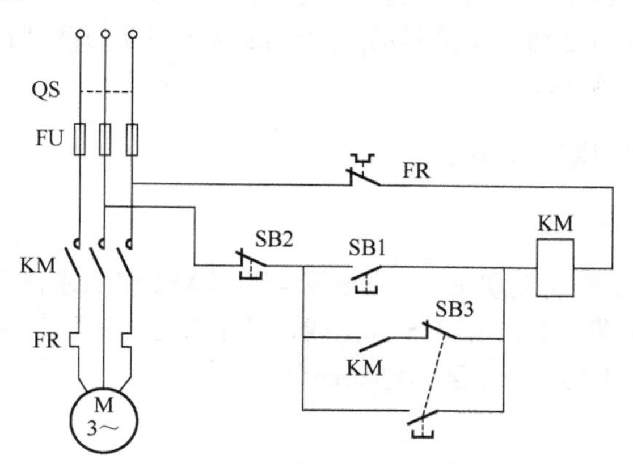

图 2-4-19　点动及长动电气控制原理图

工作原理分析：

（1）长动运行：先合上总开关 QS，接通电源。按下长动按钮 SB1，KM 接触器线圈得电，KM 的常开触点闭合，由于按钮 SB3 的常闭触点未动作，KM 自锁，因此 KM 线圈一直得电，KM 的主触点闭合，电动机 M 长动运行。

（2）点动运行：合上总开关 QS，接通电源。按下点动按钮 SB3，KM 接触器线圈通过 SB3 的常开触点闭合而通电，KM 的主触点闭合，电动机 M 开始运转，同时辅助常开触点也闭合，但是由于 SB3 的常闭触点此时断开，因此 KM 的自锁电路不能保持持续得电状态，当松开点动按钮 SB3 时，KM 线圈失电，电动机停止运转。

（3）停止运行：在控制电路进行长动运行时，按下停止按钮 SB2，KM 的自锁电路断开，KM 线圈因此而失电，KM 的主触点恢复原状，电动机 M 停止运转。

知识卡 7：C650 卧式车床的功能、主要结构与运动形式（★☆☆）

C650 卧式车床属于中型车床，可加工最大工件回转直径为 1020mm，最大工件长度为 3000mm，通过电气设备控制液压系统，再由液压系统操纵离合器、刹车器，以控制主轴的正转、反转和停止。C650 卧式车床主要由主轴变速箱、挂轮箱、进给箱、溜板箱、尾座、滑板与刀架、光杆与丝杆等部件组成，其整体结构如图 2-4-20 所示。

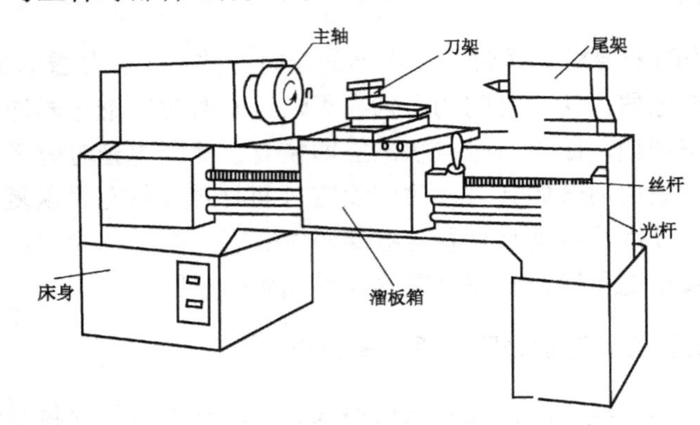

图 2-4-20　C650 卧式车床整体结构图

C650 卧式车床共有三种运动：主运动（主轴的旋转运动）、进给运动（溜刀板带着刀架的直线运动）、辅助运动（刀架的快速直线移动）。主要控制分为两种：主轴电动机的点动调整、直接启动、双向运动与反接制动；刀架的快速移动与冷却控制。C650 卧式车床电气控制线路如图 2-4-21 所示。

技能卡 1：主电路识图（★★☆）

1. 主电路图区划分

C650 卧式车床由主轴电动机 M1、冷却泵电动机 M2 和快速移动电动机 M3（快移电动机）组成，其主电路由图 2-4-21 中 1-5 区组成，其中 2 区、3 区为主轴电动机，4 区为冷却泵电动机，5 区为快移电动机，1 区为电源部分。

2. 主电路识图

主电路图如图 2-4-22 所示。

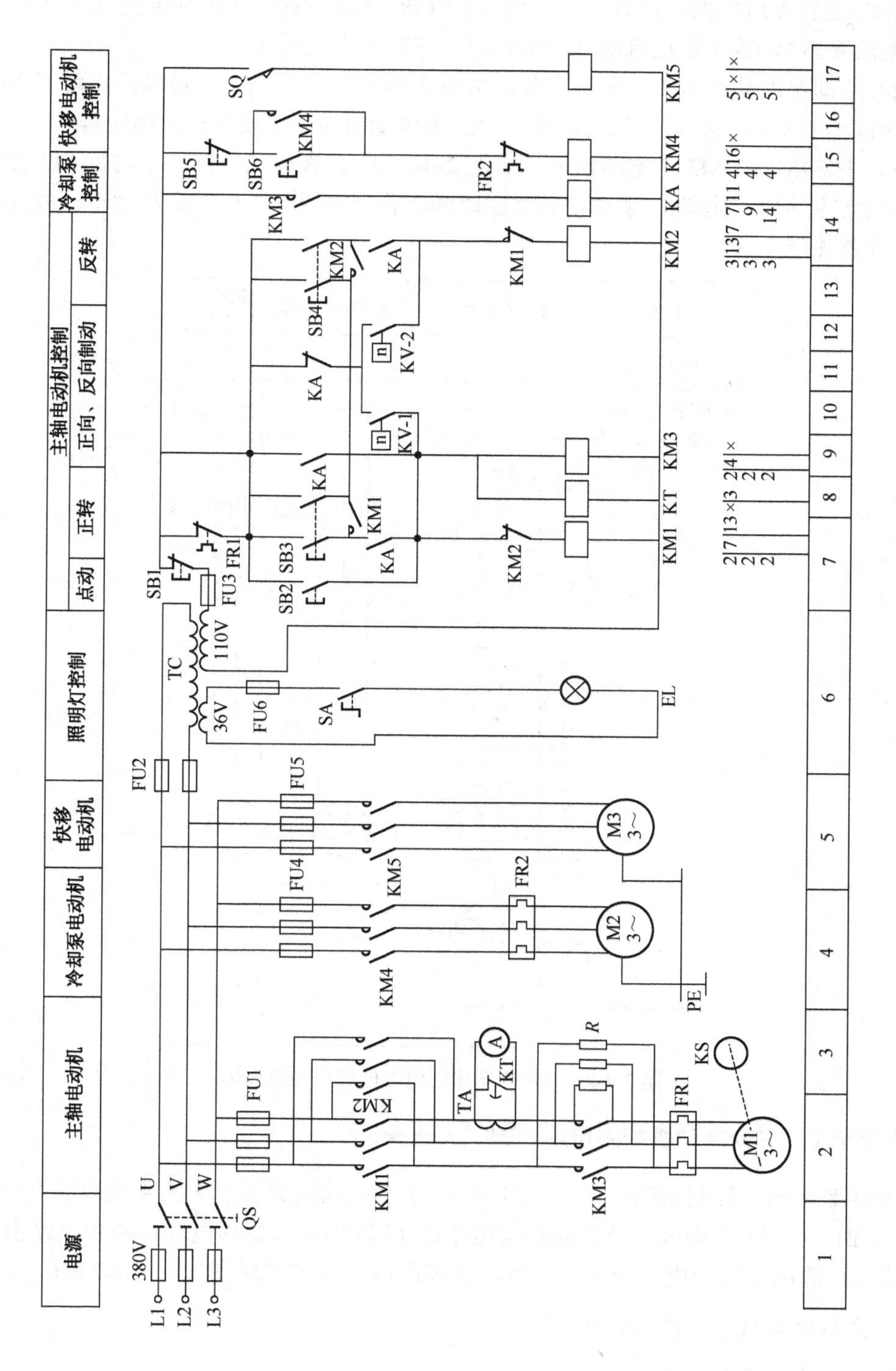

图 2-4-21　C650 卧式车床电气控制线路图

（1）主轴电动机 M1 主电路部分。由图 2-4-23 中 2 区、3 区中接触器 KM1 主触点和接触器 KM2 主触点组成的正反转控制线路、接触器 KM3 主触点（控制电阻 R 接入和切除线路）、电流互感器 TA（防止启动时冲击电路）三部分串联而成。

（2）冷却泵电动机 M2 主电路部分。由图 2-4-22 中 4 区构成。冷却泵电动机 M2 由接触器 KM4 主触点控制单向、长动运行。FR2 为电动机 M2 过载保护热继电器。

（3）快移电动机 M3 主电路部分。由图 2-4-22 中 5 区构成。快移电动机 M3 由接触器 KM5 主触点控制单向运动，手动控制其短时间工作。由于 M3 点动短时运转，故快移电动机不用设置热继电器。

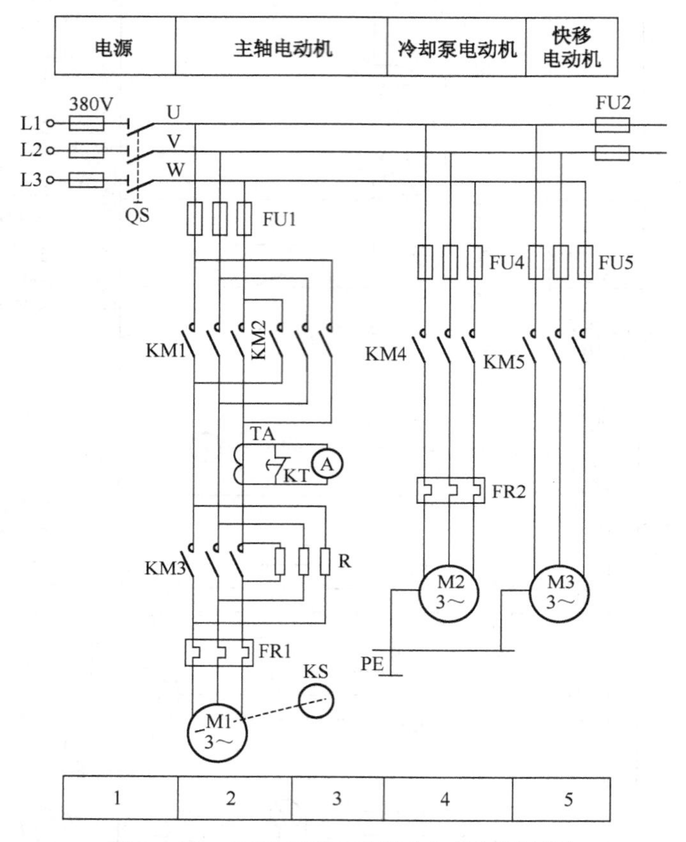

图 2-4-22　C650 车床主电路电气控制原理图

技能卡 2：主轴电动机控制电路识图（★★★）

C650 卧式车床控制电路由图 2-4-21 中 6-17 区共同构成，机床的主轴电动机控制电路由图 2-4-21 中 7-14 区构成，冷却泵控制电路由 15 区构成，快移电动机控制电路由 16 区、17 区构成，照明灯控制电路由 6 区构成，其控制电路电气原理图如图 2-4-23 所示。

1. 主轴电动机 M1 控制电路

1）控制电路图区划分

主轴电动机 M1 控制电路（7-14 区）主要由接触器 KM1、KM2、KM3 和电流互感器 TA 组成，由 SB3（正向启动）、SB4（反向启动）、SB2（正向点动）、SB1（制动按钮）四个按钮来进行控制。

2）控制电路识图

M1 正向启动主电路：按下正向启动按钮 SB3，KM3 线圈得电，KM3 主触点动作，切除电阻 R，KT 时间继电器触点延时动作，主电路中 KT 闭合，导致电流表 A 短接，同时中间继电器 KA 线圈得电，常闭触点切除制动电路常开触点，线圈 KM1 接通并且自锁。

M1 正向启动控制电路：按下正向启动按钮 SB3，KM3、KT 线圈得电，KM3 主触点动作，主电路中限流电阻被短接，同时辅助常开触头闭合，KA 线圈得电，常闭触点断开切除停车制动电路；常开触点闭合，KM1 线圈得电，KM1 主触点闭合，常开触点闭合自锁，电动机正向直接启动，当转速高于 120r/min 后，速度继电器常开触点 KS2 闭合。KT 线圈得电后，常闭触点延时断开，电流表接入电路正常工作。

M1 反向启动：与正转工作相同，启动按钮是 SB4，首先接通的是 KM2、KM3 接触器和 KT 时间继电器。后续控制过程与正转相似。

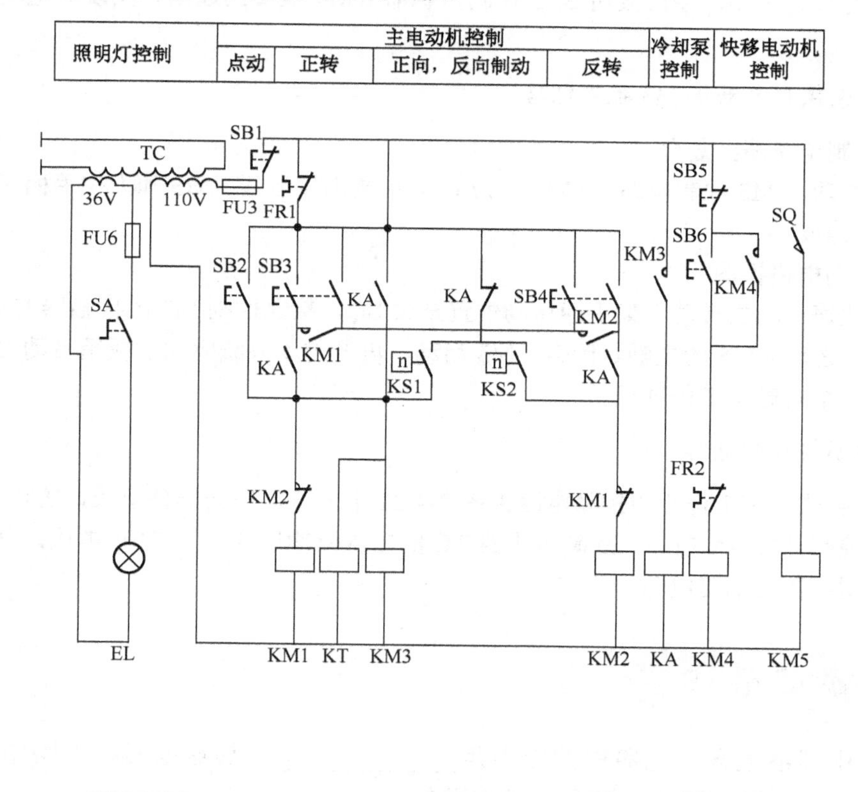

图 2-4-23　C650 车床控制电路原理图

M1 正向反接制动：按下停车按钮 SB1，KM1、KM3、KA 线圈失电，触点复位，电动机 M1 以惯性继续运转，松开停车按钮 SB1，KM2 线圈得电，KM2 主触点闭合，电动机 M1 串入限流电阻 R 反接制动，强迫电动机迅速停车，转速低于 100r/min 时，速度继电器 KS 断开，KV2 断开，KM2 线圈失电，触点复位，电动机失电，反接制动过程结束。

M1 正向点动控制：按下 SB2 点动按钮，KM1 线圈得电，主触点闭合，电动机 M1 串联限流电阻 R 正向点动，松开 SB4，KM1 线圈失电，主触点复位，电动机 M1 停转。按下 SB2 点动按钮，KM1 线圈虽然得电，但是由于中间继电器 KA 的常开触点此时并没有闭合（按下点动按钮后 KM3 接触器未得电），因此 KM1 的自锁电路并没有得电，KM1 线圈不能自锁。

技能卡 3：冷却泵电动机和快速移动电动机控制电路识图（★★★）

1. 冷却泵电动机 M2 控制电路

1）控制电路图区划分

冷却泵电动机 M2 控制电路（15 区）主要由接触器 KM4 控制其运行，由按钮 SB5（停止按钮）控制其停止，由 SB6（启动按钮）控制其启动。

2）控制电路识图

由启动按钮 SB6、停止按钮 SB5 控制接触器 KM4 线圈的通断，实现对电动机 M2 的控制。

2. 刀架快移电动机 M3 控制电路

1）控制电路图区划分

快移电动机 M3 控制电路（16 区，17 区）主要由接触器 KM5 和刀架手柄（压动位置开关 SQ）构成。

2）控制电路识图

刀架快速移动由转动刀架手柄压动位置开关 SQ，接通控制 M3 的接触器 KM5 的线圈电路开始，之后 KM5 的主触点闭合，M3 启动，再经传动系统驱动溜板箱带动刀架快速移动。这是一个短时间工作过程。

3. 照明灯控制电路

C650 卧式车床工作照明控制电路由图 2-4-21 中 6 区对应元器件组成，工作照明灯 EL 受照明灯控制开关 SA 控制。控制电压器 TC 的二次侧输出 36V、110V 电压，分别作为车床低压照明和控制电路电源。

小试牛刀

（1）中间继电器在电路中的作用是____________；热继电器在电路中的作用是____________；熔断器在控制电路中的作用是____________。

（2）行程开关的主要作用是将________转变为________，主要用于顺序控制、____________和位置状态的检测。

（3）C650 车床主电路中，主轴电动机的运动有________运行、反转运行、__________。

（4）C650 车床控制电路中的 KV 是指（　　）。

A．时间继电器触点

B．压力继电器触点

C．速度继电器触点

（5）物体接触到行程开关使行程开关动作，行程开关常闭触点（　　）。

A．不动作，保持闭合

B．动作（闭合）

C．动作（断开）

（6）C650 卧式车床的快移电动机主要用来＿＿＿＿＿＿刀架的移动。

A．加快　　　　B．减慢　　　　C．稳定

（7）C650 卧式车床照明电路是在设备启动后自动接通亮灯的。（　　）

（8）由于 C650 卧式车床冷却泵电动机是短时间工作的设备，因此，冷却泵电动机不用设置热继电器保护装置。（　　）

大显身手

请分析、排除以下故障并填写故障记录表 2-4-3。

表 2-4-3　故障记录表

故障一	故障现象	
	故障分析	
	测量与排除方法	
故障二	故障现象	
	故障分析	
	测量与排除方法	

1. 故障一的排除

故障现象：转动刀架手柄压动位置开关 SQ，快移电动机未动作。

故障范围：根据故障现象分析得出，该故障与快移电动机线路关系紧密，查找这条线路可能会出现的故障，分析虚线框标出线路内出现的故障，如图 2-4-24 所示。

排查故障点：

（1）检查控制线路，检测刀架手柄压动位置开关 SQ 的连接部分是否牢固。

（2）检测 KM5 线圈是否吸合，触点是否动作。如果线圈吸合，触点也动作，则检查触点是否连接到位。

（3）检测熔断器 FU5 是否烧坏或者损坏，如果损坏，及时更换。

2. 故障二的排除

故障现象：两台电动机顺序启停控制电路如图 2-4-25 所示。按下启动按钮 SB2，接触器 KM1 和 KM2 能够依次启动，按下停止按钮 SB3，中间继电器 KA 线圈得电，KM2 线圈失电，但是 KM1 线圈仍然得电，只有按下总停按钮 SB1 才能使 KM1 线圈失电，试分析故障原因。

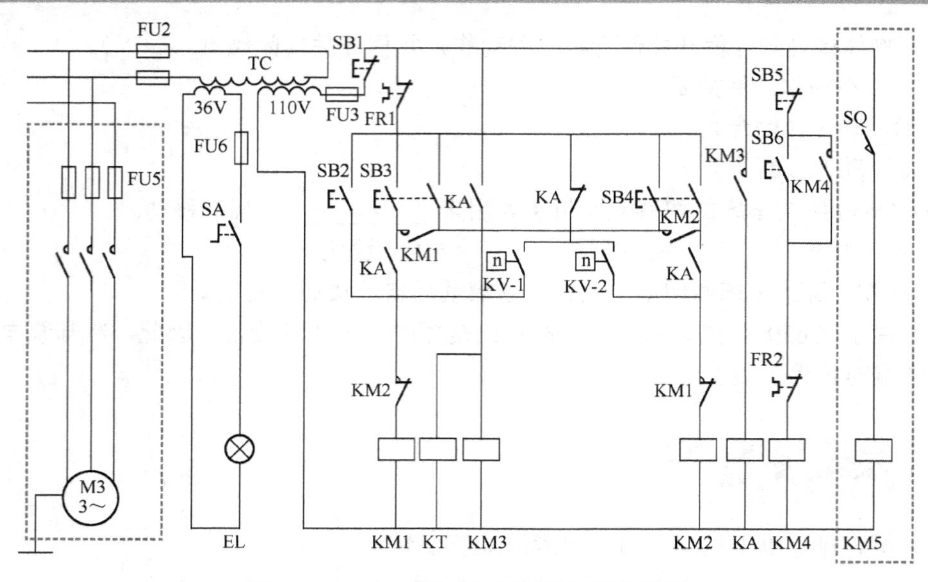

图 2-4-24　C650 卧式车床故障范围分析图

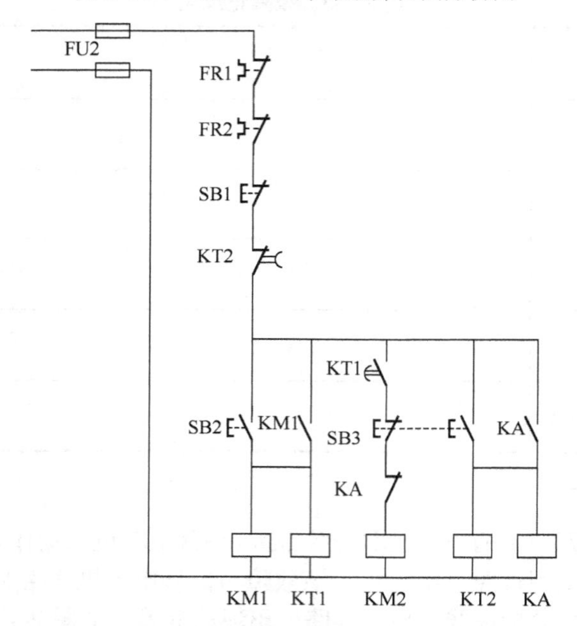

图 2-4-25　带时间继电器的顺序启停控制电路

故障范围：根据故障现象得出，中间继电器 KA 得电后，时间继电器 KT2 没有进行规定动作，时间继电器 KT2 可能出现故障。

排查故障点：

（1）当整个电路断电时，使用万用表检测时间继电器线圈两端的电阻值，来确定线圈是否损坏或烧毁。

（2）检查时间继电器的延时断开常闭触点是否能够动作，接触性能好不好等。

分析线路后，请完成相应的接线图，并思考以下问题：

C650 卧式车床中控制电路为什么要使用中间继电器 KA？

（提示：中间继电器 KA 起着扩展触点的作用）

点石成金

1. 电流互感器 TA 在车床主电路中的作用

电流互感器 TA 可防止启动时产生冲激电流，启动时将电流表暂时短接。

电流表 PA 用来监视主轴电动机 M1 的绕组电流，M1 功率较大，电流表 PA 接入电流互感器 TA 所在电路。机床工作时，可调整切削量，使电流表 PA 上的电流接近主轴电动机 M1 的额定电流经电流互感器 TA 后的对应值，以便提高生产效率和充分利用电动机的潜能。

2. 对通电延时时间继电器的检测、分析

通电延时时间继电器在不通电的情况下可以使用万用表欧姆挡检测其线圈的电阻值，一般为几欧姆；用万用表交流电压挡测量时间继电器的输出端，看是否有电压输出，如果设定时间到时吸合，在设定时间内，时间继电器输出端应该有电压输出，如果到设定时间时断开，时间继电器输出端应当没有电压输出；如果时间继电器还有其他辅助触点，还要用万用表电阻挡测量其触点是否接通，来判断时间继电器的好坏。

3. C650 卧式车床特点

（1）主轴电动机的正反转不是通过机械方式来实现的，而是通过电气方式，这样就可以简化机械结构。

（2）主轴电动机的制动采用了电气反接制动形式，并利用速度继电器按速度原则进行控制。

（3）控制电路由于元器件很多，故通过控制变压器 TC 同三相电网进行电隔离，提高了操作和维修时的安全性。

（4）中间继电器 KA 起着扩展接触器 KM3 触点的作用。电路设计时应考虑元器件的触点数量。

4. C650 卧式车床常见的电气故障

（1）主轴电动机不能启动。可能的原因：电源没有接通；热继电器已动作，其常闭触点尚未复位；启动按钮或停止按钮内的触点接触不良；交流接触器的线圈烧毁或接线脱落等。

（2）按下启动按钮后，电动机发出嗡嗡声，不能启动。这是电动机的三相电流缺相造成的。可能的原因：熔断器某一相熔丝烧断；接触器某对触点没接触好；电动机接线某一处断线等。

（3）按下停止按钮，主轴电动机不能停止。可能的原因：接触器触点熔焊；主触点被杂物卡住；停止按钮常闭触点被卡住。

（4）主轴电动机不能点动。可能的原因：点动按钮的常开触点损坏或接线脱落。

（5）不能检测主轴电动机负载。可能的原因：电流表损坏、时间继电器设定的时间太短或损坏、电流互感器损坏等。

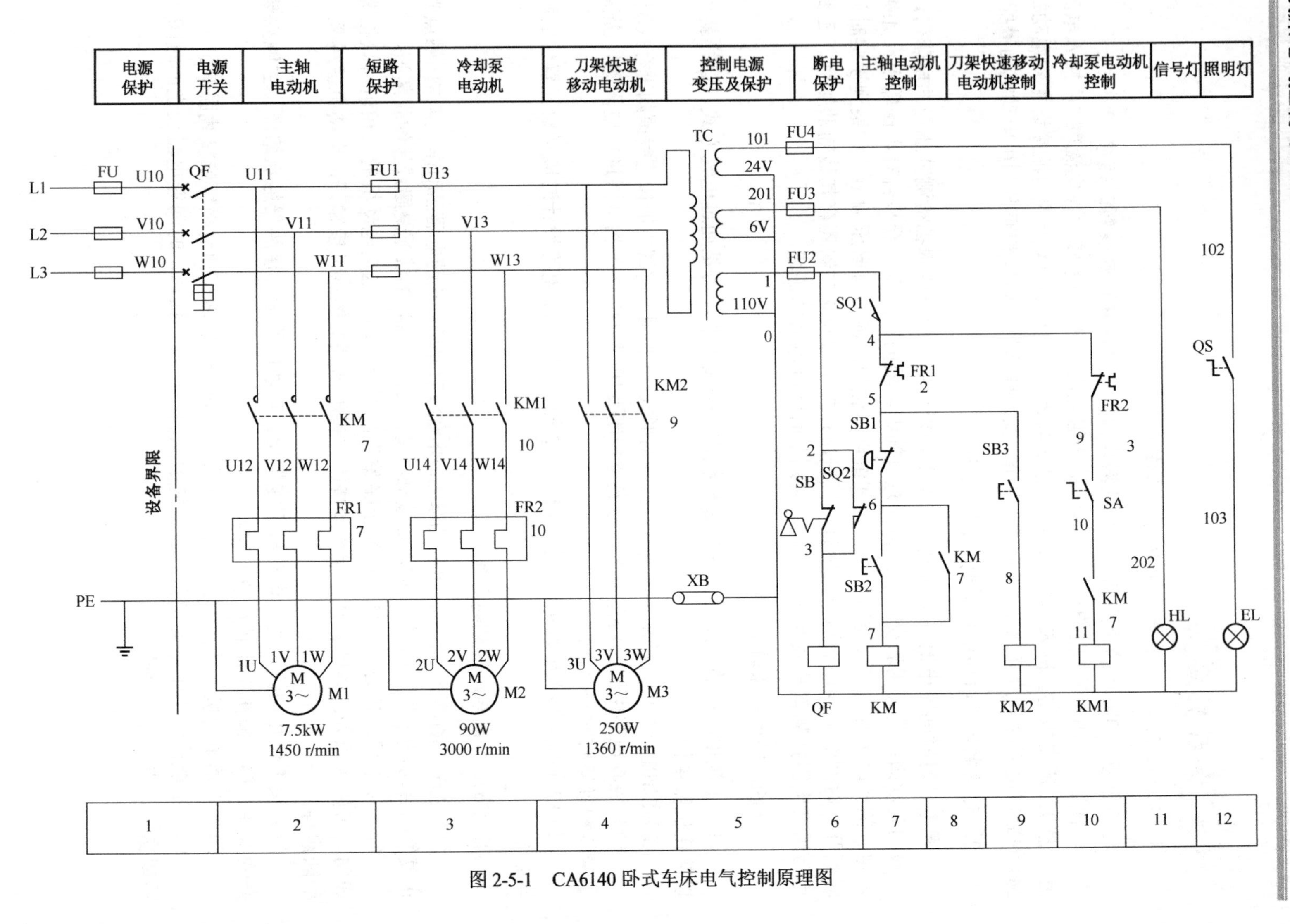

图 2-5-1 CA6140 卧式车床电气控制原理图

2.5 项目闯关

闯关任务

识读CA6140卧式车床电路图和接线图。

（1）指出图2-5-1中用途栏、图区栏，用虚线圈画出电源电路、主电路、控制电路和照明电路。

（2）分别指出四台电动机的主电路和控制电路，说明它们属于哪种基本控制电路，各由哪些电器实现控制和保护作用，简述它们的原理。

（3）接触器KM、KM1、KM2的作用是什么？它们哪些触点被使用了？哪些未用？SA和QS的作用是什么？

（4）图中照明电路使用了电磁吸盘YH，它起什么样的作用？简述其控制过程。

项目三　T68镗床电气控制系统分析与检修

3.1 项目导航

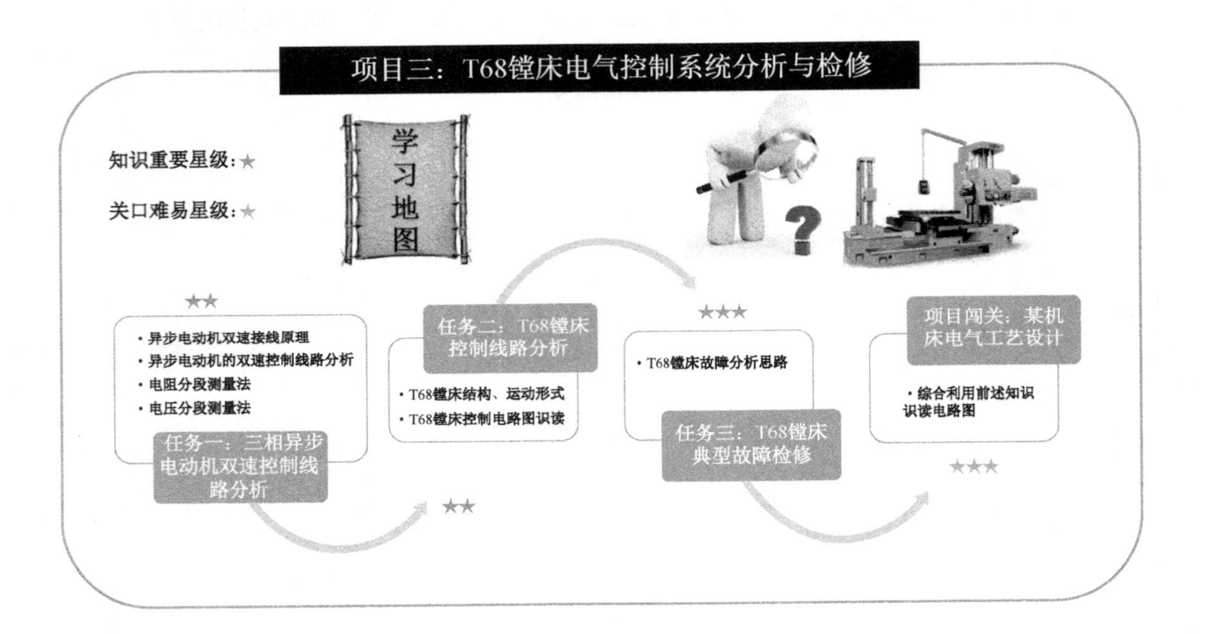

3.2 任务一：三相异步电动机双速控制线路分析

在实际生产中，许多机械为了适应各种工件加工工艺的要求，要求电动机有较大的调速范围。

由转速公式$n=(1-s)\dfrac{60f_1}{p}$可知，改变异步电动机转速可通过三种方法来实现：一是改变电源频率f_1；二是改变转差率s；三是改变磁极对数p。

改变异步电动机磁极对数的调速称为变极调速。变极调速是通过改变定子绕组的连接方式来实现的，它是有级调速，且只适用于笼形异步电动机。凡磁极对数可改变的电动机称为多速电动机。常见的多速电动机有双速、三速、四速等几种类型。随着变频技术的发展和变频设备价格的下降，三速、四速电动机等在设备中的使用越来越少。但双速电动机仍然有大量的运用，如 T68 镗床的主轴电动机就是采用“△-YY”双速电动机。本次任务是分析三相异步电动机的双速控制线路。

有的放矢

（1）掌握双速异步电动机定子绕组的连接。

（2）掌握双速异步电动机控制电路的工作原理。

（3）能根据故障现象检修双速异步电动机控制电路。

聚沙成塔

知识卡 1：双速异步电动机定子绕组的连接（★★☆）

双速异步电动机定子绕组△-YY 连接图如图 3-2-1 所示。图中，三相定子绕组接成△形，由三个连接点接三个出线端 U1、V1、W1，每相绕组的中点各接一个出线端 U2、V2、W2，这样定子绕组共有 6 个出线端。通过改变这 6 个出线端与电源的连接方式，就可以得到两种不同的转速。

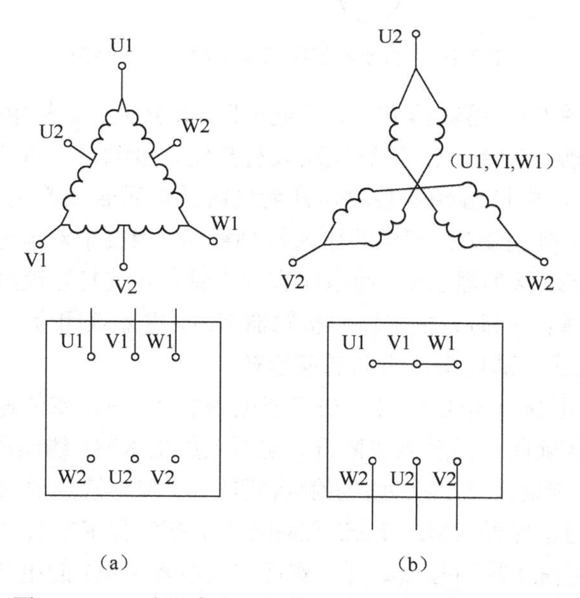

图 3-2-1　双速异步电动机三相定子绕组△-YY 接线图

当电动机低速工作时，将三相电源分别接在出线端 U1、V1、W1 上，另外三个出线端 U2、V2、W2 空着不接，如图 3-2-1（a）所示，此时电动机定子绕组接成△形，磁极为 4

极，同步转速为 1500r/min。

当电动机高速工作时，将三个出线端 U1、V1、W1 并联在一起，三相电源分别接到另外三个出线端 U2、V2、W2 上，如图 3-2-1（b）所示，这时电动机定子绕组接成 YY 形，磁极为 2 极，同步转速为 3000r/min。可见，双速电动机高速运转时的转速是低速运转转速的两倍。

知识卡 2：接触器控制双速电动机的控制线路（★★☆）

接触器控制双速电动机的控制线路具有双速电动机调速控制与短路保护、过载保护等功能，适用于小容量电动机的控制，如图 3-2-2 所示。

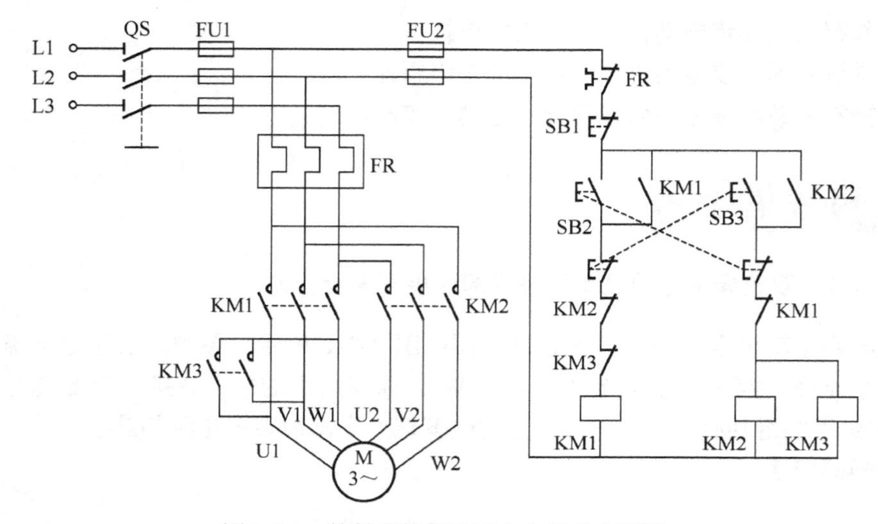

图 3-2-2　接触器控制双速电动机的电路图

主电路由组合开关 QS、熔断器 FU1、热继电器 FR 热元件、接触器 KM1、KM2、KM3 主触点和三相异步电动机 M 组成，控制电路设有按钮、接触器双重连锁控制，其中接触器 KM2、KM3 线圈并联，由按钮 SB3 控制，两者同时通电吸合或断电释放。

合上组合开关 QS 将 380V 三相电源引入控制线路，当要求双速电动机 M 低速运转时，按下低速启动按钮 SB2，接触器 KM1 通电闭合并自锁，通过其互锁触点断开实现与接触器 KM2、KM3 的连锁控制。同时，主电路中接触器 KM1 主触点闭合，接通双速电动机 M 电源，双速电动机 M 接成△形连接，启动低速运转。

当要求双速电动机 M 高速运转时，在双速电动机 M 停止或低速运转的状态下，按下高速启动按钮 SB3，其辅助常闭触点先断开，切断接触器 KM1 线圈所在电路的电源，接触器 KM1 断电释放，各辅助常开、辅助常闭触点复位，实现与接触器 KM1 的机械连锁控制，其常开触点闭合，接通接触器 KM2、KM3 线圈电源，接触器 KM2、KM3 通电闭合并自锁，接触器 KM2、KM3 的辅助常闭触点断开，实现与接触器 KM1 的电气连锁控制，主电路中接触器 KM2、KM3 主触点闭合，接通双速电动机 M 电源，双速电动机 M 接成 YY 形进行高速运转。按下停止按钮 SB1，无论双速电动机 M 处于高速或低速运行状态，均会使各接触器断电释放，双速电动机 M 断电停转。

知识卡 3：时间继电器控制双速电动机控制线路（★★☆）

用时间继电器控制双速电动机低速启动高速运转的电路图如图 3-2-3 所示。时间继电器 KT 控制电动机△形启动时间和△-YY 的自动换接运转。主电路由组合开关 QS、熔断器 FU1、热继电器 FR1、FR2 热元件、接触器 KM1、KM2、KM3 主触点和三相异步电动机 M 组成。控制电路由热继电器 FR1、FR2 辅助常闭触点，按钮 SB1、SB2、SB3，时间继电器 KT 线圈及其常开触点、延时断开瞬时闭合常闭触点、延时闭合瞬时断开常开触点，接触器 KM1、KM2、KM3 线圈及其辅助常开触点、辅助常闭触点组成。

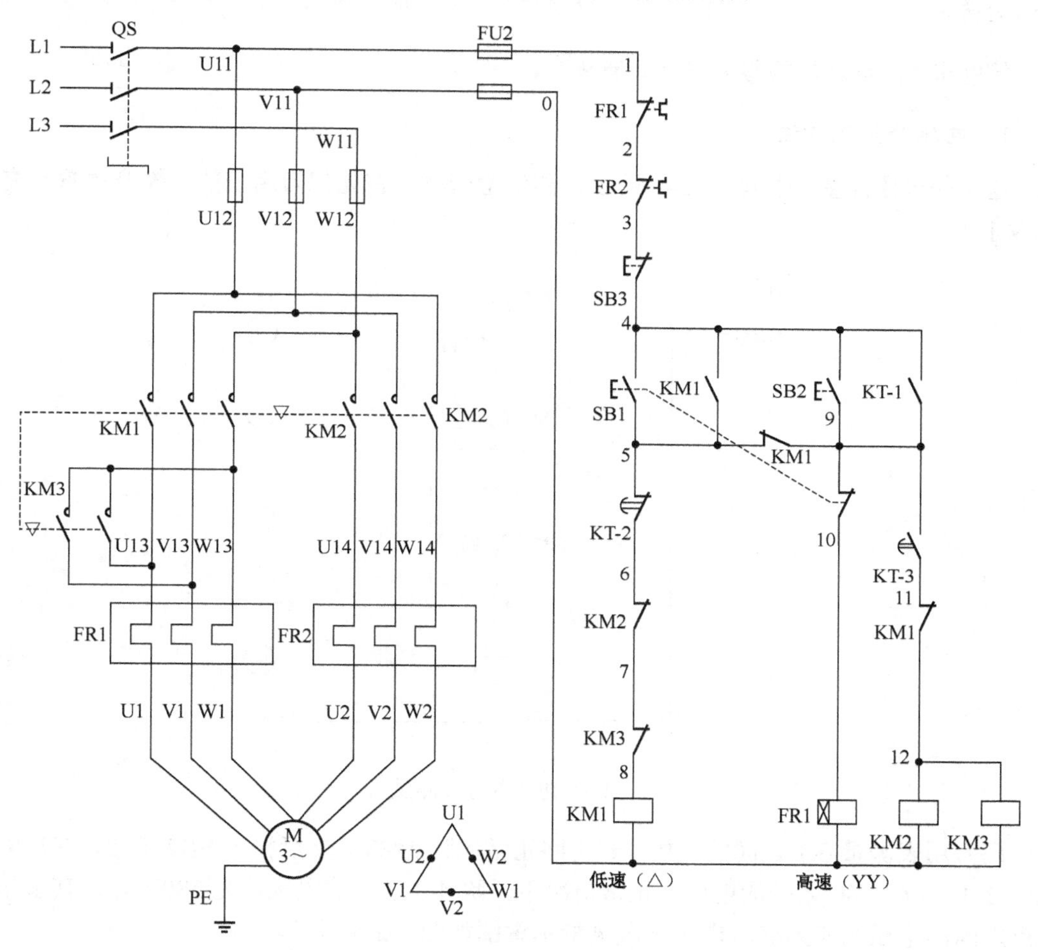

图 3-2-3　时间继电器控制双速电动机电路图

合上电源开关 QS，将 380V 三相电源引入调速控制电路。当要求双速电动机 M 低速运转时，按下低速启动按钮 SB1，接触器 KM1 通电吸合并自锁，其辅助常闭触点断开，切断接触器 KM2、KM3 线圈电源，同时主电路中接触器 KM1 主触点闭合，接通双速电动机 M 电源，双速电动机 M 接成△形连接，低速启动运转。当要求双速电动机 M 高速运转时，按下高速启动按钮 SB2，时间继电器 KT 线圈通电，常开触点闭合形成自锁，接触器 KM1 线圈通电，KM1 辅助常开触点闭合自锁。主电路中接触器 KM1 主触点闭合，接通双速电动机 M 电源，双速电动机 M 接成△形连接，低速启动。经过设定时间后，时间继电器 KT

动作，其延时断开瞬时闭合常闭触点断开，切断接触器 KM1 主触点，切断双速电动机 M 低速电源。同时时间继电器 KT 延时闭合瞬时断开常开触点闭合，接通接触器 KM2、KM3 的线圈电源，接触器 KM2、KM3 的辅助常闭触点断开，实现与接触器 KM1 的电气连锁。主电路中 KM2、KM3 主触点闭合，将双速电动机 M 接成 YY 形连接，实现高速运转。当要求双速电动机 M 停止运转时，按下双速电动机 M 的停止按钮 SB3，此时无论双速电动机 M 处于低速或高速运转状态，各接触器线圈均会断电释放，双速电动机 M 断电停转。若电动机只需要高速运转时，可直接按下 SB2，则电动机以△形低速启动后，再以 YY 形高速运转。

技能卡 1：电路的检修方法（★★★）

1. 电压分段测量法

电压的分段测量法如图 3-2-4 所示，测量检查时，首先把万用表的转换开关置于交流 750V 挡位。

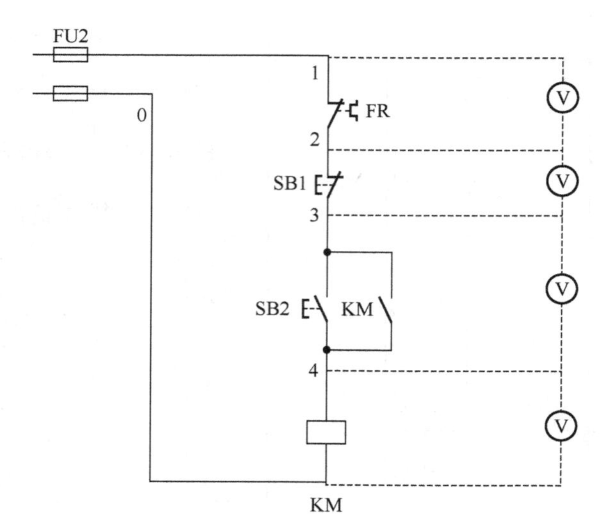

图 3-2-4 电压的分段测量法

用万用表测量 0-1 之间的电压，若电路正常应为 380V，然后按下 SB2 不放，依次测量 1-2、2-3、3-4、4-0 之间的电压，正常情况下，除 4-0 之间的电压值为 380V 外，其余相邻各点之间的电压均应为零。电压分段测量示意图如图 3-2-5 所示。

2. 电阻分段测量法

测量检查时，首先把万用表的转换开关置于倍率适当的电阻挡位上，然后按图 3-2-6 所示的方法进行测量。

先断开电源，然后按下启动按钮 SB2 不放，依次测量 1-2、2-3、3-4、4-0 各点间的电阻值。如测得某两点间的电阻值为无穷大，则说明这两点间的元器件或连接导线断路。电阻分段测量示意图如图 3-2-7 所示。

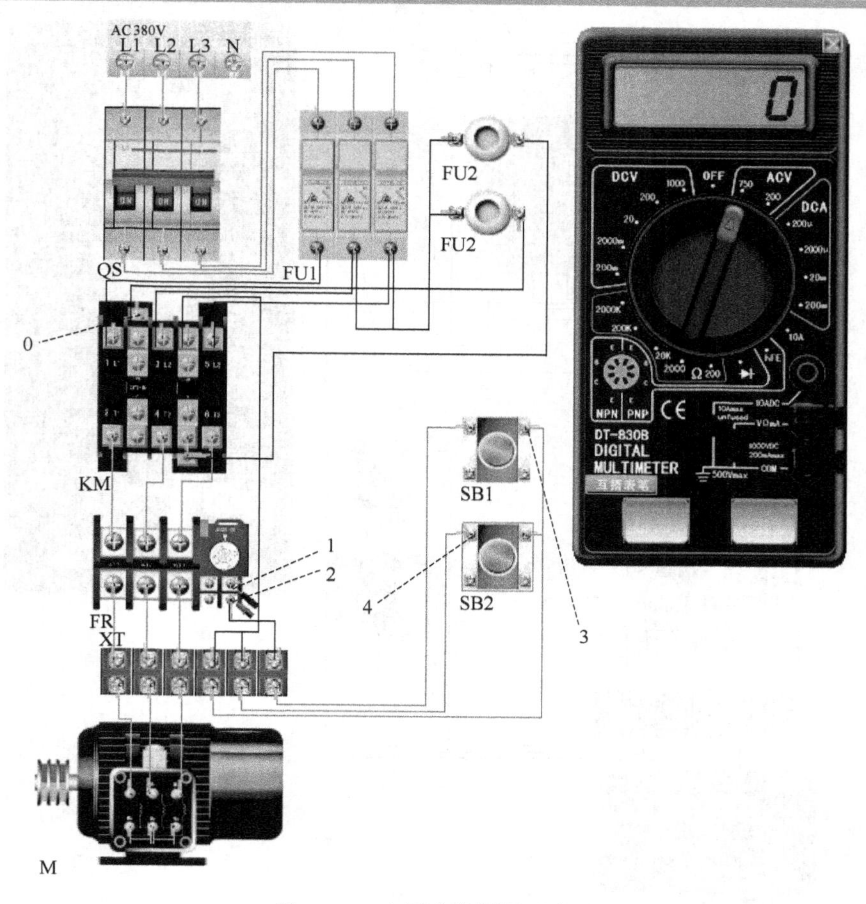

图 3-2-5　电压分段测量示意图

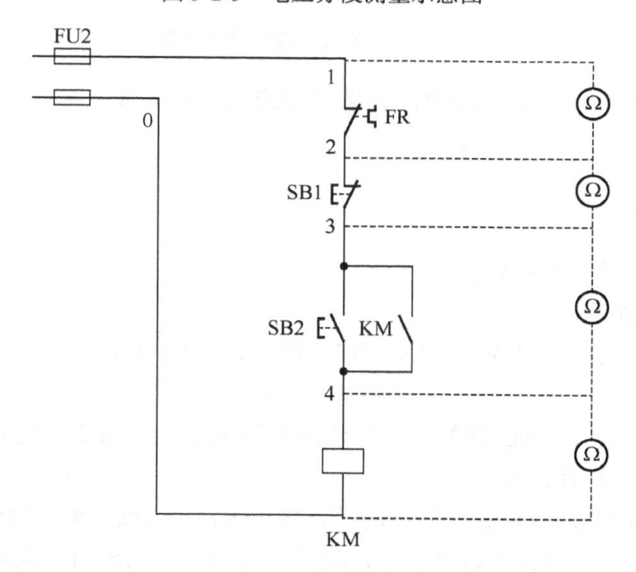

图 3-2-6　电阻分段测量法

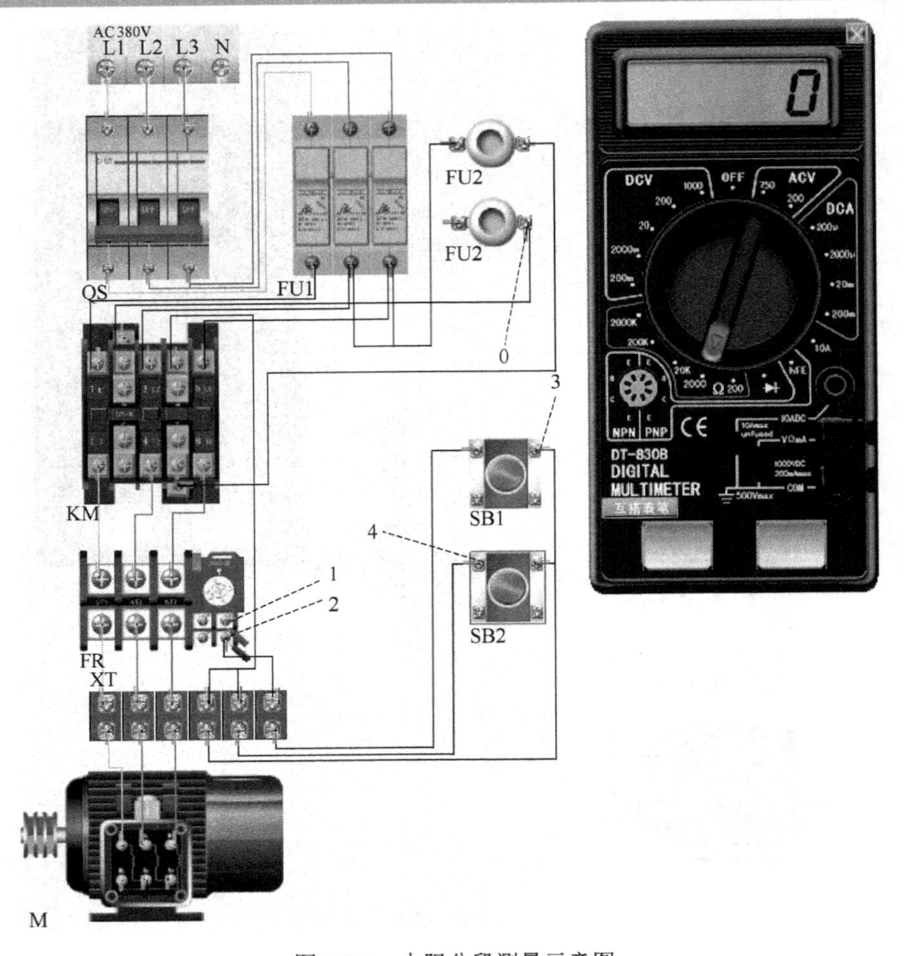

图 3-2-7　电阻分段测量示意图

技能卡 2：双速异步电动机控制线路的检修方法（★★★）

双速异步电动机控制线路见图 3-2-3。

1. 主电路检修

断开 FU2，切除辅助电路。

（1）检查各相通路。

① 两支表笔分别接 U11-V11、V11-W11 和 W11-U11 端子，测量相间电阻值，未操作前应测得电路为断路。

② 分别按下 KM1、KM2 的触点架，均应测得电动机一相绕组的电阻值。

（2）检查△-YY 转换通路。

① 两支表笔分别接 U11 端子和 U 端子，按下 KM1 的触点架时应测得阻值趋近于 0。

② 松开 KM1、按下 KM2 触点架时，应测得电动机一相绕组的电阻值。用同样的方法测量 V11-V、W11-W 之间通路。

2. 控制电路检修

拆下电动机接线，接通 FU2，将万用表接于 QS 下端 U11、V11 端子，进行以下几项检查。

（1）检查△形低速启动运转及停车。操作按钮前应测得电路为断路；按下 SB1 时，应测得 KM1 的线圈电阻值；如同时再按下 SB3，万用表应显示线路由通而断。

（2）检查 YY 形高速运转。按下 SB2 和 KM2 触点架，应测得 KT 的线圈电阻值。轻按 SB1，断路。轻按 SB1 和触点架，应测得 KM1 和 KM2 的线圈电阻并联值。

小试牛刀

（1）改变异步电动机________调速称为变极调速。变极调速是通过改变________来实现的。

（2）变极调速属于________级调速，只适用于________异步电动机。

（3）双速异步电动机定子绕组接成△形时，磁极为________极，同步转速为________r/min；接成 YY 形时，磁极为________极，同步转速为________r/min。

（4）双速异步电动机的定子绕组共有________个出线端，可形成________和________两种连接方式，电动机低速时定子绕组接成________形，高速时定子绕组接成________形。

（5）双速电动机定子绕组从一种接法改变为另一种接法时，必须把电源相序反接，以保证电动机在两种转速下旋转方向相反。　　（　　）

（6）双速电动机高速运转时的转速是低速运转时的 2 倍。　　（　　）

（7）双速电动机低速运转时，定子绕组出线端的连接方式应为 U1、V1、W1 接三相电源，U2、V2、W2 空着不接。　　（　　）

（8）双速电动机高速运转时，定子绕组出线端的连接方式应为 U1、V1、W1 接三相电源，U2、V2、W2 空着不接。　　（　　）

大显身手

请分析、排除双速异步电动机的控制线路故障。

故障现象：按下 SB1 后，双速电动机能以△形低速启动。按下 SB2 延时后，KM1 断电，KM2、KM3 不能得电吸合。

（1）在图 3-2-3 中画出故障范围。

（2）用电压分段法或电阻分段法准确、迅速地找出故障点。

注意：用电压法测量时将万用表置于交流电压 750V 挡，合上 QS；用电阻法测量时将万用表置于电阻挡，断开 QS。

（3）写出测量流程。

（4）填写故障记录表 3-2-1。

表 3-2-1　故障记录表

故障现象	
故障分析	
测量与排除方法	

点石成金

（1）双速电动机定子绕组从一种接法改变为另一种接法时，注意主电路中 KM1、KM2 在两种转速下电源相序的改变不能搞错，否则，两种转速下电动机的转向相反，换向时将产生很大的冲击电流。

（2）控制双速电动机△形接法的接触器 KM1 和 YY 形接法的接触器 KM2 主触点不能对换接线，否则不但无法实现双速控制要求，而且会在 YY 形运转时造成电源短路事故。

（3）注意热继电器 FR1、FR2 的整定电流及其在主电路中的接线。

3.3　任务二：T68 镗床控制线路分析与检修

抛砖引玉

镗床是工业生产加工过程中应用十分广泛的一种精密加工机床，它不但用来进行钻孔、扩孔、铰孔和镗孔等加工，而且使用一些附件后，还可以车削圆柱端面、内圆、外圆和螺纹，装上铣刀还可以进行铣削加工。本次任务是识读 T68 镗床电气控制线路原理图及分析、排除 T68 镗床的常见电气故障。

有的放矢

（1）了解 T68 镗床的功能、主要结构和运动形式。

（2）识读 T68 镗床电气控制原理图。

（3）掌握 T68 镗床常见故障检修方法。

聚沙成塔

知识卡：T68 镗床的功能、主要结构与运动形式（★☆☆）

T68 镗床具有通用性，适合加工精度较高或孔距要求较精确的中小型零件，可以镗孔、钻孔、扩孔、铰孔和铣削平面，以及车削内螺纹等。平盘滑块能沿径向进给，可以加工较大尺寸的孔和平面，在平旋盘上装端面铣刀，可以铣削大平面。T68 镗床外形如图 3-3-1 所示。

T68 镗床主要由床身、前立柱、镗头架、工作台、后立柱和尾架等组成，如图 3-3-2 所示。

T68 镗床为卧式镗床，镗刀旋转为主运动，镗刀或工件的移动为进给运动。工作台能在水平面内旋转，进给运动可以由工作台纵向移动或主轴轴向移动来实现。刀具可安装在主轴上，也可安装在平旋盘的刀具溜板上。工作时，主轴沿轴向旋转，并进行一定的轴向进给，平旋盘也可旋转，刀具溜板垂直于轴向进给。工件放置在工作台上，沿轴向和垂直于轴向的方向移动，也可绕垂直的轴线转动。T68 镗床电气控制线路如图 3-3-3 所示。

图 3-3-1　T68 镗床外形图

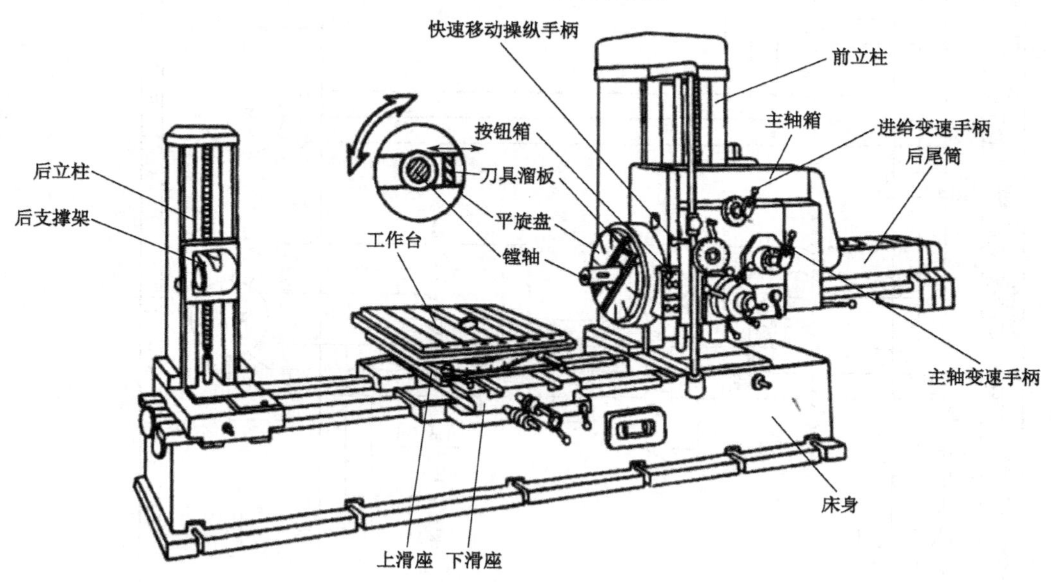

图 3-3-2　T68 镗床结构图

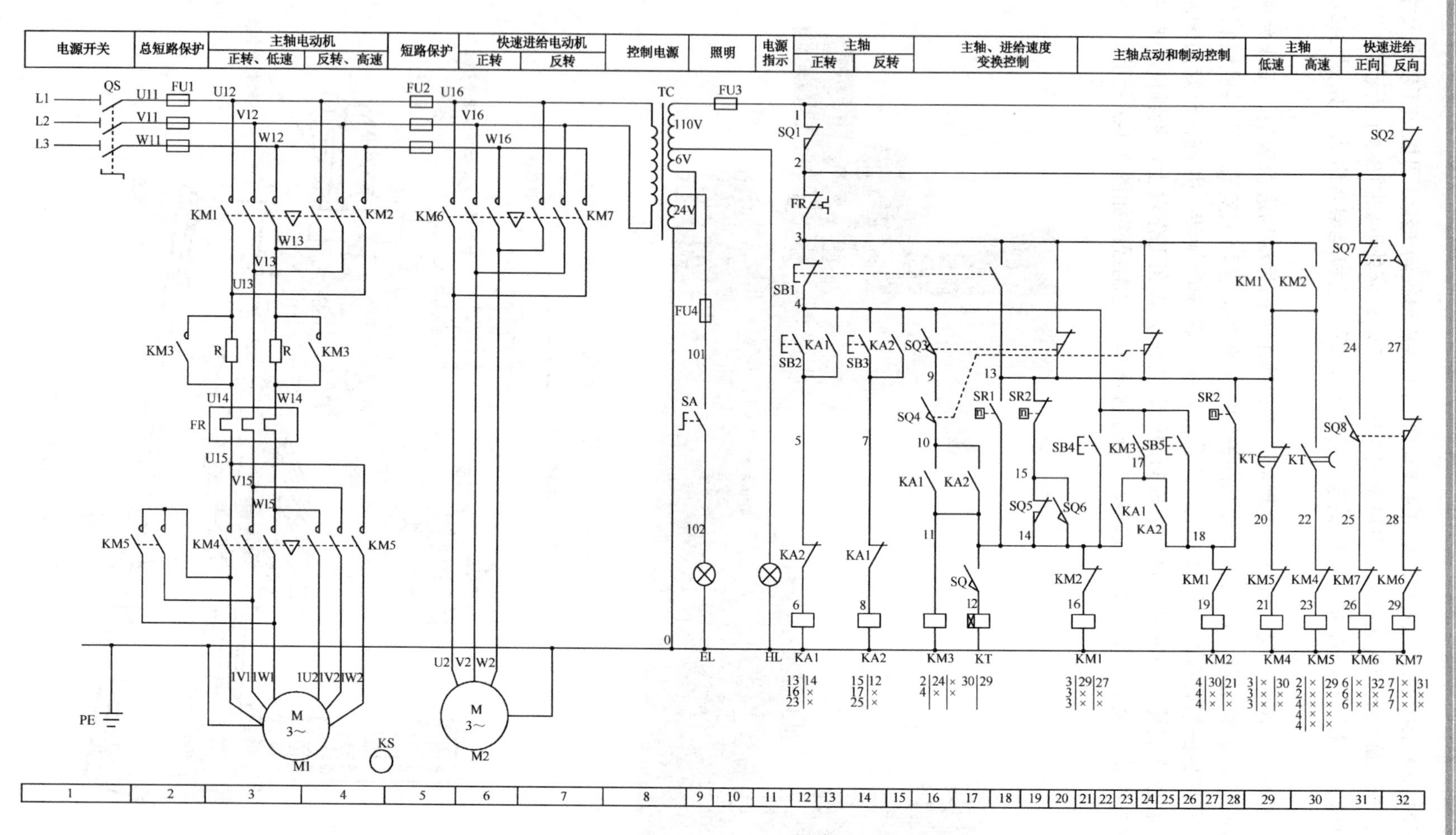

图 3-3-3　T68 镗床电气控制线路图

技能卡 1：T68 镗床主电路识读（★★☆）

1. 主电路图区划分

T68 镗床由主轴电动机 M1 和快速进给电动机 M2 驱动相应机械部件实现加工。T68 镗床主电路由图 3-3-3 中 1～7 区组成，其中 1 区、2 区、5 区为电源开关及保护部分，3 区、4 区为主轴电动机 M1 主电路，6 区、7 区为快速进给电动机 M2 主电路。

2. 主电路识图

1）电源开关及保护部分

电源开关及保护部分由图 3-3-3 中 1 区组合开关 QS、2 区熔断器 FU1 和 3 区熔断器 FU2 组成。实际应用时，组合开关 QS 为机床电源开关，熔断器 FU1 实现 M1 短路保护功能，熔断器 FU2 实现 M2、机床控制电路短路保护功能。

2）主轴电动机 M1 主电路

由图 3-3-3 中 3 区、4 区主电路可知，M1 是一台双速电动机，用来驱动主轴旋转运动以及进给运动。接触器 KM1、KM2 分别实现正、反转控制，接触器 KM3 实现制动电阻 R 的切换，KM4 实现低速控制和制动控制，使电动机定子绕组接成△形连接，KM5 实现高速控制，使电动机 M1 定子绕组接成 YY 形连接。热继电器 FR 热元件为 M1 过载保护元件。

3）快速进给电动机 M2 主电路

由图 3-3-3 中 6 区、7 区主电路可知，M2 用来驱动主轴箱、工作台等部件快速移动，由接触器 KM6、KM7 分别控制实现正反转。由于短时工作，故不用设置过载保护。

技能卡 2：T68 镗床控制电路识读（★★★）

T68 镗床控制电路由图 3-3-3 中 12～32 区组成，M1 和 M2 的控制电路由控制变压器 TC 提供 110V 电压电源，照明电路和指示灯电路由 TC 二次侧分别输出 24V 和 6V 电压电源供能。熔断器 FU3 实现对 M1、M2 的短路保护，FU4 实现对照明电路的短路保护。

1. 主轴电动机 M1 控制电路

1）电路图区划分

由图 3-3-3 中 3 区、4 区主电路可知，M1 工作状态由接触器 KM1～KM5 主触点进行控制，可以确定图 3-3-3 中 12 区～30 区接触器 KM1～KM5 线圈所在电路构成 M1 控制电路。

2）电路识图

① M1 的正反转控制：按下正转启动按钮 SB2（12 区），中间继电器 KA1 线圈（12 区）通电吸合，KA1 常开触点（16 区）闭合，接触器 KM3 线圈（16 区）通电（此时位置开关 SQ3 和 SQ4 已被操纵手柄压合），KM3 主触点（2 区、4 区）闭合，将制动电阻 R 短接，而 KM3 常开辅助触点（24 区）闭合，接触器 KM1 线圈（21 区）通电吸合，KM1 主触点（3 区）闭合，接通电源。KM1 的常开触点（29 区）闭合，KM4 线圈（29 区）通电吸合，KM4 主触点（4 区）闭合，电动机 M1 接成△形正向启动，空载转速为 1500r/min。

反转时可按下反转启动按钮 SB3（14 区），动作原理同上，所不同的是中间继电器 KA2

线圈（14 区）和 KM2 线圈（27 区）通电吸合。

② M1 的点动控制：按下正向点动按钮 SB4（22 区），KM1 线圈（21 区）通电吸合，KM1 常开触点（29 区）闭合，KM4 线圈（29 区）通电吸合。这样，KM1 主触点（3 区）和 KM4 主触点（3 区）闭合，便使电动机 M1 接成△形并串联电阻点动。

同理，按下反向点动按钮 SB5（26 区），KM2 线圈（27 区）和 KM4 线圈（29 区）通电吸合，M1 反向点动。

③ M1 的停车制动：假设电动机 M1 正转，当速度达到 120 r/min 以上时，速度继电器 SR2（28 区）常开触点闭合，为停车制动做好准备。若要 M1 停车，就按 SB1（12 区），则中间继电器 KA1（12 区）和 KM3（16 区）断电释放，KM3 常开触点（24 区）断开，KM1 线圈（12 区）断电释放，KM4 线圈（29 区）也断电释放，由于 KM1 主触点（3 区）和 KM4 主触点（3 区）断开，电动机 M1 断电，以惯性运转。紧接着，KM2 线圈（27 区）和 KM4 线圈（29 区）通电吸合，KM2 主触点（4 区）和 KM4 主触点（3 区）闭合，电动机 M1 串联电阻反接制动。当转速降至 120 r/min 以下时，速度继电器 SR2 常开触点（28 区）断开，KM2 线圈（27 区）和 KM4 线圈（29 区）断电释放，停车，反接制动结束。

如果电动机 M1 反转，当速度达到 120 r/min 以上时，SR1 常开触点（18 区）闭合，为停车制动做好准备。之后的动作过程与正转制动相似。

④ M1 的高、低速控制：若选择让电动机 M1 低速（△形接法）运行，可通过变速手柄使变速行程开关 SQ（17 区）处于断开位置，相应的时间继电器 KT 线圈（17 区）断电，KM5 线圈（28 区）也断电，电动机 M1 只能由 KM4 主触点（4 区）接成△形连接。

如果要求电动机高速运行，应首先通过变速手柄使限位开关 SQ（17 区）压合，然后按正转启动按钮 SB2（12 区）（或反转启动按钮 SB3），KA1 线圈（12 区）（反转时应为 KA2 线圈）通电吸合，KT（17 区）和 KM3 线圈（16 区）同时通电吸合。由于 KT 两副触点（29 区、30 区）延时动作，故 KM4 线圈（29 区）先通电吸合，电动机 M1 接成△形，以低速启动，以后 KT 的常闭触点（27 区）延时断开，KM4（29 区）断电释放，KT 的常开触点（30 区）延时闭合，KM5（30 区）通电吸合，电动机 M1 接成 YY 形连接，以高速（空载时转速为 3000 r/min）运行。

⑤ 主轴变速及进给变速控制：镗床主轴的变速是通过变速操纵盘改变传动链的传动比来控制的。当主轴在工作过程中，欲要变速，可不按停止按钮直接进行变速。设 M1 原来运行在正转状态，速度继电器 SR2（28 区）早已闭合。将主轴变速操纵盘的操作手柄拉出，与变速手柄有机械联系的行程开关 SQ3 不再受压而断开，KM3（16 区）和 KM4（29 区）先后断电释放，M1 断电，由于行程开关 SQ3 常闭触点（20 区）闭合，KM2（27 区）和 KM4（29 区）通电吸合，M1 串联电阻反接制动。等速度继电器 SR2（28 区）常开触点断开，M1 停车，便可转动变速操纵盘进行变速。变速后，将变速手柄推回原位，SQ3 重新压合，KM3（16 区）、KM1（21 区）和 KM4（29 区）通电吸合，M1 启动，主轴以新选定的速度运转。

变速时，若因齿轮卡住，手柄推不上，此时变速冲动行程开关 SQ6 被压合，速度继电器的常闭触点 SQ2（19 区）已恢复闭合，KM1（21 区）通电吸合，M1 启动。当速度高于 120 r/min 时，SR2 常闭触点（19 区）又断开，KM1（21 区）断电释放，M1 又断电，当速度降到 120r/min 时，SR2 常闭触点（19 区）又闭合了，从而又接通低速旋转电路而重复上述过程。这样，主轴电动机就被间歇地启动和制动而低速旋转，以便齿轮顺利啮合。直到齿轮啮合好，手柄推上后，压下行程开关 SQ3，松开 SQ6，将冲动电路切断。同时，由于 SQ3 的常开触点（16 区）闭合，主轴电动机启动旋转，从而主轴获得所选定的转速。

进给变速的操作和控制与主轴变速的操作和控制基本相同。只是在进给变速时，拉出的操作柄是进给变速操纵盘的手柄，与该手柄有机械联系是行程开关 SQ4，进给变速冲动的行程开关是 SQ5。

2. 快速进给电动机 M2 控制电路

1）电路图区划分

由图 3-3-3 中 6 区、7 区主电路可知，M2 工作状态由 KM6、KM7 主触点进行控制，可以确定图 3-3-3 中 31 区、32 区 KM6、KM7 所在电路元器件构成 M2 控制电路。

2）电路识图

T68 镗床各部件的快速进给由快速进给操作手柄控制、M2 拖动，拖动部件的运动方向由快速进给操作手柄操纵。快速进给操作手柄有“正向”、“反向”、“停止”三个位置。首先扳动进给选择手柄，接通相关离合器，挂上相关方向的丝杆，然后再扳动快速进给操纵手柄，选择进给部件的进给方向。将手柄扳到“正向”位置，压动 SQ8，SQ8 常闭触点（32 区）断开，实现对 KM7 的连锁，SQ8 常开触点（31 区）闭合，KM6（31 区）通电吸合，M2 正向转动。将手柄扳到“停止”位置，SQ8 复位，KM6（31 区）断电释放，M2 停转。将手柄扳到“反向”位置，压动 SQ7，SQ7 常闭触点（31 区）断开，实现对 KM6 的连锁，SQ7 常开触点（32 区）闭合，KM7 线圈（32 区）通电吸合，M2 反向转动。

注意：为了防止工作台、主轴箱与主轴同时进给，损坏镗床或刀具，设置了连锁保护装置，连锁是通过两个并联的限位开关 SQ1 和 SQ2 来实现的。当主轴进给手柄扳在工作台（或主轴箱）自动快速进给的位置时，SQ1 被压断开。同样，在主轴箱上还有另一个行程开关 SQ2，它与主轴进给手柄以机械方式连接，当这个手柄动作时，SQ2 也受压分断。电动机 M1 和 M2 都会自动停车，从而达到连锁保护之目的。

3. 照明、指示电路

T68 镗床工作照明、指示电路由图 3-3-3 中 9 区、11 区对应元器件组成，EL 为镗床的工作照明灯，受照明灯控制开关 SA 控制。HL 为电源指示灯，当镗床电源接通后，指示灯 HL 亮，表示机床可以工作。

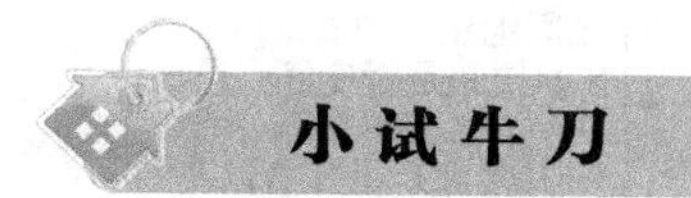

小试牛刀

（1）主轴电动机在低速运行时接成________形，由接触器________控制；高速运行时接成________形，由接触器________和________控制。

（2）T68 卧式镗床可在运转过程中变速，变速时将变速手柄拉出压断位置开关________，______电动机断电并制动。选择好转速后，将手柄推入，位置开关________被释放，在此过程中，手柄通过弹簧将位置开关瞬时闭合又断开，然后再闭合，这样可以产生一个低速启动的冲动，利于齿轮啮合。

（3）T68 镗床由快速进给电动机驱动的有________、________和________。

（4）快速进给电动机驱动多种部件的快速移动，均由________操作，每个手柄均可压着位置开关________或________，使电动机 M2 正转或反转。

（5）主轴电动机采用双速电动机是为了增大调速范围，精简机械传动。（　　）

（6）主轴电动机高速运转前必须先低速启动的原因是提高电动机的输出功率。（　　）

（7）位置开关 SQ3 的作用是控制变速冲动。（　　）

（8）位置开关 SQ1 和 SQ2 的并联用于安全连锁保护。（　　）

大显身手

（1）请根据图 3-3-3 分析故障一并填写故障记录表 3-3-1。

故障一：合上电源开关 QS，按下正转启动按钮 SB2 或反转启动按钮 SB3，主轴电动机 M1 均不工作。

分析故障范围：电源故障、主轴箱和工作台的自动进给手柄均在工作位置、变速位置开关 SQ3-1 或 SQ4-1 接触不良、KA1 和 KA2 线圈及其常开触点有故障、接触器 KM1～KM4 线圈及其相应触点有故障、主轴电动机 M1 有故障等。引起故障的部位很多，检测时可通过试车检测继电器吸合情况，听继电器吸合声音、电动机运转声音等来缩小故障区域，快速检测、排除故障，检测流程图如图 3-3-4 所示。

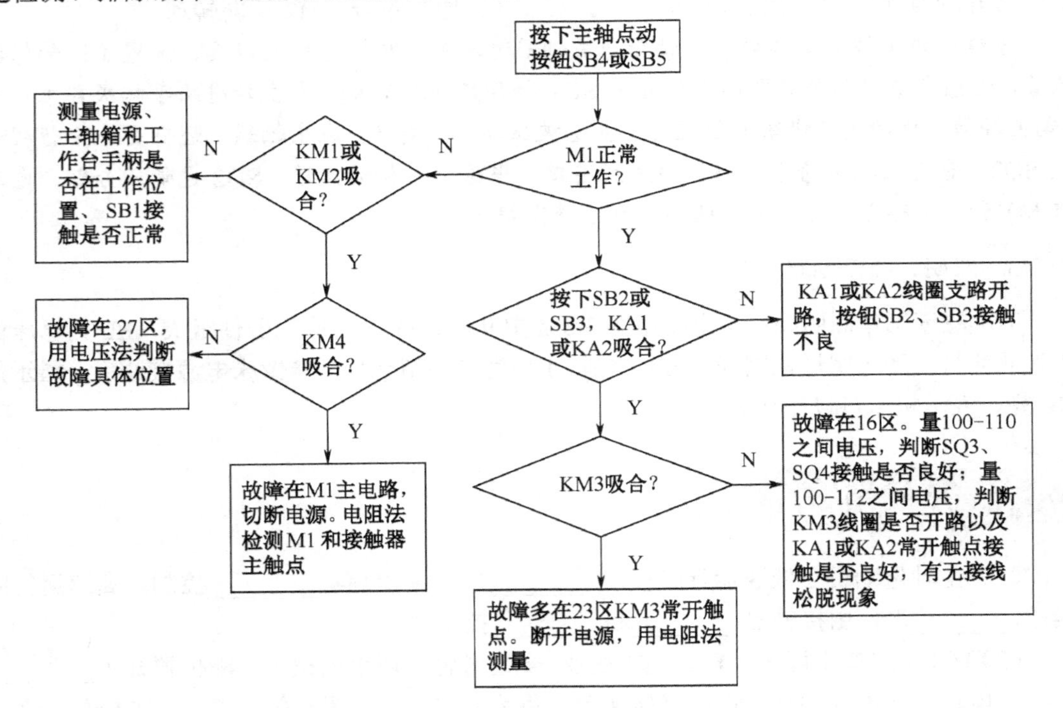

图 3-3-4　故障一检测流程图

表 3-3-1　故障记录表

故障现象	
故障分析	
测量与排除方法	

（2）请根据图 3-3-3 分析故障二并填写故障记录表 3-3-2。

故障二：主轴变速盘处于高速挡位置，按下主轴启动按钮 SB1，主轴启动后低速运行，但不向高速挡转移而自动停止。

分析故障范围：电动机能低速启动，说明接触器 KM1、KM3、KM4 工作正常；低速启动后，不向高速挡转移而自动停止，说明时间继电器 KT 已工作，其延时断开常闭触点（27 区）能自动切断 KM4 的电源，但不能接通 KM5 的电源。因此，故障主要在 28 区以及接触器 KM5 主电路。检修流程如图 3-3-5 所示。

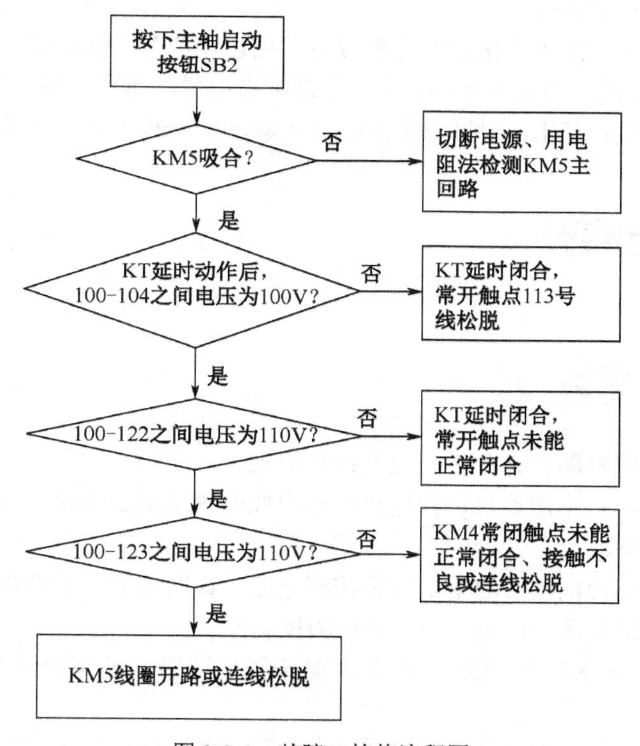

图 3-3-5　故障二检修流程图

表 3-3-2 故障记录表

故障现象	
故障分析	
测量与排除方法	

点石成金

（1）对于主轴电动机不工作的故障，可通过扳动快速进给电动机的操作手柄，看快速进给电动机 M2 是否工作来判断总电源及控制电路电源的公共通道是否有故障，但工作台上有工件或已调好加工位置时应谨慎操作。

（2）试车时，当按下主轴电动机启动按钮时，电动机不运行，应按下停止按钮，再去检查，以防止出现安全事故。

（3）检修试车时，停止按钮最好分步按下：先轻轻按下，继电器失电，电动机断电；然后将停止按钮按到底，电动机制动运行。仔细听继电器动作和主轴电动机制动时的声音，观看主轴的运转速度的变化，根据以上情况和现象进行判断并缩小故障区域。

3.4 项目闯关

闯关任务

识读 T68 镗床电路图，并分析其电气控制原理。

（1）指出图 3-4-1 中用途栏、图区栏，用虚线圈画出电源电路、主电路、控制电路、照明电路和指示电路。

（2）分别指出三台电动机的主电路和控制电路，说明它们属于哪种基本控制线路，各由哪些电器实现控制和保护作用，简述它们的控制原理。

（3）时间继电器 KT 的线圈、触点分别在哪个图区？各起什么作用？有哪些触点未用？

（4）为防止工作台、主轴箱与主轴同时进给应设置什么保护装置？如何实现？

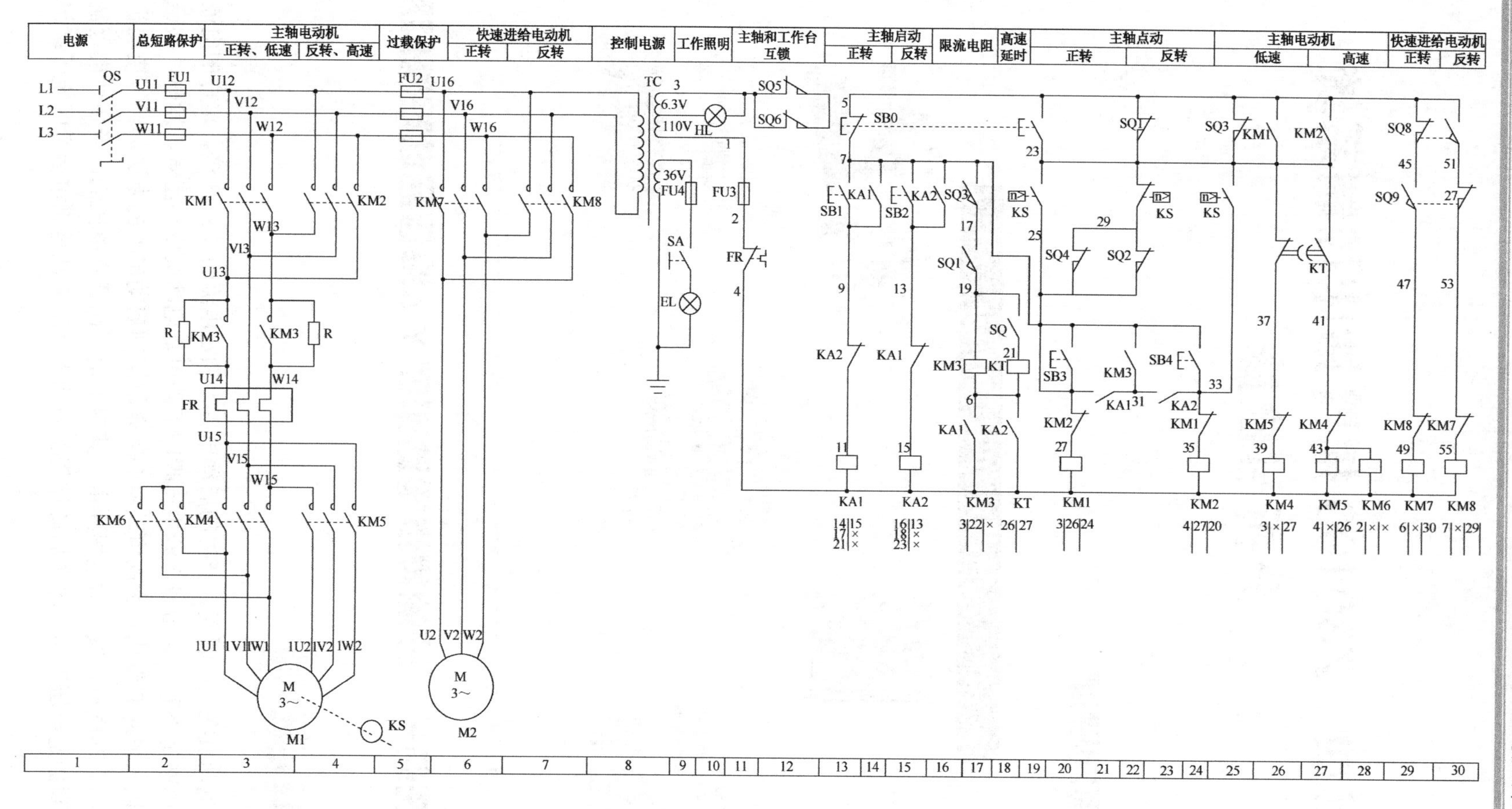

图 3-4-1　T68 镗床电气线路图

项目四　Z30100 摇臂钻床控制系统分析与检修

4.1　项目导航

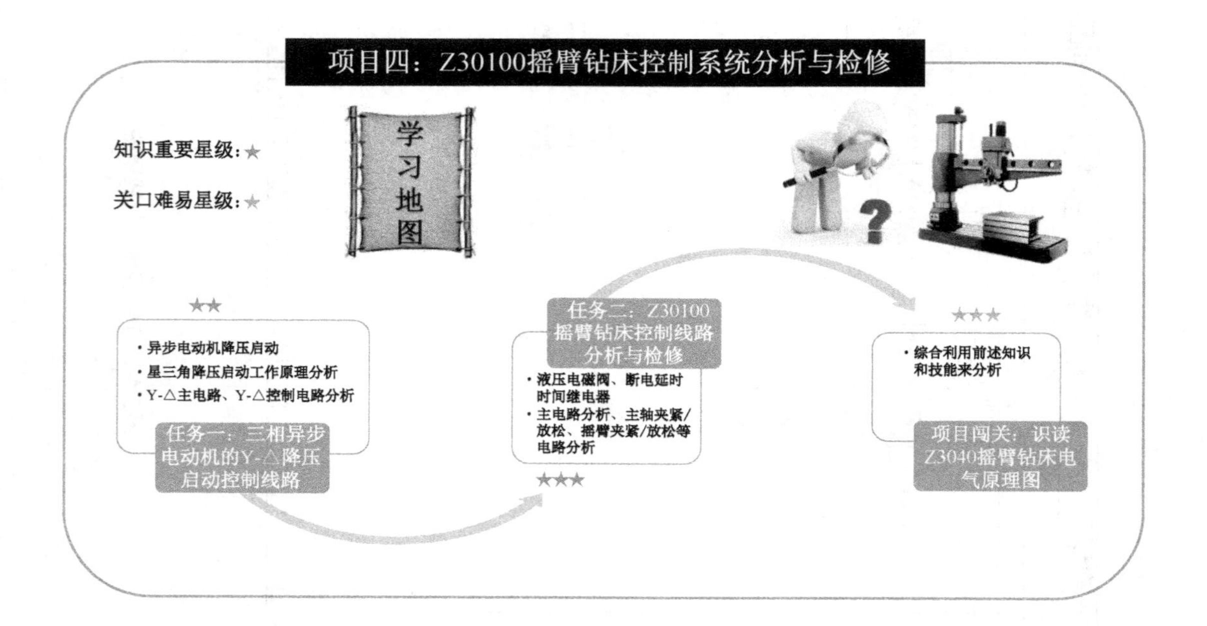

4.2　任务一：三相异步电动机的 Y-△降压启动控制线路

三相异步电动机在启动瞬间，产生的启动电流为额定电流的 5 到 7 倍，这样的电流对电动机本身和电网都不利，会造成电源电压瞬间下降以及电动机启动困难、发热，甚至烧毁电动机，所以一般对容量比较大的电动机必须采取限制启动电流的方法。一般电动机在启动时为了减小启动电流，减小对电网冲击，其启动电压比额定电压低，当转速接近额定转速时，切换到额定电压工作，这个启动过程就叫降压启动。凡是正常运行时定子绕组接

成三角形的鼠笼式三相异步电动机，在轻载或空载启动的场合下，都可以采用这种线路。所以该控制线路常用于装有三相异步电动机的机床线路中，在生活、生产中广泛应用。

有的放矢

（1）了解异步电动机降压启动的工作原理、方法和电路分析。

（2）掌握异步电动机Y-△降压启动的结构、工作原理和电路分析。

（3）掌握Y-△降压启动电路主电路的结构。

聚沙成塔

知识卡1：三相异步电动机降压启动（★☆☆）

1. 原理

三相异步电动机降压启动的目的主要是降低启动电流，减少对电网的冲击。如果电网满足要求，三相异步电动机尽量采用直接启动的方式，直接启动简单、方便，控制设备少。当不满足直接启动条件时，电动机必须采用减压启动，将启动电流限制在允许的范围内。

降压启动实际上是以牺牲功率为代价换取降低启动电流来实现的。一般情况下鼠笼式三相异步电动机的启动电流是运行电流的5～7倍，要求在鼠笼式三相异步电动机的功率超过变压器额定功率的10%时就要采用降压启动。

在实际使用过程中发现要降压启动的电动机，其额定电压甚至可低至11kW（如风机），在启动时容量为11kW的电动机其启动电流为7～9倍额定电流（100A），按正常情况配置的热继电器根本启动不了（关风门也没用），热继电器配大了又起不到保护电动机的作用，所以一般情况下使用降压启动；而在一些启动负荷较小的电动机上，由于电动机到达恒速时间短，启动时电流冲击影响较小，所以额定电压在3kW左右的电动机，选用限流为1.5倍额定电流的断路器直接启动，长期工作一点问题都没有。

那么在什么情况下应进行三相异步电动机降压启动?通常规定：电源容量在180kV·A以上，电动机容量在7kW以下的三相异步电动机可采用全压启动。否则，则应进行降压启动。对于判断一台电动机能否直接启动，也可以通过公式来确定：

$$\frac{I_{st}}{I_n} \leqslant \frac{3}{4} + \frac{S}{4P}$$

式中：I_{st}指电动机全压启动电流（A）；

I_n指电动机额定电流（A）；

S指电源变压器容量（kV·A）；

P指电动机功率（kW）。

凡不满足直接启动条件的，均须采用降压启动。

2. 降压启动常用方法

1）定子串电阻降压启动

串电阻降压启动即在主电路中串联电阻（简称串电阻），由于电阻的分压作用，使加载在电动机的定子绕组上的电压低于电源电压，待电动机启动后，通过 KM2 的主触点的闭合，使电流绕过电阻，直接送入电动机，致使电压全部加载在电动机上（电动机电压恢复到额定值），电动机正常运转。

串电阻降压启动的优点：由于电流随电压的降低而减小，故减小了启动电流。

串电阻降压启动的缺点：由于电动机转矩与电压的平方成正比，所以串电阻降压启动也将导致电动机的启动转矩大大降低，搭载负载的能力降低。

串电阻降压启动适用于空载或轻载状况下启动。在实际应用过程中，这种启动方式由于不受电动机接线形式的限制，设备简单，因而在中小型机床中也有应用。

手动控制串电阻降压启动电路如图 4-2-1 所示。按下 SB1 启动按钮以后，电动机串电阻启动运行；按下 SB2 按钮以后，KM2 线圈得电，主触点闭合，串电阻失效，电动机在额定电压下进行工作。

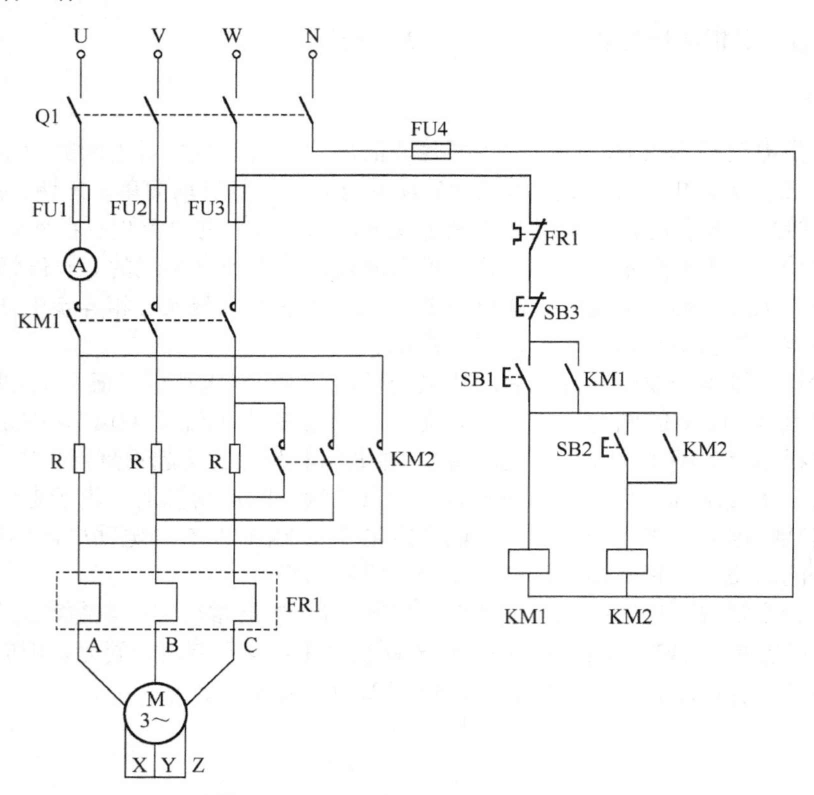

图 4-2-1　串电阻降压启动电路接线图

使用时间继电器控制串电阻降压启动电路如图 4-2-2 所示。按下 SB1，KM1 线圈得电，KM1 主触点闭合，电动机受串电阻分压降压启动，控制电路中时间继电器 KT 在 KM1 的辅助触点作用下接通并开始计时，延时时间到以后，时间继电器 KT 触点闭合，KM2 线圈得电，KM2 的主触点闭合，辅助触点动作，KM2 线圈自锁，同时导致 KM1 线圈闭合电路断开，KM1 线圈失电，主触点断开，电动机串电阻失效，在额定电压下工作。

2）自耦变压器降压启动

串电阻降压启动会使启动过程中电阻器产生的热能白白消耗掉。如果启动频繁，不仅电阻器上产生很高的温度，对机床的加工精度产生影响，也不利于环保。因此串电阻降压启动在生产中被逐步淘汰。自耦变压器降压启动是在启动时利用自耦变压器降低绕组上的启动电压，达到限制启动电流的目的。完成启动后，再将自耦变压器切换掉，电动机直接与电源连接，全压运行，其主电路如图 4-2-3 所示。

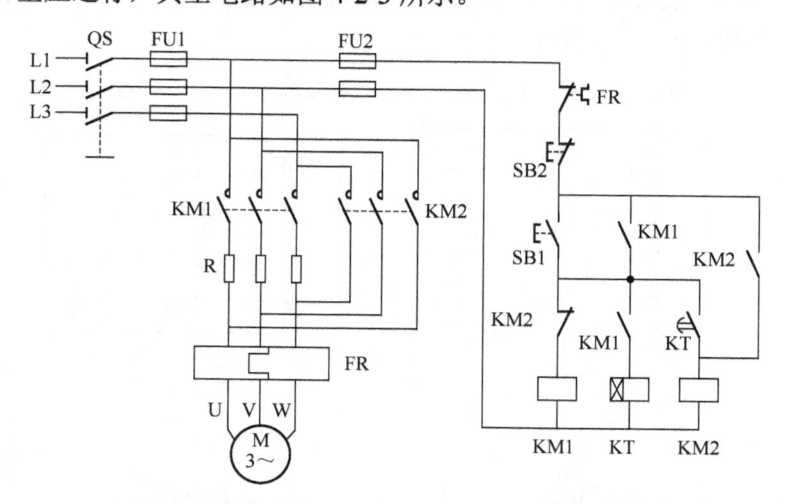

图 4-2-2　带时间继电器的串电阻降压启动电路接线图

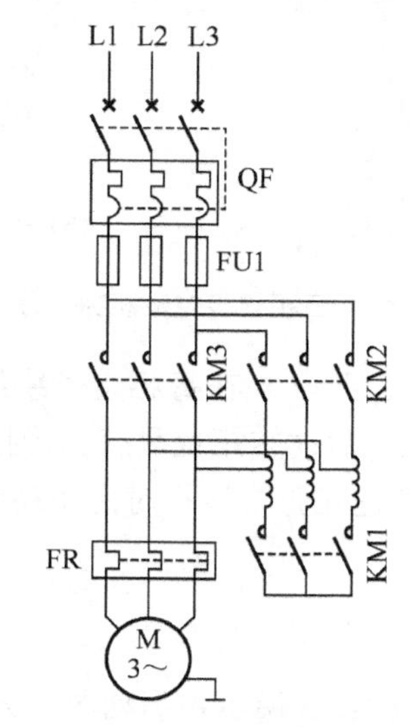

图 4-2-3　自耦变压器降压启动主电路图

3）Y-△降压启动

在下一知识卡里进行介绍。

知识卡 2：Y-△降压启动（★☆☆）

1. 原理

三相异步电动机的三相绕组共有六个接线头引出，接在接线盒的六个接线端口上，分别记为 U1、V1、W1（在同一侧线圈）和 U2、V2、W2（在另一侧线圈），其中，U1 和

U2、V1 和 V2、W1 和 W2 各为一相，称为 A、B、C 三相绕组；三相异步电动机的接线方法有两种，一种是三角形接线，用符号“△”表示；另一种是星形接线，用符号“Y”表示。所谓三角形接线方式，就是将绕组两头接点两两首尾相连，然后再接电源，如图 4-2-4（b）所示；所谓星形接线就是把上面的三个接线柱接电源三相，下面的三个接线柱用导线连接在一起，如图 4-2-4（a）所示。

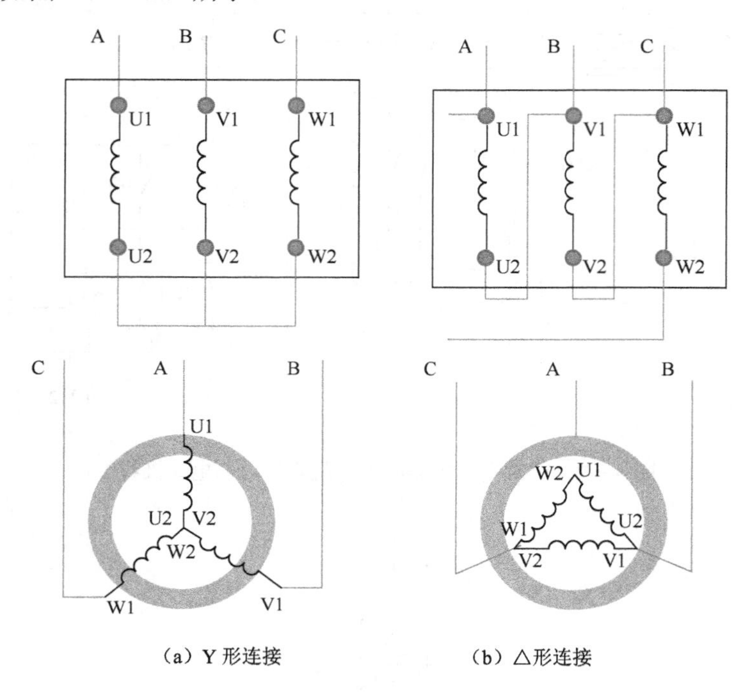

图 4-2-4　三相异步电动机接法示意图

三相异步电动机启动时接成 Y 形，加在每相定子绕组上的启动电压只有△形接法的 $1/\sqrt{3}$，启动电流为△形接法的 1/3，启动转矩也只有△形接法的 1/3，所以这种降压启动方法只适用于轻载或空载下启动。凡是在正常运行时定子绕组以△形连接的异步电动机，均可采用这种降压启动方法。

2. *方法*

Y-△降压启动控制主电路如图 4-2-5 所示，启动时，先合上电源开关 QS，然后控制线圈 KM1 和 KM2 同时得电，电动机便接成 Y 形连接；然后再通过控制电路的变化，控制线圈 KM3 得电，同时使线圈 KM2 失电，电动机便接成△形连接。通常可采用手动控制和时间继电器自动控制两种模式进行控制。

1）手动控制

手动控制电动机 Y-△降压启动电路如图 4-2-6 所示，其主电路的结构和图 4-2-5 一致。右侧为手动控制电路。其中，SB1 为停止按钮，SB2 为启动按钮，SB3 为 Y-△转换按钮；KM1、KM2 同时通电为 Y 形连接电路，KM1、KM3 同时通电为△形连接电路。

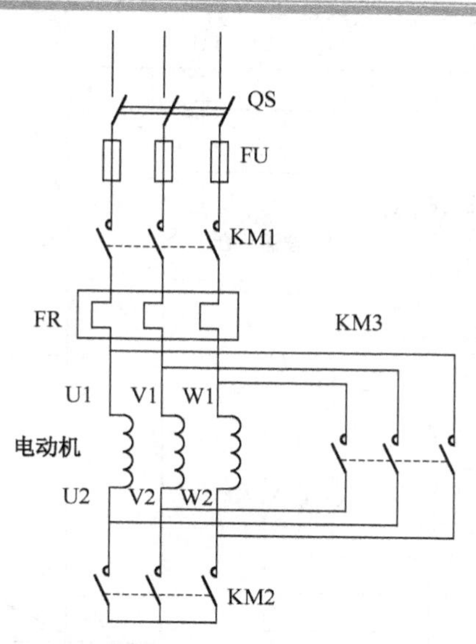

图 4-2-5　电动机 Y-△降压启动主电路图

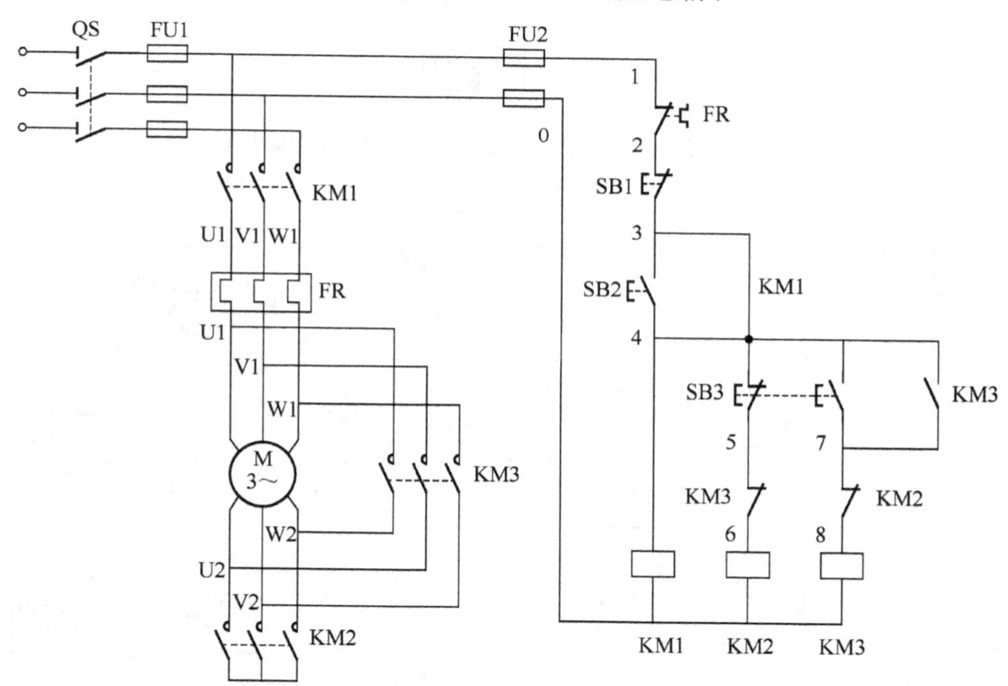

图 4-2-6　电动机 Y-△降压启动电路

线路的工作原理如下：

按下 SB2 启动按钮，KM1、KM2 线圈同时得电，KM1 常开触点闭合，KM1 线圈实现自锁，KM1 主触点、KM2 主触点闭合，电动机以 Y 形启动，如图 4-2-7 所示。

按下 SB3 按钮，SB3 常闭触点断开，KM2 线圈失电，KM2 主触点失电，常闭触点恢复原状，SB3 常开触点控制 KM3 线圈所在线路通电，KM3 线圈得电，KM3 常开触点闭合，KM3 自锁，KM3 主触点闭合，电动机转换为△形连接，如图 4-2-8 所示。

最后，按下 SB1 停止按钮，电动机各机构恢复到初始状态。电动机停止运转。

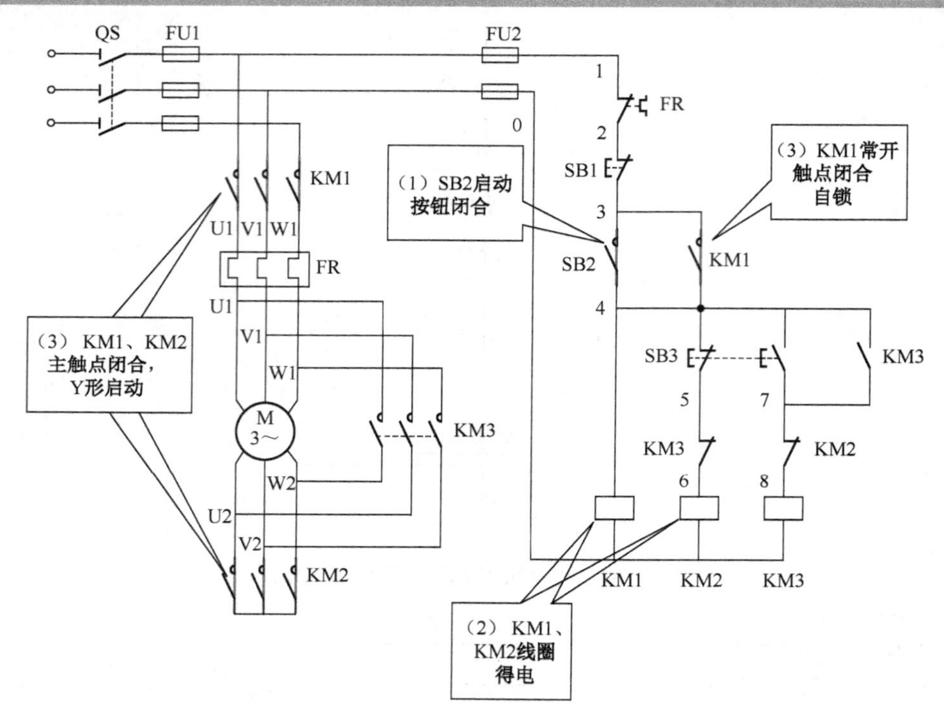

图 4-2-7　手动控制电动机 Y-△降压启动电路工作原理图 1

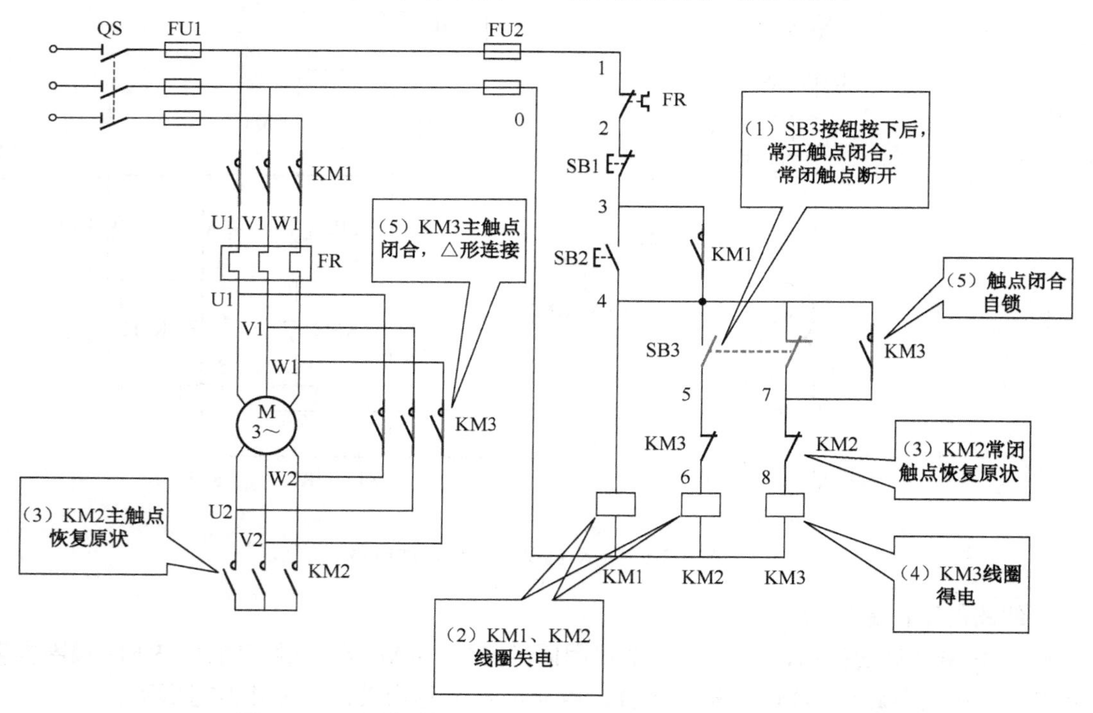

图 4-2-8　手动控制电动机 Y-△降压启动电路工作原理图 2

2）时间继电器控制

异步电动机常使用时间继电器自动控制 Y-△降压启动，如图 4-2-9 所示。采用时间继电器控制电路相对于手动控制更加精确和自动化，提高了工作效率。

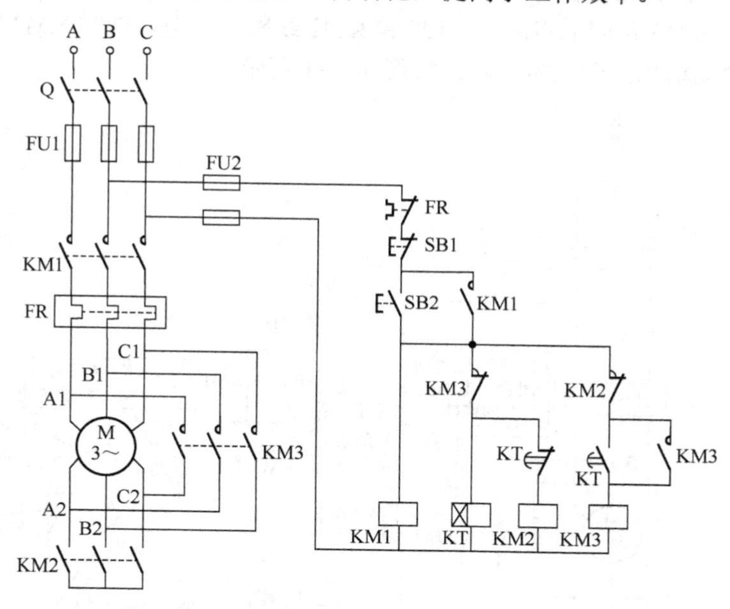

图 4-2-9　带时间继电器的 Y-△降压启动电路

该线路由三个接触器、一个热继电器、一个时间继电器和两个按钮组成。SB2 为启动按钮，SB1 为停止按钮；KT 为时间继电器。线路的工作原理如下：按下 SB2 启动按钮，KM1、KM2、KT 线圈同时得电，KM1 常开触点闭合，KM1 线圈实现自锁，同时给 KT 和 KM2 持续供电，KM1 主触点、KM2 主触点闭合，电动机以 Y 形启动。如图 4-2-10 所示。

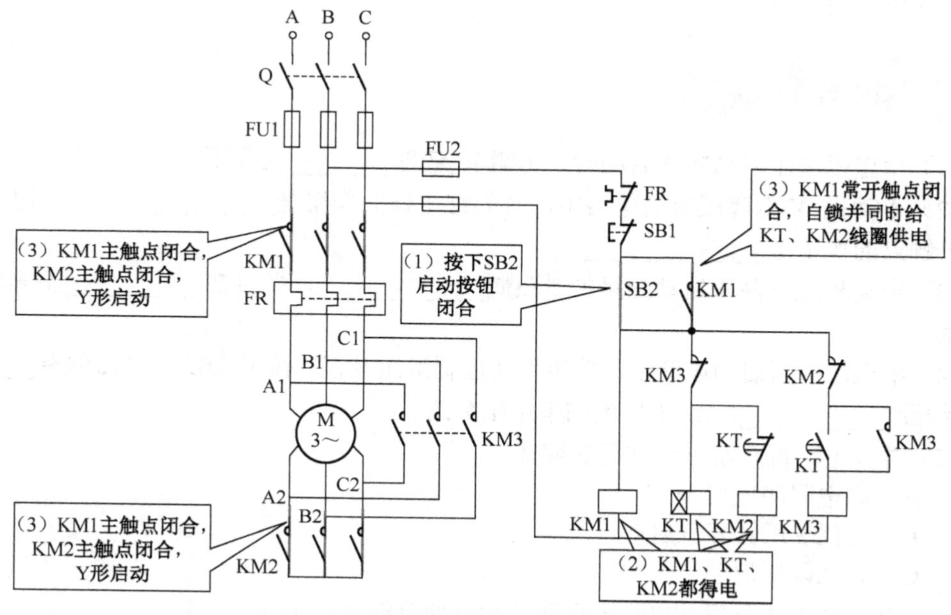

图 4-2-10　带时间继电器的 Y-△降压启动电路工作原理 1

时间继电器 KT 一直保持通电并开始计时，时间到了以后，其常闭触点断开，KM2 线圈失电，KM2 常闭触点恢复原状，主触点也恢复原状；同时时间继电器 KT 常开触点闭合，KM3 线圈得电，KM3 常闭触点断开，KT 和 KM2 线圈都失电，同时 KM3 常开触点闭合，主触点闭合，电动机以△形连接运转，如图 4-2-11 所示。

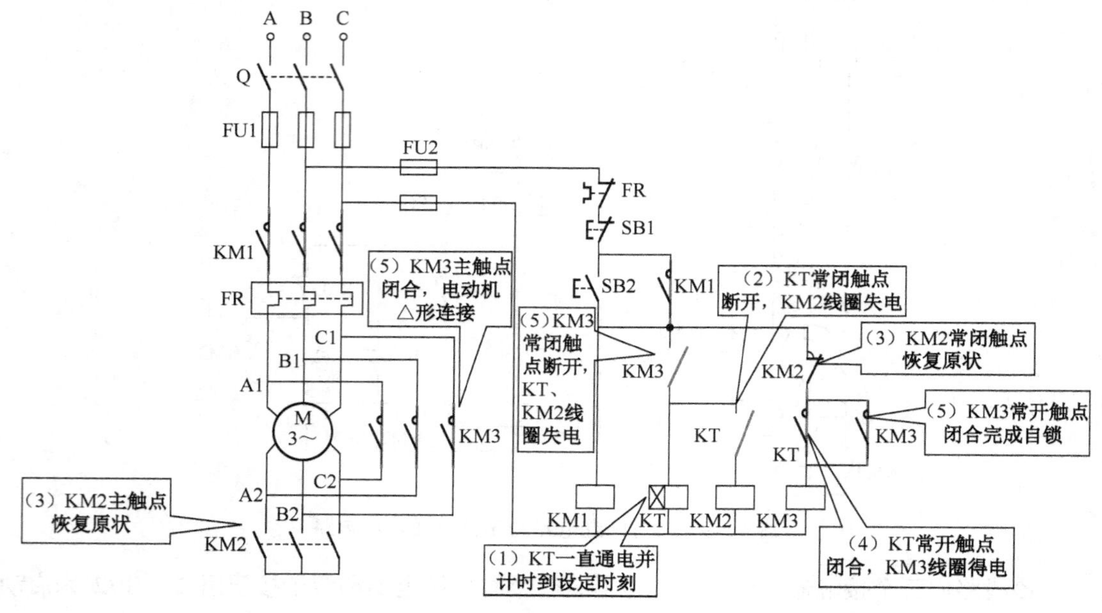

图 4-2-11　带时间继电器的 Y-△降压启动电路工作原理 2

任何时候按下停止按钮 SB1，KM1、KM2、KM3 和 KT 线圈都会失电，所有接触器和时间继电器恢复原状，电动机停止运转。

小试牛刀

（1）串电阻降压启动电路启动时，电阻 R 起到________的作用。

（2）电动机 Y-△降压启动电路中，时间继电器的作用是________________；时间继电器常开触点的作用是________________。

（3）电动机进行降压启动的目的是限制____________，并且在__________不高的场合下使用。

（4）串电阻降压启动电路中，使用手动控制降压过程，按下 SB2，KM2 线圈_______，KM1 线圈___________，KM1 控制的串电阻断路。

（5）异步电动机降压启动常用的有（　　）。

A．串电阻降压启动

B．自耦变压器降压启动

C．Y-△降压启动

（6）使用 Y-△降压启动电路来启动异步电动机的目的是（　　）。

A．降低启动电流

B．减少对电网的冲击

C．避免电动机负载过大

（7）在串电阻降压启动电路的控制电路中不用设置过热保护。（　　）

（8）定子绕组串电阻降压启动控制电路简单、操作方便，但消耗电能，不经济。（　　）

大显身手

请分析、排除以下故障并填写故障记录表 4-2-1。

表 4-2-1　故障记录表

故障一	故障现象	
	故障分析	
	测量与排除方法	
故障二	故障现象	
	故障分析	
	测量与排除方法	

1．排除故障一

故障现象：电动机 Y-△降压启动控制电路中，合上总开关 QS，Y 形启动过程正常，但是按下 SB3 后，电动机发出异常声音，转速也急剧下降，这是为什么？

故障范围：经过分析和判断，接触器切换动作正常，表明控制电路接线无误，问题出现在接上电动机后，检测电动机主电路接线，如图 4-2-12 所示。

排查故障点：

（1）用万用表导通挡检测送入电动机的相序，检测 FR 下面至 KM3 主触点上面部分的接线相序是否正确。

（2）用万用表的导通挡检测 KM3 主触点下面至 KM2 主触点上面部分的接线是否正确，如果接线错误，电动机由于正常启动突然变成了反序电源制动，强大的反向制动电流会使电动机转速急剧下降并发出异常声音。

（3）核查主电路接触器及电动机接线端子的接线顺序后，改正错误，再次测试。

2．排除故障二

故障现象：空载试验时，一按启动按钮 SB2，KM2 和 KM3 就不断切换，不能吸合。

故障范围：根据故障现象分析得出，KM2 和 KM3 能够反复切换，说明它们本身没有故障，可能是时间继电器没有延时动作导致，如图 4-2-13 所示。

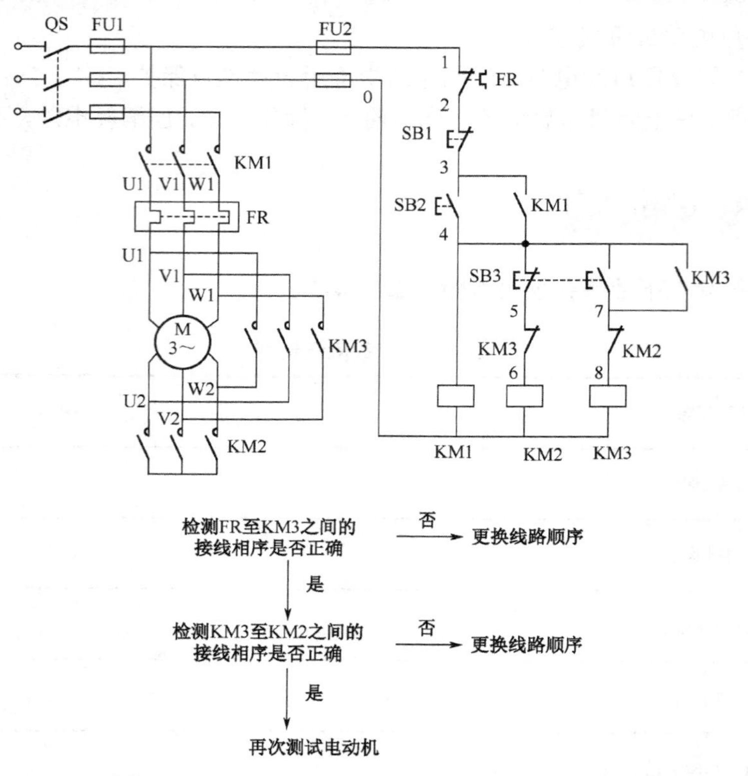

图 4-2-12 电动机 Y-△降压启动控制线路故障一

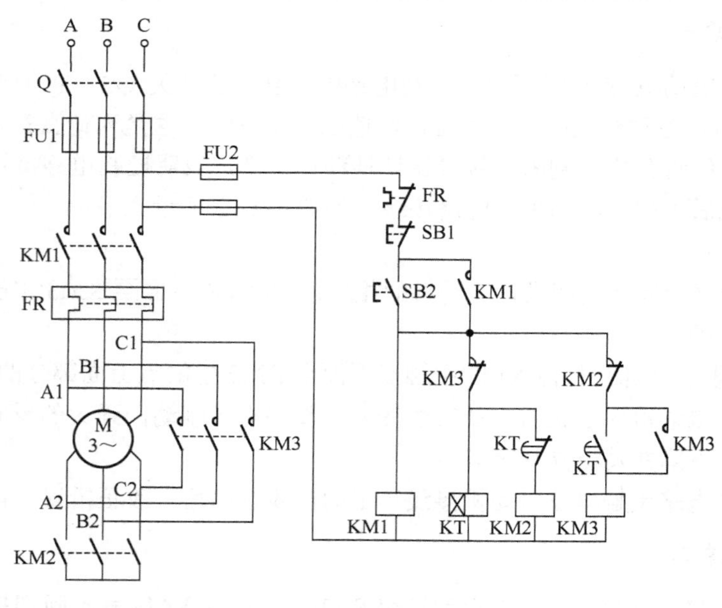

图 4-2-13 电动机 Y-△降压启动控制线路故障二

排查故障点：

（1）检查时间继电器的接线，检测时间继电器的接线触点是否使用错误。

（2）如果时间继电器的瞬动触点上接了线，就会导致时间继电器一通电就动作，将线路改接到时间继电器的延时触点上，故障就可以排除。

下面分析线路，并完成相应的接线图。

图 4-2-14 是电动机 Y-△降压启动元器件布置图。实际接线可以按其布置进行接线设计。

根据电动机 Y-△降压启动的元器件布置图，查阅相关资料，确定各元器件的触点数并在图中画出各元器件的主触点、辅助触点、线圈等。画完后，试在图中完成电动机 Y-△降压启动电路的接线。

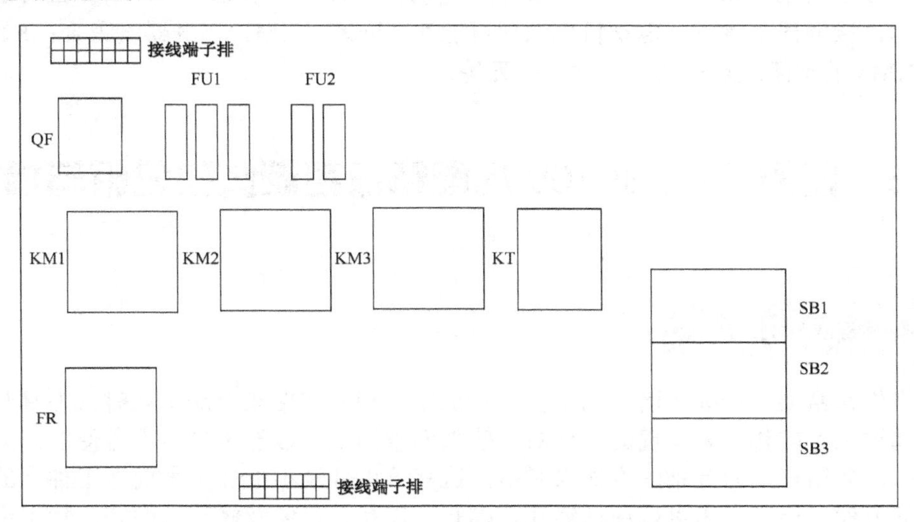

图 4-2-14　电动机 Y-△降压启动元器件布置图

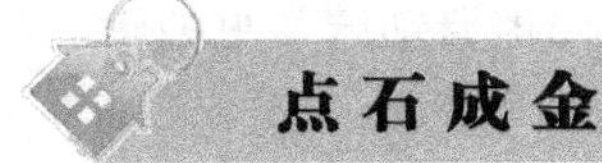

1. Y-△降压启动接线注意事项

（1）Y-△降压启动电路只适用于△形接线、额定电压不超过 380V 的鼠笼式异步电动机，不可用于 Y 形接线的电动机。因为启动时已经是 Y 形接线，电动机全压启动，当转入△形运行时，电动机绕组会因电压过高而烧毁。

（2）接线时应先将电动机接线盒的连接片拆除。

（3）接线时应特别注意电动机的首尾端接线相序不可有错，如果接线有错，在通电运行后会导致启动时电动机正转，运行时电动机反转，并因为电动机突然反转，电流剧增，烧毁电动机或造成事故。

（4）启动时的切换过程不宜过短，启动时间过短，电动机的转速还没有提起来，这时如果切换到运行，电动机的启动电流还会很大，造成电压波动。

（5）启动时的切换过程不宜过长，启动时间过长，电动机转速已经提起来，但因启动时间过长，电动机会因低电压、大电流而发热烧毁。

（6）电动机 Y-△降压启动电路由于启动力矩很小，因此只适用于轻载或空载的电动机。

2. Y-△降压启动电路常见故障

（1）Y 形启动过程正常，但是△形转换过程电动机不能正常转换，原因可能是时间继电器线圈故障、时间继电器触点故障，以及 KM3 线圈或者触点故障导致。

（2）线路空载时工作正常，接上电动机试车时，一启动电动机，电动机就发出异常声音，转子左右颤动，按下停止按钮后，KM2 和 KM3 灭弧罩内有强烈的电弧现象。导致这种现象发生的原因一般是电动机缺相，绕组不能形成旋转磁场，使电动机转轴的转向不定而左右颤动。一般处理故障的方式是检查接触器接点闭合是否良好，接触器及电动机端子的接线是否紧固。

（3）按下启动按钮以后，接触器动作，电动机不转。导致这种故障的原因可能是主电路有问题，接触器主触点、电动机电源线可能存在断路；KM1 接触器没吸合；KM1 线圈烧毁；KM3 的常闭触点接通；电动机卡死等。

4.3 任务二：Z30100 摇臂钻床控制线路分析与检修

抛砖引玉

生产中常常要对一些大而重的工件进行加工，在立式钻床上加工孔时，刀具与工件的对中是通过工件的移动来实现的，这对一些大而重的工件显然是非常不方便的；因此采用摇臂钻床，能用移动刀具轴的方式来对中，这就给单件及小批加工大而重工件上的孔带来了很大的方便。摇臂钻床可以用来钻孔、扩孔、铰孔、攻丝及修刮端面等，特别适用于单件或批量对带有多孔大型零件的孔加工，是一般机械加工车间常见的机床。本次任务主要是通过分析 Z30100 摇臂钻床的电路来学习新的知识，同时学习检修摇臂钻床常见故障。

有的放矢

（1）了解液压电磁阀、断电延时时间继电器的结构、型号、规格及使用方法。
（2）掌握 Z30100 摇臂钻床主电路的工作原理和故障排除方法。
（3）掌握 Z30100 摇臂钻床主轴和摇臂的夹紧、放松等电路分析方法。

聚沙成塔

知识卡 1：液压电磁阀（★☆☆）

1. 功能

液压电磁阀是一种自动化基础元器件，属于执行器，是在液压传动中用来控制液体压力、流量和方向的元器件，其中，控制压力的称为压力控制阀，控制流量的称为流量控制阀，控制通断和流向的称为方向控制阀，控制液压作用方向的称为液压电磁阀。

液压电磁阀按功能进行分类可分为方向控制阀（换向阀）、压力控制阀、流量控制阀。在 Z30100 摇臂钻床中用到了换向阀。

所谓换向阀就是能同时控制几个油孔的通断，从而使流过阀孔的液体方向发生变化的阀。电磁换向阀就是通过电磁线圈的通断控制方向变化的阀。

2. 结构和符号

电磁换向阀的结构图如 4-3-1 所示，由阀体和阀芯组成，电磁部分由线圈和衔铁组成。

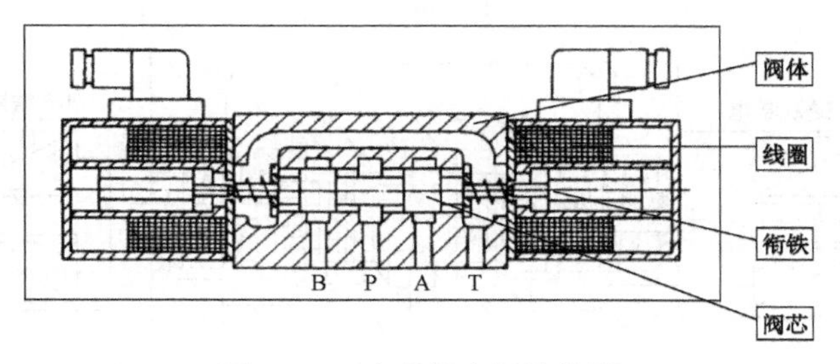

图 4-3-1　电磁换向阀结构图

电磁换向阀有多种类型，如表 4-3-1 所示，其中，“位”指阀芯的位置，例如阀芯有两种位置的换向阀简称二位阀。阀芯有三种位置的阀简称三位阀，位置数大于三的叫多位阀。

表 4-3-1　电磁换向阀的种类

名称	结构原理图	符号
二位二通阀	A P	A P
二位三通阀	A P B	A B P
二位四通阀	B P A O	A B P O

“通”指在一个位置上，换向阀的通油口数量。在一个位置上有两个通口的阀简称二通阀，有三个通口的叫三通阀。

如图 4-3-2（a）所示为三位四通电磁换向阀，如图 4-3-2（b）所示的为二位四通电磁换向阀。

一般来说，在 PLC 控制系统的电气原理图中，电磁换向阀的电气符号用 YV 表示，如图 4-3-2（c）所示。

3. 工作原理

现在以三位四通电磁换向阀为例来说明。当两端电磁铁都断电时，阀芯处于中间位置，此时 P、A、B、T 各油腔互不相通，如图 4-3-3 所示。

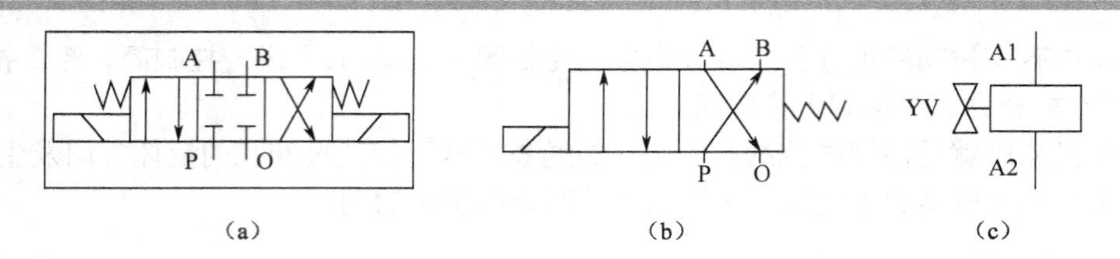

图 4-3-2　电磁换向阀

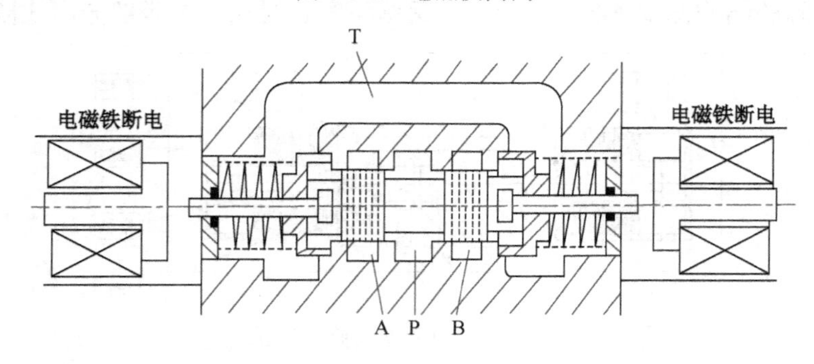

图 4-3-3　电磁铁断电时的状态图

当左端电磁铁通电时，电磁铁与衔铁吸合，并推动阀芯向右移动，使 P 和 B 连通，A 和 T 连通。当其断电后，右端复位弹簧的作用力可使阀芯回到中间位置，恢复原来四个油腔相互封闭的状态，如图 4-3-4 所示。

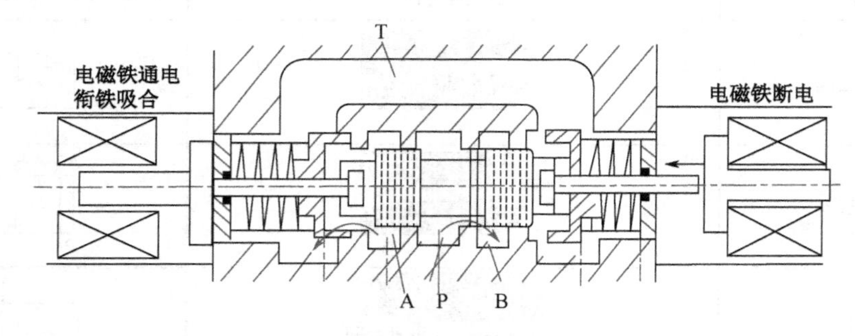

图 4-3-4　左侧电磁铁得电吸合时的状态图

当右端电磁铁通电时，其衔铁将通过推杆推动阀芯向左移动，P 和 A 相通、B 和 T 相通。电磁铁断电，阀芯则在左弹簧的作用下回到中间位置，如图 4-3-5 所示。

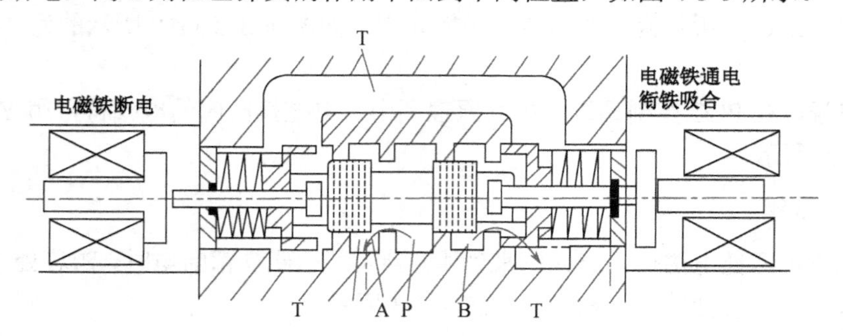

图 4-3-5　右侧电磁铁得电吸合时的状态图

知识卡 2：断电延时时间继电器（★☆☆）

1. 功能

断电延时时间继电器和通电延时时间继电器在功能上有所不同，前面所讲到的通电延时时间继电器就是在通电后开始延时动作，而断电延时时间继电器就是在电源断开后开始延时动作。

断电延时时间继电器可以分为电磁式、电动式、空气阻尼式、电子式等，其中，空气阻尼式在前面章节已经介绍过了，而电子式的时间继电器目前发展迅速，其应用也越来越广，它具有机械结构简单、延时范围设定宽、整定精度高、消耗功率小、调整方便及寿命长的特点，在电力拖动控制线路中，应用也是越来越广。

2. 原理和符号

断电延时型的时间继电器在线圈通电后，常开触点或常闭触点迅速动作；在线圈断电后，则会开始延时计时，时间到了以后，常开触点或常闭触点恢复原状，常开触点恢复断开状态，常闭触点恢复闭合状态。

断电延时时间继电器电气符号如图 4-3-6 所示。断电延时时间继电器的触点动作看圆弧，通电后触点动作，断电后，圆弧向圆心方向移动，带动触点延时复位。延时动作触点在计时到时后动作，瞬时常开常闭触点和通电延时时间继电器一样，不受延时计时的影响，得电就动作，失电就复位。

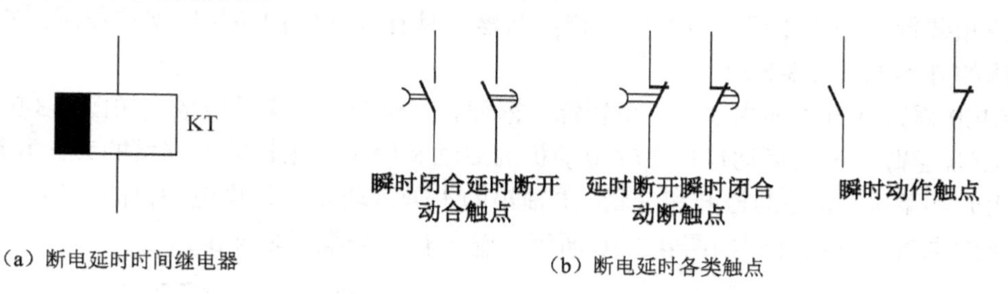

（a）断电延时时间继电器　　（b）断电延时各类触点

图 4-3-6　断电延时时间继电器电气符号

3. 接线与分析

图 4-3-7 是用于电动机制动的电路示意图。图中 KM1 接触器的作用是接通主电源，KM2 接触器的作用是接通直流控制电源开始制动。KT 采用的为断电延时时间继电器，触点是瞬时闭合延时断开的动合触点。

工作原理：

（1）按下启动按钮 SB2 启动电动机，KM1 线圈得电，KM1 辅助常开触点自锁，KM1 辅助常闭触点断开；KT 通电，动合触点瞬时闭合，KM2 线圈不能得电。

（2）按下停止按钮 SB1 进行制动，KM1 线圈断电，自锁环节失效，KM1 主触点断开，电动机脱离电源；同时 KM1 辅助常闭触点恢复闭合，KT 是延时断电的，因此 KT 触点还处于闭合状态，KM2 线圈通电，KM2 主触点闭合，接入直流电源，制动开始。同时 KM1 的自锁环节失效，因此 KT 线圈在此时也失电，开始计时，延时时间到后，KT 的延时断开常开触点恢复断开，KM2 过段时间断电，切断直流电源，制动结束。

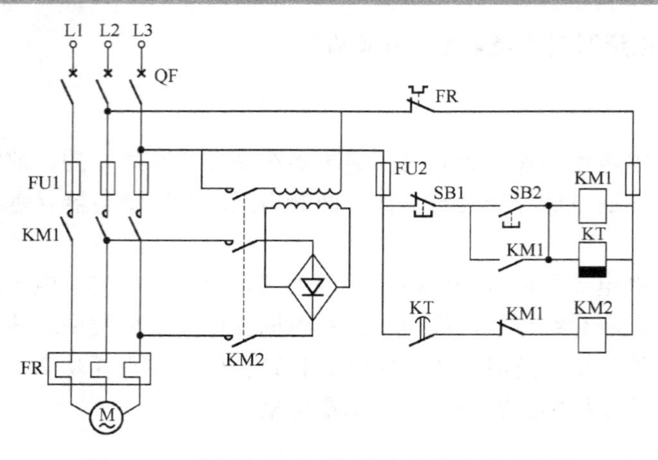

图 4-3-7　带断电延时时间继电器的电路示意图

知识卡 3：Z30100 摇臂钻床的功能、主要结构与运动形式（★☆☆）

Z30100 摇臂钻床属于大型立式钻床，其工作效率高，加工误差小，可液压预选变速，最大钻孔直径为 100mm，在配有相应工装的条件下可以进行镗孔，主轴箱、摇臂、立柱均由液压夹紧；主轴正反转、停车制动、空挡用一个手柄操作，其主电路、控制电路、信号指示灯电路及机床照明电路均采用自动空气断路器作为电源引入开关。自动空气断路器中的电磁脱扣装置作为短路保护电器而取代熔断器，具有零压保护和欠压保护作用。Z30100 摇臂钻床的外形图如 4-3-8 所示。

Z30100 摇臂钻床主要由立柱、主轴箱、摇臂、工作台、底座等组成，如图 4-3-9 所示。

Z30100 摇臂钻床的运动包括主轴电动机的启动和停止、主轴箱及摇臂的夹紧和松开、摇臂的上升和下降、立柱的松开和夹紧、主轴箱的水平运动和冷却泵电动机的运动。Z30100 摇臂钻床的电气控制原理图如图 4-3-10 所示，输入输出分配见表 4-3-1。

图 4-3-8　Z30100 摇臂钻床外形图

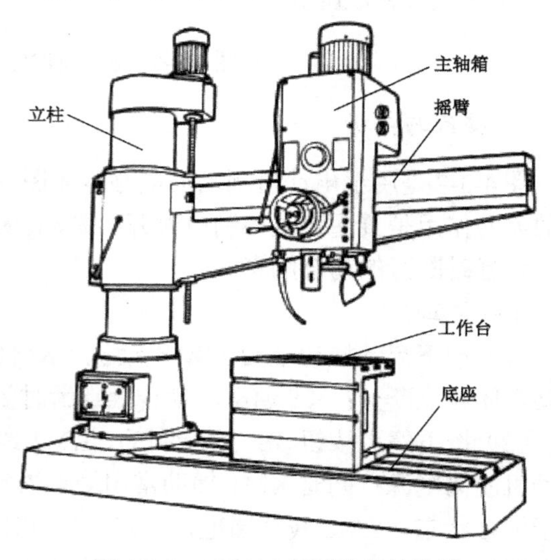

图 4-3-9　Z30100 摇臂钻床结构图

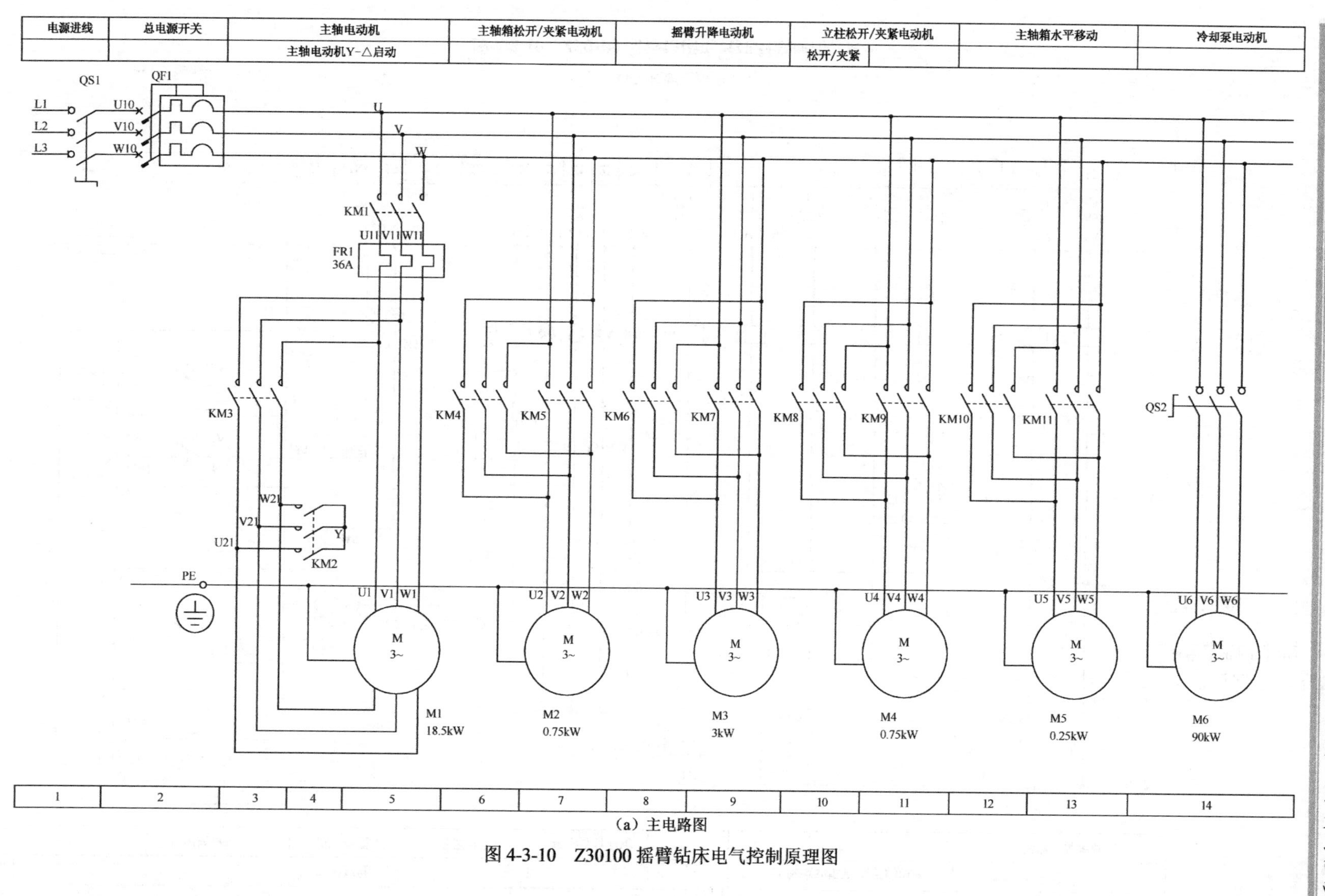

（a）主电路图

图 4-3-10　Z30100 摇臂钻床电气控制原理图

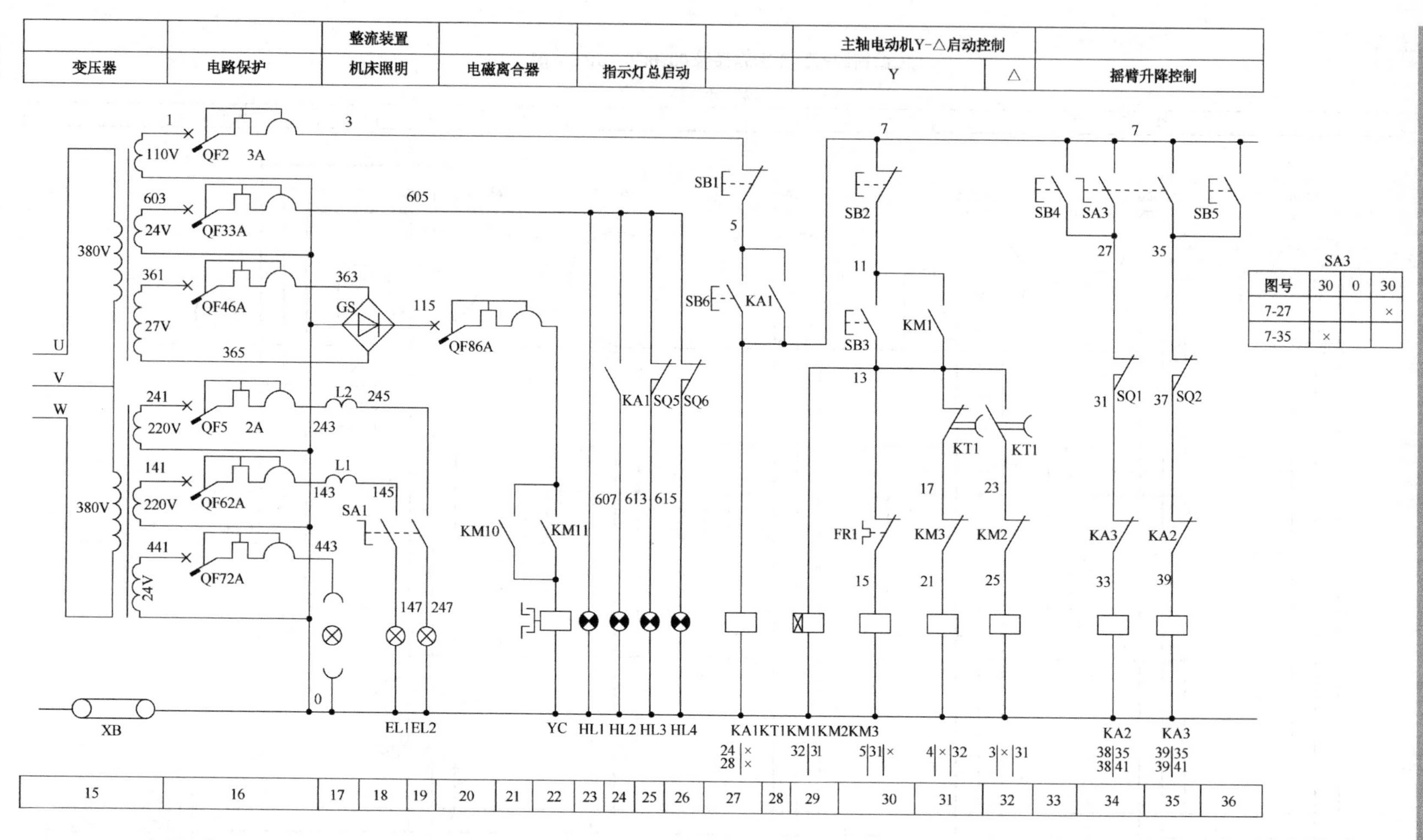

SA3			
图号	30	0	30
7-27			×
7-35	×		

（b）控制电路图 1

图 4-3-10　Z30100 摇臂钻床电气控制原理图（续）

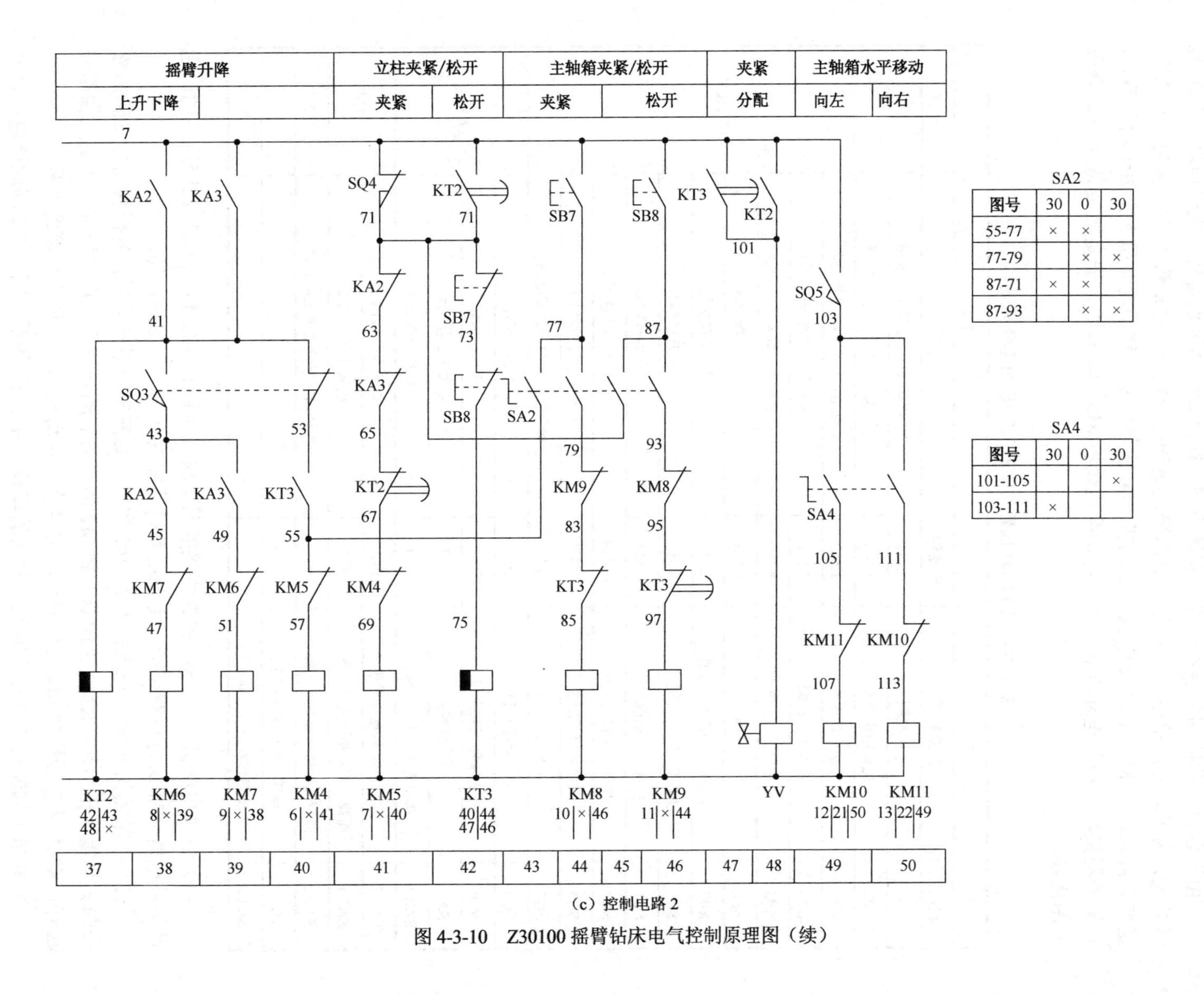

SA2

图号	30	0	30
55-77	×	×	
77-79		×	×
87-71	×	×	
87-93		×	×

SA4

图号	30	0	30
101-105			×
103-111	×		

（c）控制电路 2

图 4-3-10　Z30100 摇臂钻床电气控制原理图（续）

技能卡 1：Z30100 型摇臂钻床的主电路分析（★★★）

由于各台电动机的功能不一样，容量不同，在启动时须区别对待。主轴电动机 M1 容量较大，为了降低启动电流，采用了 Y-△降压启动控制线路。主轴箱松开/夹紧电动机 M2、摇臂升降电动机 M3、立柱松开/夹紧电动机 M4、主轴箱水平移动电动机 M5 由于功率不大，直接采用接触器控制电动机的启停，冷却泵电动机 M6 功率较大，但是直接通过 QS2 开关控制启停。

表 4-3-1 Z30100 摇臂钻床输入/输出用途分配表

输入		输出		
元器件	用途简述	元器件	用途简述	电源
SB1	总停控制	KM1	主轴电动机启动/停止接触器	AC 110V
SB2	主轴停止控制	KM2	主轴电动机 Y 形连接接触器	
SB3	主轴启动控制	KM3	主轴电动机△形连接接触器	
SB4	摇臂上升控制	KM4	主轴箱及摇臂松开接触器	
SB5	摇臂下降控制	KM5	主轴箱及摇臂夹紧接触器	
SB6	总启动	KM6	摇臂上升接触器	
SB7	主轴箱/立柱松开控制	KM7	摇臂下降接触器	
SB8	主轴箱/立柱夹紧控制	KM8	立柱松开接触器	
SQ1	摇臂上升极限限位	KM9	立柱夹紧接触器	
SQ2	摇臂下降极限限位	KM10	主轴箱向右移动接触器	
SQ3	摇臂松开到位	KM11	主轴箱向左移动接触器	
SQ4	摇臂夹紧到位	YA1	松开与夹紧油路分配电磁铁	
SQ5	主轴箱松开到位	HL1	电源指示灯	AC 24V
SQ6	主轴箱夹紧到位	HL2	运行指示灯	
SA1	照明灯开关	HL3	主轴夹紧指示灯	
SA2-1	立柱箱/立柱松夹转换 1	HL4	主轴松开指示灯	
SA2-2	立柱箱/立柱松夹转换 2	EL1	机床照明灯 EL1	AC 220V
SA3-1	摇臂升降转换开关（上升）	EL2	机床照明灯 EL2	
SA3-2	摇臂升降转换开关（下降）	YC	主轴箱水平移动电磁离合器	DC 24V
SA4-1	主轴箱转换开关（向左）			
SA4-2	主轴箱转换开关（向右）			

（1）主轴电动机 M1。M1 由交流接触器 KM1、KM2 和 KM3 进行 Y-△降压启动。通过热继电器 FR1 进行过载保护。主轴电动机只能进行一个方向的转动。

（2）主轴箱松开/夹紧电动机 M2。M2 实质上是液压油泵电动机，为摇臂与主轴箱的松开与夹紧提供压力油。KM4 接触器控制 M2 的正向启动与停止，点动控制，实现主轴箱的松开；KM5 接触器控制 M2 的反向启动与停止，点动控制，实现主轴箱的夹紧。

摇臂与主轴箱的松开与夹紧是短时间的调整工作，M2 并不长期工作。因此该电动机上未装设热继电器 FR，但应注意的是，若液压系统出现故障或者行程开关调整不当，M2 可能会长时间过载而造成事故，因此该线路中装热继电器更加安全。

（3）摇臂升降电动机 M3。交流接触器 KM6 控制 M3 的正向启动与停止，点动控制，实现摇臂的上升。交流接触器 KM7 控制 M3 的反向启动与停止，点动控制，实现摇臂的下降。

（4）立柱松开与夹紧电动机 M4。M4 也是液压油泵电动机，专门控制立柱松开与夹紧，交流接触器 KM8 控制 M4 的正向启动与停止，点动控制，实现立柱的松开，交流接触器 KM9 控制 M4 的反向启动与停止，点动控制，实现立柱的夹紧。

（5）主轴箱水平移动电动机 M5。M5 由交流接触器 KM10 和 KM11 分别控制启动与停止，有两个旋转方向。KM10 用来控制向右移动；KM11 用来控制向左移动。

在主轴箱水平移动控制电路中，主轴箱与电动机之间接入了直流电磁离合器 YC，使控制更为可靠。

（6）冷却泵电动机 M6。冷却泵电动机通过转换开关 QS2 进行控制，操作人员手动控制其运行和停止。各控制部件如图 4-3-11 所示。

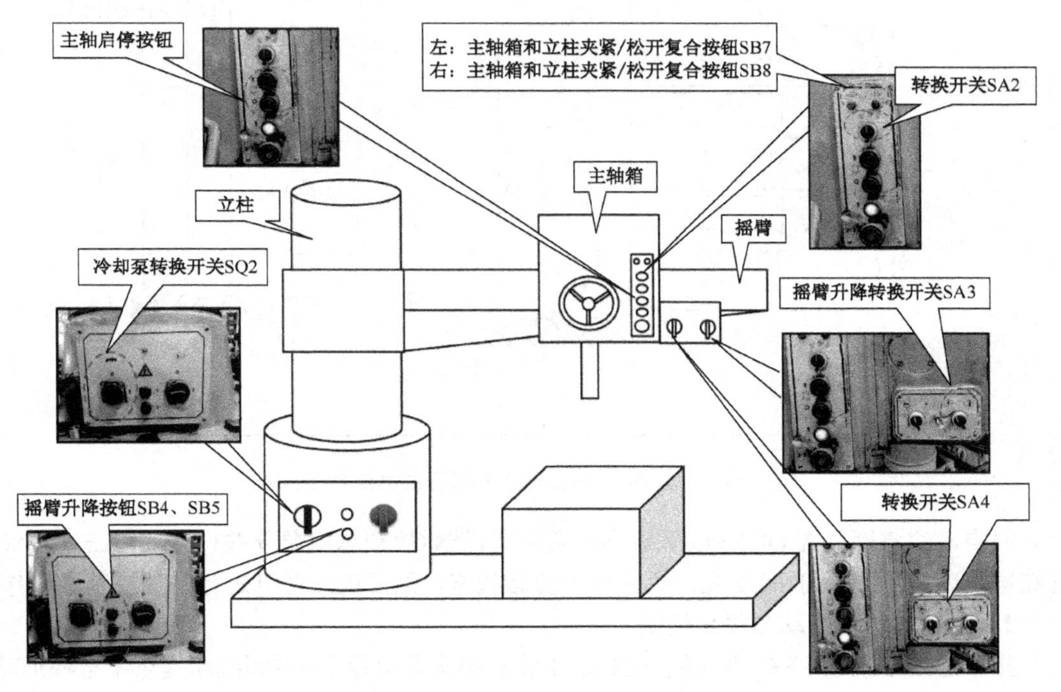

图 4-3-11 Z30100 摇臂钻床各按钮、开关示意图

技能卡 2：控制电路分析（★★★）

1）变压器供电部分

Z30100 摇臂钻床控制电路通过变压器获取电能。

控制电路的电压为交流 110V，由断路器 QF2 进行短路保护；机床照明线路由 QF5、QF6、QF7 进行短路保护；指示灯电路由 QF3 进行短路保护，HL1 为电源指示灯，HL2 为运行指示灯，HL3 为主轴夹紧指示灯，HL4 为主轴松开指示灯。SQ6 为指示灯转换开关；电磁离合器的电源通过断路器 QF4，经过整流桥整流后，电压为 24V，控制主轴箱的水平移动，使其控制更为可靠，如图 4-3-12 所示。

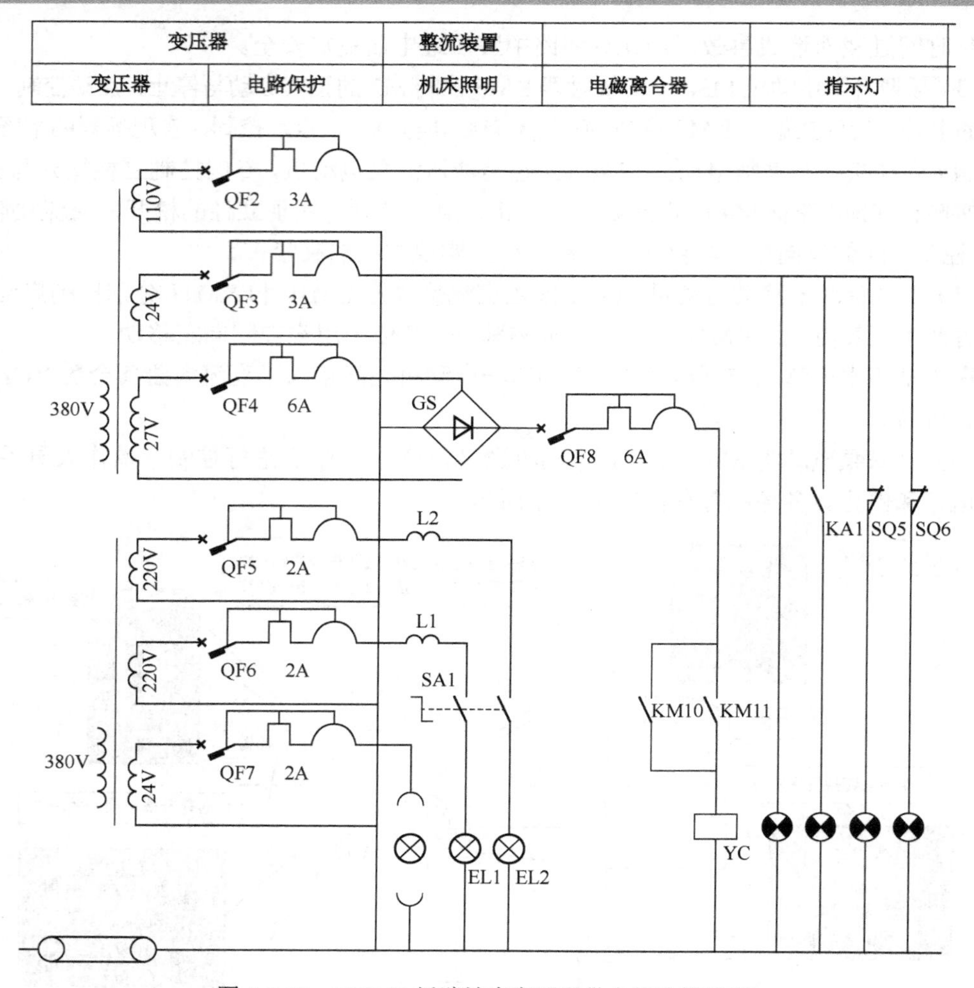

图 4-3-12　Z30100 摇臂钻床变压器供电部分接线图

将自动空气断路器 QF2～QF8 扳到闭合位置，然后扳动总电源开关 QF1，引入三相 380V 交流电源。电源指示灯 HL1 亮，机床处于通路状态，然后机床可以进行各种控制和操作。

2）主轴电动机启动与停止控制

按下总启动按钮 SB6，中间继电器 KA1 线圈得电并自锁，为控制线路提供了电源通路，并为其他电器得电做好准备，同时 KA1 的常开触点闭合，运行指示灯 HL2 点亮。总停止按钮为 SB1，用于断开中间继电器 KA1 的自锁环节，如图 4-3-13 所示。

Y-△降压启动控制电路有供电电源，可以运行。按下启动按钮 SB3，接触器 KM1、KM2 和通电延时时间继电器 KT1 得电，同时 KM1 辅助常开触点闭合完成自锁，KM1、KM2、KT1 能持续得电，KM1、KM2 同时得电，电动机以 Y 形启动；当 KT1 计时时间到后，其触点动作，KM2 线圈因此失电，KM2 触点恢复原状，KM3 线圈触点因此都闭合，KM3 得电，KM1、KM3 同时得电时，电动机以△形运行。按下停止按钮 SB2 可以将电动机 Y-△降压启动控制电路完全断电，其启动按钮 SB3 和停止按钮 SB2 的位置如图 4-3-11 所示。

3）摇臂升降控制

摇臂上升控制：如图 4-3-14 所示，结合图 4-3-10（b）和（c）一起观看。

在中间继电器 KA1 得电自锁的情况下，将主轴箱上的转换开关向上扳动，使 SA3-1 接通，或者按下装在立柱下部的摇臂上升启动按钮 SB4，中间继电器 KA2 的线圈吸合，导致 KA2 的常闭触点断开，保证 KA3 线圈无法得电，那么 KM5 线圈就无法得电。同时，KA2 的常开触点闭合，为摇臂上升接触器 KM6 得电做好准备；同时，断电延时时间继电器 KT2 因此而得电，它的断电延时开启的动合触点在通电时瞬时闭合，使断电延时时间继电器 KT3 的线圈得电吸合。与此同时，断电延时时间继电器 KT 的瞬时动合触点闭合，使电磁铁 YV 线圈得电动作，打开摇臂松开油腔进油阀门，为摇臂松开做好准备。

由于 KT3 线圈通电吸合，其断电延时开启的动合触点能保证 YV 的线圈在时间继电器 KT2 断电后仍然保证通电。

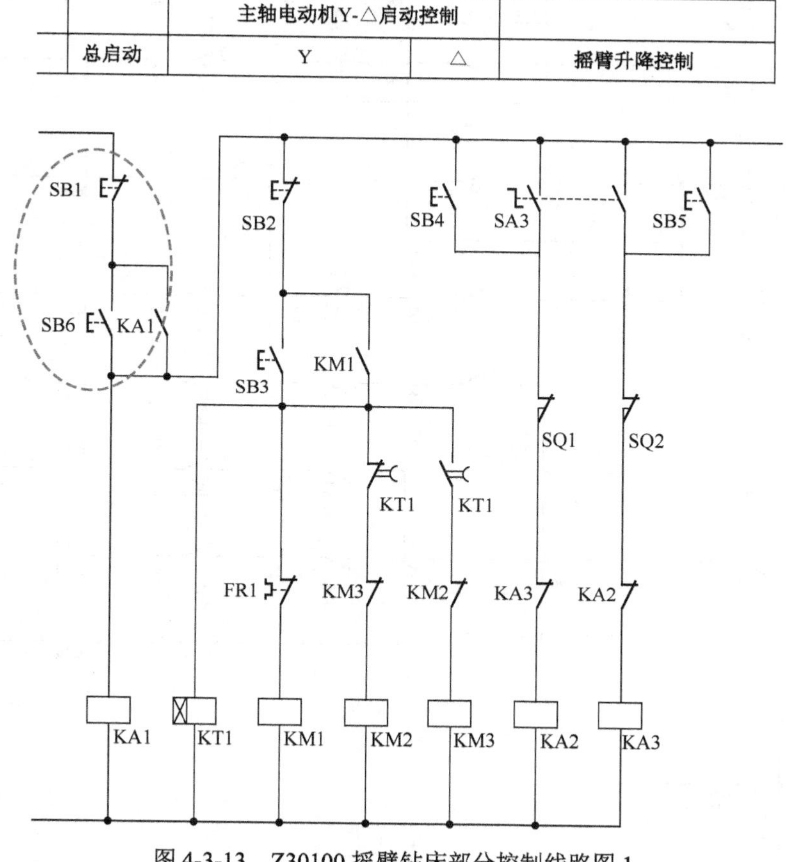

图 4-3-13 Z30100 摇臂钻床部分控制线路图 1

与此同时，KT3 的瞬时动合触点闭合，使主轴箱松开接触器 KM4 线圈得电，KM4 的主触点闭合，接通 M2，主轴箱和摇臂松开与夹紧电动机通电并正向旋转，使压力油经二位六通阀进入摇臂松开油腔，将摇臂松开。

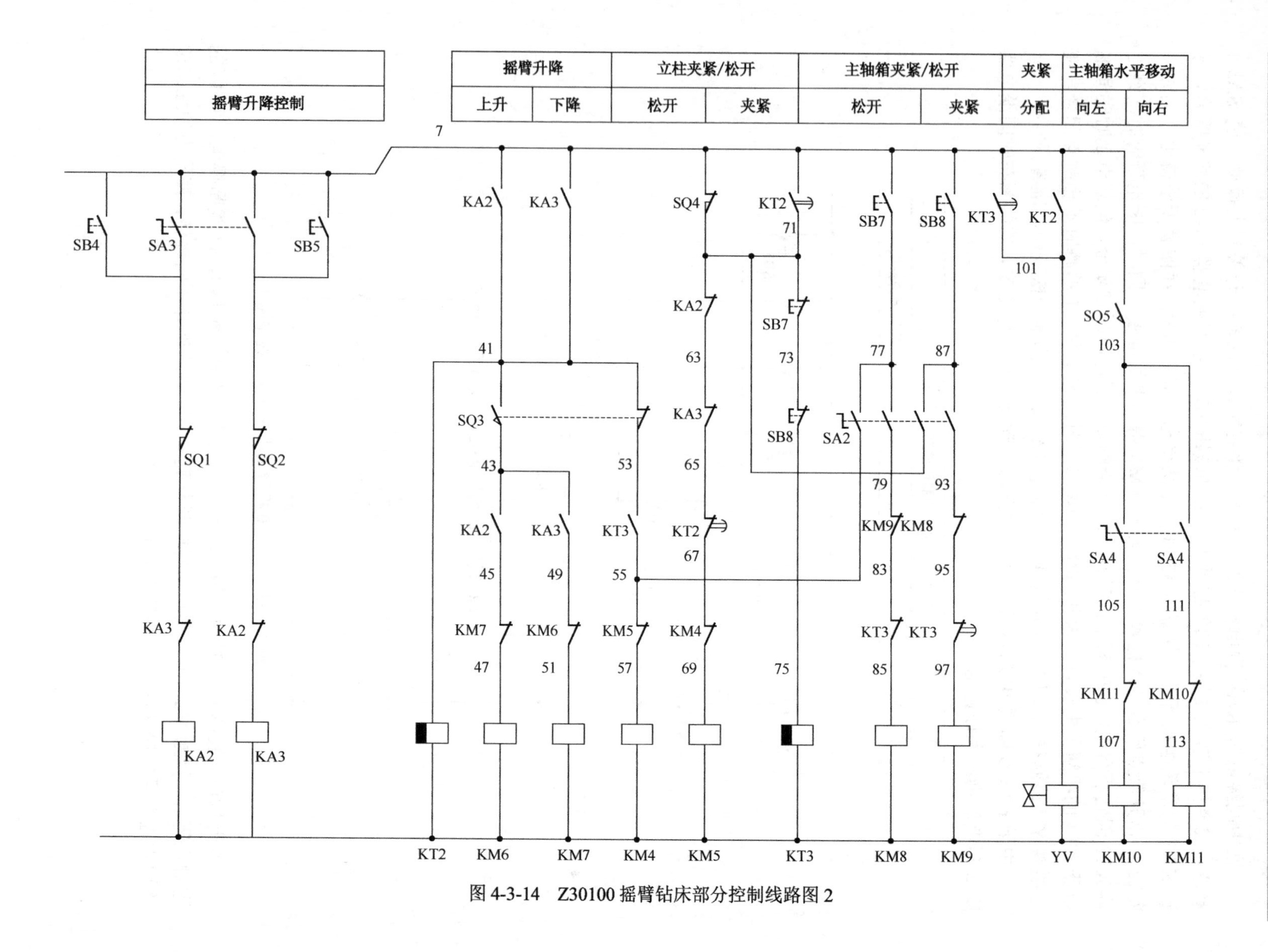

图 4-3-14　Z30100 摇臂钻床部分控制线路图 2

活塞杆通过弹簧片压动限位开关 SQ3（通过液压作用下活塞杆的动作使 SQ3 状态变化），使其动断触点断开，主轴箱松开接触器 KM4 因此而失电，主轴箱停止松开。KM4 的主触点同时断开，切断 M2，主轴箱夹紧与松开电动机停止转动。

与此同时，限位开关 SQ3 的动合触点闭合，摇臂上升接触器 KM6 线路通电吸合，其主触点接通 M3 使电动机正转，其实就是摇臂上升的动作。

当摇臂上升到所需位置时，扳动转换开关 SA3 使其断开，或者松开摇臂上升按钮 SB4，中间继电器 KA2 的线圈失电，因此摇臂上升接触器 KM6 断电，主触点断开，摇臂停止上升。

KT2 断电后，断电延时动断触点断开，但是 KT3 仍然通电，所以电磁铁 YV 仍然还能保持带电状态。经过 1～3s 的延时后，KT2 的延时断开动合触点断开，但由于摇臂现在处于松开状态，夹紧到位限位开关 SQ4 处于不动作状态，因此限位开关 SQ4 闭合，所以并不影响 KT3 的通电吸合状态。同时 KT2 的延时闭合动断触点由于 KT2 失电而断电，延时闭合，主轴箱及摇臂夹紧接触器 KM5 通电吸合。KM5 的主触点闭合接通 M2，主轴箱和摇臂松开/夹紧电动机反向转动，压力油经二位六通阀进入摇臂夹紧油腔，推动活塞运动，将摇臂夹紧。与此同时，活塞杆通过弹簧片压动限位开关 SQ4，使其动断触点断开，KM5 和时间继电器 KT3 的线圈断电，主轴箱和摇臂夹紧/松开电动机 M2 停止转动，经过 1～3s 的延时，KT3 延时断开动合触点断开，YV 断电释放。摇臂升降的操作按钮示意图见图 4-3-11。

摇臂下降控制：

摇臂下降的控制线路及工作原理和摇臂上升极为相似。通过转换开关 SA3 或者下降按钮 SB5 来进行，线路通过中间继电器 KA3，接触器由 KM6 改为 KM7 即可。具体的控制过程不再重复。

摇臂的上升与下降都是短时间的调整工作，所以采用点动方式来实现。行程开关 SQ1 代表摇臂的上升极限位置，SQ2 代表摇臂的下降极限位置。

4）主轴箱松开与夹紧控制原理分析

主轴箱和立柱的松开或者夹紧操作既可以同时进行，也可以单独进行，由转换开关 SA2 进行控制。复合按钮 SB7 是立柱与主轴箱的松开控制按钮，复合按钮 SB8 是立柱与主轴箱的夹紧控制按钮。如图 4-3-11 所示。SA2 有三个挡位，如下所述。

（1）中间挡位：将转换开关 SA2 扳到中间，立柱和主轴箱同时进行松开/夹紧控制。当立柱与主轴箱同时进行松开控制时，SA2-1 和 SA2-2 同时全部接通。按下复合按钮 SB7，主轴箱松开控制接触器 KM4 和立柱松开控制接触器 KM8 同时得电吸合。它们的主触点闭合，M2、M4 得电正向旋转，供应压力油，压力油经二位六通阀进入主轴箱，松开油缸，推动活塞动作，将主轴箱松开；同时，通过液压系统使立柱松开，主轴箱松开到位，限位开关 SQ5 得电，SQ5 常闭触点断开，主轴松开，指示灯 HL4 因此能够得电而亮。这时，应立即松开复合按钮 SB7，使接触器 KM4 和 KM8 断电，电动机 M2 和 M4 停止。

主轴箱与立柱同时进行夹紧控制时，按下 SB8，接触器 KM5 和 KM9 同时得电吸合，使 M2、M4 反向转动，供应压力油。同时液压系统将立柱夹紧，SQ6 主轴箱夹紧到位动作，SQ6 常闭触点断开，主轴夹紧指示灯 HL3 得电。

（2）左侧挡位：将转换开关SA2扳到左侧，可控制立柱单独松开或夹紧。SA2-1右侧按钮和SA2-2右侧按钮闭合，按下复合按钮SB7，立柱松开接触器KM8线路通电吸合，其主触点闭合，M4正向运转，执行松开动作。

单独夹紧时，按下SB8，则立柱夹紧接触器KM9得电，电动机M4执行夹紧动作。

（3）右侧挡位：将转换开关SA2扳到右侧，可控制主轴箱单独松开或夹紧。SA2-1左侧按钮和SA2-2右侧按钮闭合，接下复合按钮SB7，主轴箱松开接触器KM4通电吸合，它的主触点控制M2正向旋转，主轴箱松开，松开到位后，SQ5松开到位，限位开关动作，HL4松开指示灯点亮，这时，要立刻松开复合按钮SB7，M2停止运转。

按下复合按钮SB8，主轴箱夹紧接触器KM5得电，M2反向旋转，执行夹紧动作，夹紧到位后，SQ6夹紧到位，限位开关动作，HL3夹紧指示灯点亮，这时，同样要立刻松开复合按钮SB8，使M2停止运转。

转换开关SA2的示意图如图4-3-15所示。

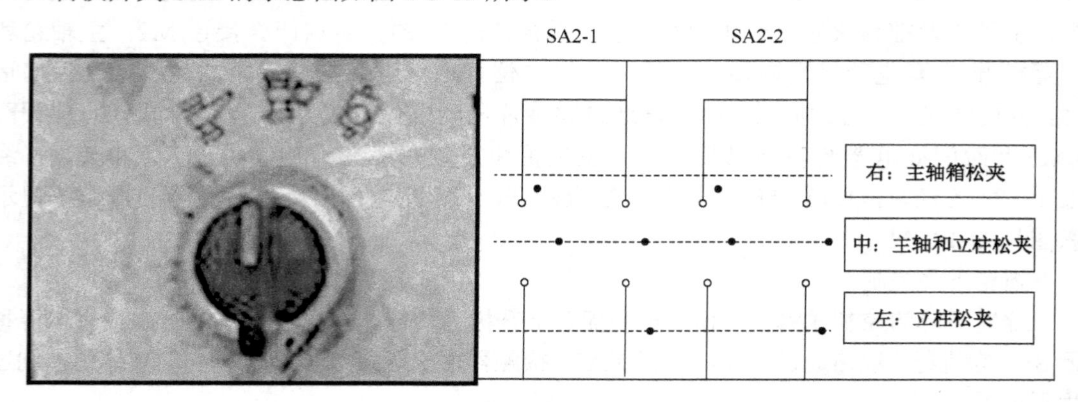

图4-3-15　Z30100摇臂钻床转换开关SA2操作示意图

5）主轴箱的水平移动控制

主轴箱的水平移动控制是通过转换开关SA4来实现的。在主轴箱松开的情况下，SQ5主轴箱松开到位，限位开关动合触点闭合。向右扳动转换开关SA4，KM10线圈通电吸合，动合触点KM10闭合，电磁离合器YC通电，接通M5与主轴箱之间的机械传动机构。同时KM10的主触点闭合，接通M5的电源，主轴箱水平移动电动机正向旋转，拖动立柱箱向左移动。

如果将转换开关向右扳动，则接触器KM11的线圈得电吸合，主轴箱因此向右移动，其转换开关示意图如图4-3-11所示。

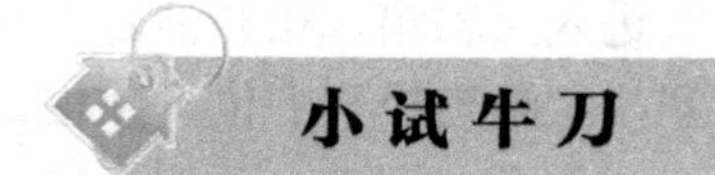

小试牛刀

（1）电磁换向阀主要由________和__________组成，电气符号由___________表示。

（2）断电延时时间继电器通电时，其触点________动作，断电时，其触点________动作。

（3）断电延时时间继电器的瞬时动作触点通电时，触点__________动作，断电时，触点____________动作。

（4）Z30100 摇臂钻床主要是进行____________的车床。

A. 磨削金属　　B. 金属镗孔　　C. 切割金属

（5）Z30100 摇臂钻床的主轴正反转、停车制动、空挡用_________手柄操作。

A. 1 个　　B. 2 个　　C. 4 个

（6）Z30100 摇臂钻床的转换开关 SA2 总共有____________挡位。

A. 3 个　　B. 4 个　　C. 2 个

（7）Z30100 摇臂钻床的主轴箱水平移动时，通过接触器 KM10、KM11 得电和失电进行控制。（　　）

（8）Z30100 摇臂钻床的主轴箱夹紧/松开电动机和立柱夹紧/松开电动机不能同时工作。（　　）

大显身手

请分析、排除以下故障并填写故障记录表 4-3-2。

表 4-3-2　故障记录表

故障一	故障现象	
	故障分析	
	测量与排除方法	
故障二	故障现象	
	故障分析	
	测量与排除方法	

1. 排除故障一

故障现象：Z30100 摇臂钻床在进行主轴箱和立柱的夹紧/松开操作时，将 SA2 扳到中间位置，按下复合按钮 SB7，只有立柱进行了松开，主轴箱并没有动作，试分析可能出现的故障，如图 4-3-16 所示。

故障范围：根据故障现象分析得出是主轴箱控制线路某个元器件或者线路出现故障，因此针对这条线路进行查找，可以查找出故障点的位置。

排查故障点：

（1）检查转换开关 SA2、接触器 KM4 这条线路的触点是否接触不良或者存在故障导致断路。

（2）检查 KM5 的辅助常闭触点是否动作，如果没动作的话，检查其触点是否接触完好，使用万用表检查其导通性。

（3）检查接触器 KM4 的线圈是否烧毁或者损毁。

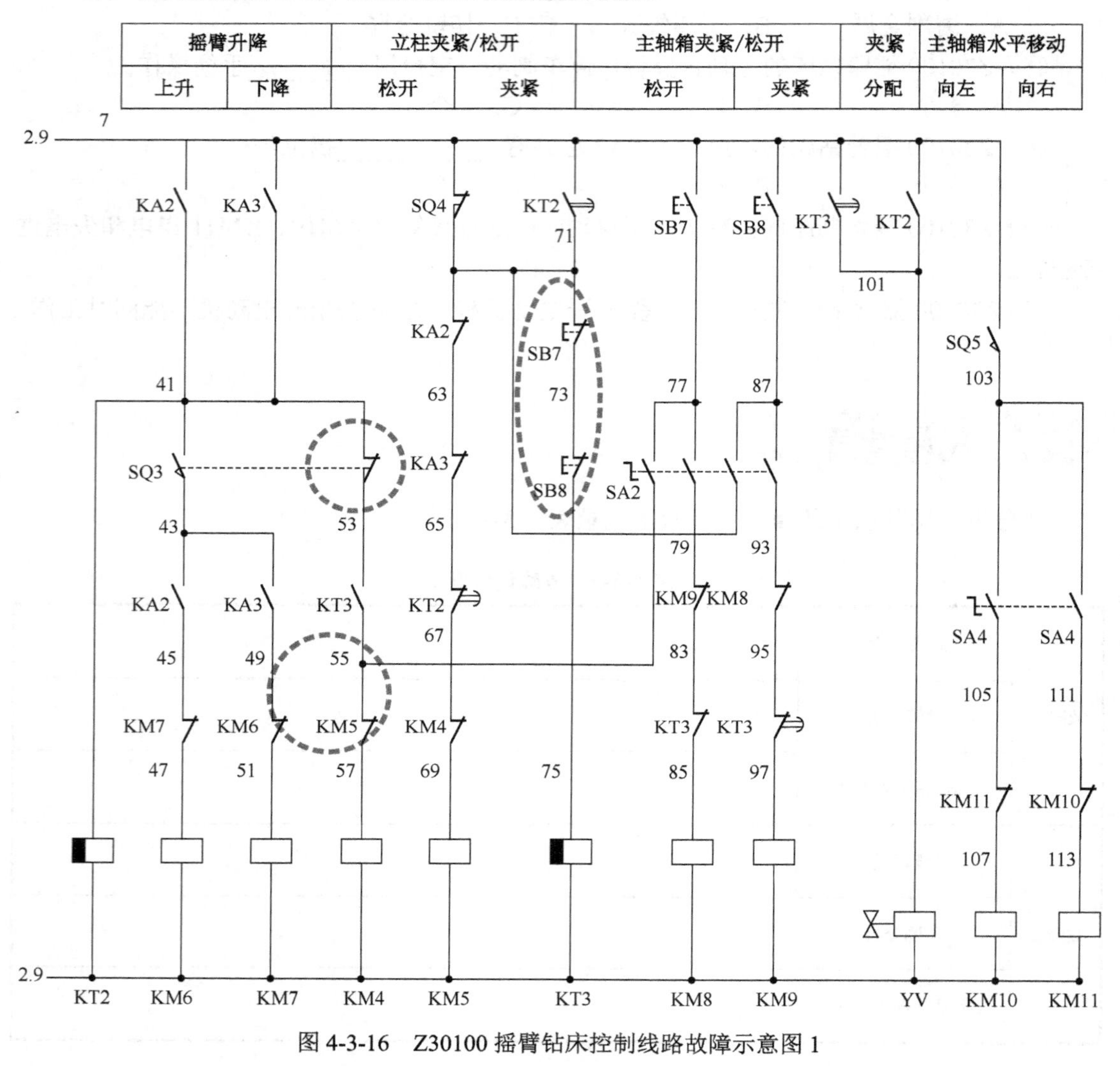

图 4-3-16　Z30100 摇臂钻床控制线路故障示意图 1

2. 排除故障二

故障现象：Z30100 摇臂钻床在进行主轴箱水平移动操作时，将主轴箱与摇臂松开到位以后，SQ5 限位开关得电动作，此时旋转转换开关 SA4，主轴箱只能向右移动，不能向左移动，试分析可能出现的故障，如图 4-3-17 所示。

故障范围：根据故障现象分析得出是主轴箱水平移动向左的控制电路某个元器件或者线路出现故障，而主轴箱能够向右进行运动，说明限位开关 SQ5 的常开触点得电动作了，因此是 SQ5 限位开关下面的线路出现故障，进行查找，可以查找出故障点的位置。

排查故障点：

（1）检查转换开关 SA4 的触点是否接触不良或者发生故障导致断路等情况发生，使用万用表检测其导通性。

（2）检查 KM11 的辅助常闭触点是否动作，如果没动作的话，检查其触点是否接触完好，使用万用表检查其导通性。

（3）检查接触器 KM10 的线圈是否烧毁或者损毁。

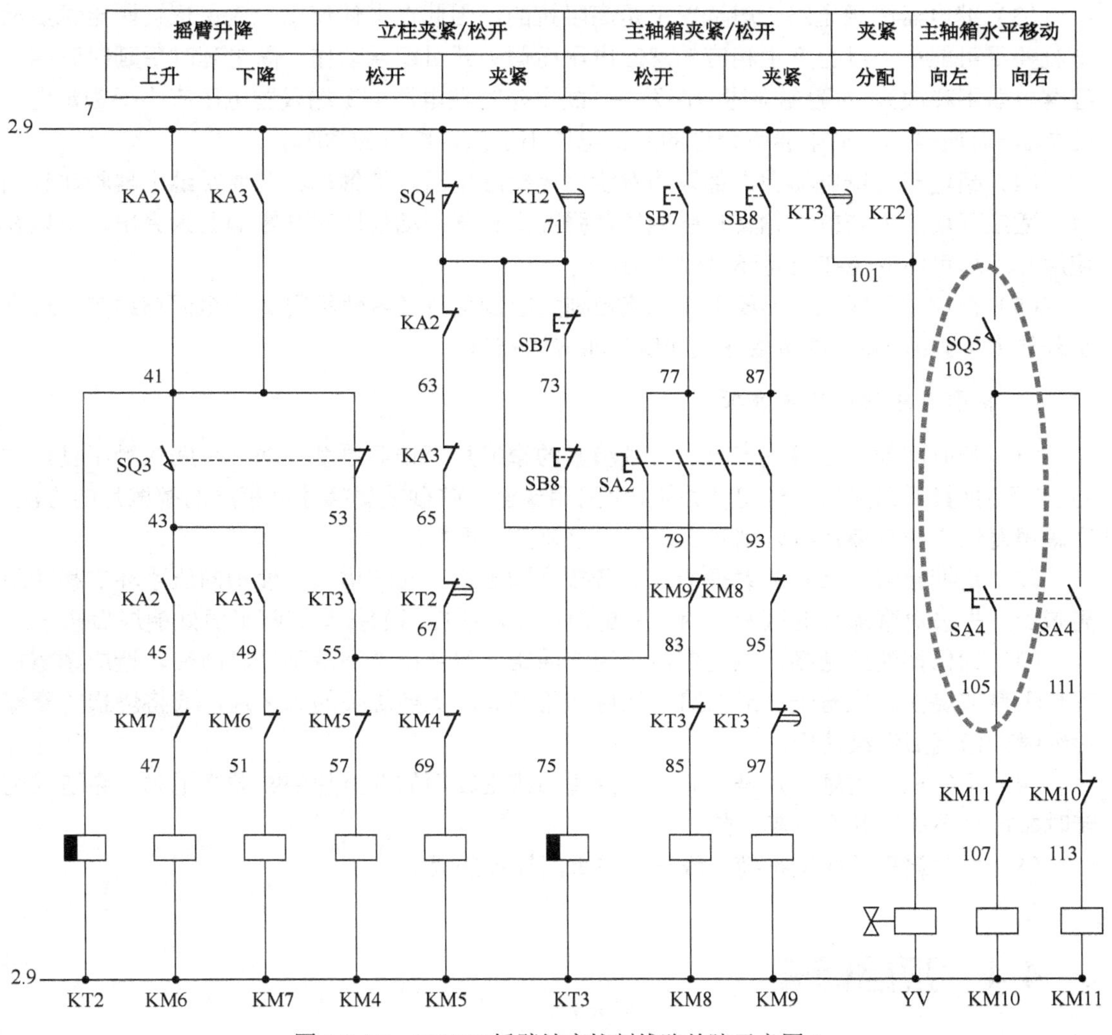

图 4-3-17　Z30100 摇臂钻床控制线路故障示意图 2

点石成金

1．断电延时时间继电器实际应用时的注意事项

（1）继电器电源电压应在允许电压波动范围内工作，通常为额定值的 85%～110%；直流电压峰值纹波系数不大于 5%。如继电器工作电源有强的感性负载频繁工作，则应考虑在继电器工作电源端增加和使用浪涌吸收装置，以承受较高的浪涌电压，防止继电器电源击穿烧毁。

（2）继电器在使用时，电源接通时间必须大于 1s，以便使继电器内部二次电源有充足的能量储备而保证在断开电源后按预设时间接通或分断负载；如要使用继电器外部复位信号功能，则接通持续时间不小于 50ms，以保证其复位功能正常工作，严禁在复位信号端接入电源、有源信号或接地，否则会损坏继电器。

（3）继电器电源电路一般情况下是高阻抗的，因此在具体使用上应保证切断电源后漏电流要尽可能小，以免产生相应的感应电压而假关断引起误动作（断电延时后延时时间到但继电器不释放）。为避免上述情况发生，断电延时继电器电源端残留电压应小于额定电压的 7%，而通电延时继电器所允许的残留电压小于额定电压的 20%。

（4）断电延时继电器因内部采用双绕组闭锁继电器，该继电器与通常继电器相比较而言，适应环境能力较差，尤其是强磁场、强冲击、强振动场所对其影响更为突出，所以在使用时应尽可能避免在上述环境中使用。

（5）在控制负载上，不要用其直接控制大容量负载（内部所用 2 绕组闭锁继电器通常负载能力不强），并考虑负载形式和留有相应的裕量。

2. 摇臂钻床使用注意事项

（1）长时间使用摇臂钻床时，主轴箱里的摩擦片磨损后厚度变薄，片间接触不良，轴向压紧环推紧后仍无法传递扭转力矩，可采用摩擦片喷砂或更换厚度稍厚的摩擦片的方法，注意摇臂钻床的摩擦片有外刺和内刺，一定要分清再换。

（2）定期检查拨叉角的磨损情况。若拨叉脚磨损，间隙增大，使轴向压紧环的移动距离减少，失去对摩擦片的压紧作用，应更换拨叉，或在旧的拨叉脚两平面处铜焊后修平。

（3）为保持油路通畅，应定期检查润滑油路，避免由于润滑不良、断油，造成摩擦片咬合不良或烧伤。应检查润滑油路，保持油路畅通，更换烧损的摩擦片，或将烧损的摩擦片经喷砂修复后继续使用。

（4）不定期检查摩擦片是否脱离。摇臂钻床主轴箱的摩擦片装配顺序不对，会造成空转时摩擦片不能脱开而引起发热。

（5）主轴箱里的拨叉推销若脱开，应重新铰孔装紧。

4.4 项目闯关

闯关任务

识读 Z3040 摇臂钻床电路图。

（1）指出图 4-4-1 中用途栏、图区栏，用虚线圈画出电源电路、主电路、控制电路和照明电路。

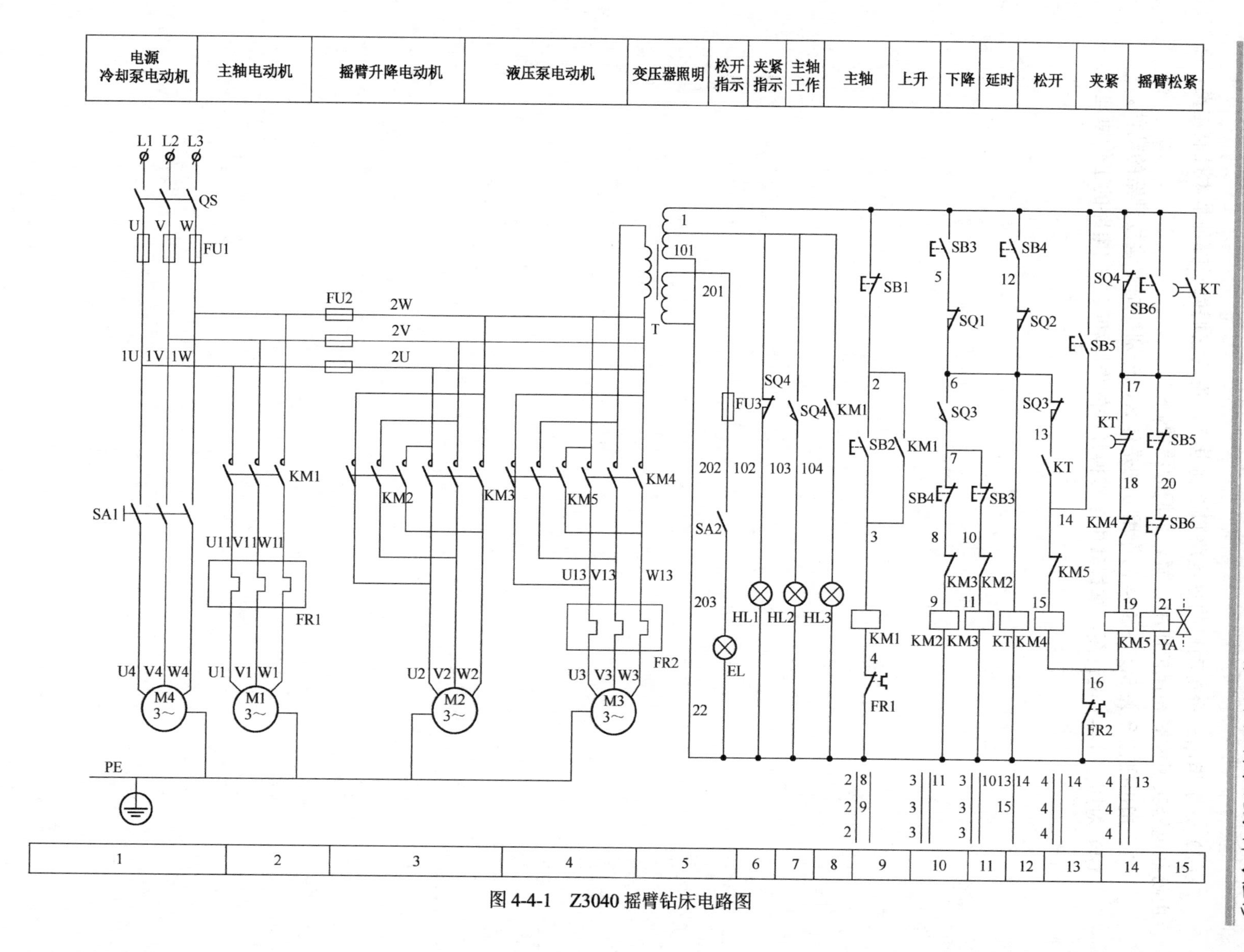

图 4-4-1　Z3040 摇臂钻床电路图

（2）分别指出三台电动机的主电路和控制电路，说明它们属于哪种基本控制电路，各由哪些电器实现控制和保护作用，简述它们的原理。

（3）指出限位开关 SQ1～SQ4 的作用分别是什么，分别控制哪些接触器的动作。

（4）对照图 4-4-1 电路图，掌握其中各转换开关的作用和其控制电路的工作原理。

项目五　Z30100 摇臂钻床的 PLC 改造

5.1　项目导航（思维导图）

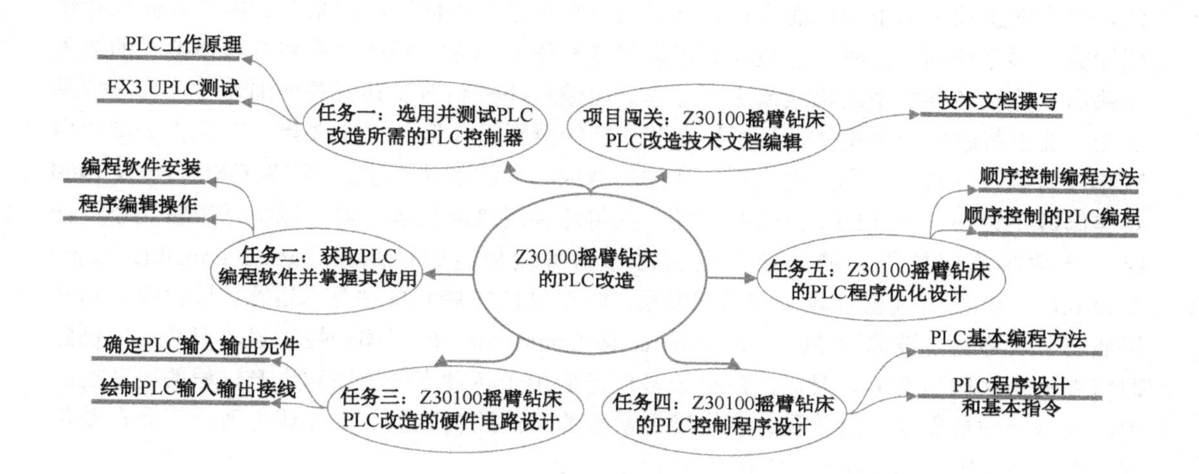

5.2　任务一：选用并测试 PLC 改造所需的 PLC 控制器

技术部要对车间的一台 Z30100 钻床进行技术升级，将原来的继电器控制系统改为 PLC 控制，需要联系供货商，选择一台能够满足技术改造参数要求的 PLC，并要求现场简单测试 PLC 控制器，确保能正常使用。

有 的 放 矢

（1）认识 PLC、编程电缆及了解相关的型号设置。
（2）了解 PLC 基本参数要求。
（3）了解 PLC 的工作原理、产品分类、基本功能和特点。
（4）能连接 PLC 的电源，并能进行简单的功能测试。

（5）能识别输入输出 I/O 点数，并能通过观察指示灯判别输入输出的状态。

聚沙成塔

知识卡 1：可编程序控制器（★★☆）

可编程序控制器是在继电器控制和计算机技术的基础上逐渐发展起来的，以微处理器为核心，集微电子技术、自动化技术、计算机技术、通信技术为一体，以工业自动化控制为目标的新型控制装置。国际电工委员会（IEC）于 1987 年颁布的可编程序控制器标准草案第 3 稿中对可编程序控制器定义如下："可编程序控制器是一种数字运算操作的电子系统，专为在工业环境下应用而设计。它采用可编程序的存储器，用来在其内部存储执行逻辑运算、顺序控制、定时、计数和算术运算等操作的指令，并通过数字式和模拟式的输入和输出，控制各种类型的机械或生产过程。可编程序控制器及其有关外围设备，都应按易于与工业系统联成一个整体，易于扩充其功能的原则设计"。在 1968 年，首先由美国通用汽车公司（GM）从用户角度提出新一代控制器应具备的条件（历史上称为 GM 十条），1969 年美国数字设备公司（DEC）研制成功，并将这种用来取代继电器，以执行逻辑判断、计时、计数等顺序控制功能的新型控制器称为可编程逻辑控制器（Programmable Logic Controller，PLC），随着计算机技术的发展，PLC 功能扩展到各种算术运算、过程控制和网络通信，名称随之被称为 PC（Programmable Controller）即可编程控制器，但是人们仍然习惯性地将其称为 PLC。目前，PLC 已被广泛应用于各种生产机械和生产过程的自动控制中，成为一种最重要、最普及、应用场合最多的工业控制装置，被公认为现代工业自动化的三大支柱（PLC、机器人、CAD/CAM）之一。

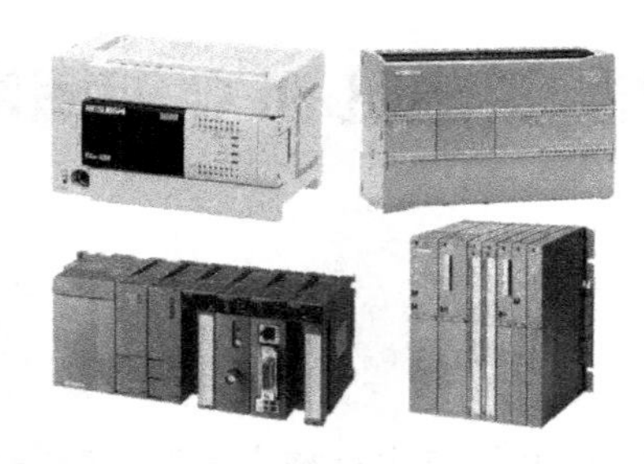

图 5-2-1　常用 PLC 实物图

知识卡 2：PLC 作用和特点（★☆☆）

1. PLC 控制系统的特点

PLC 由于其可靠、安全、灵活、方便、经济，在各行各业广泛应用。具体而言具有以下特点。

（1）可靠性高、抗干扰能力强。硬件方面：PLC 的 I/O 通道采用光电隔离，有效地抑制了外部干扰源对 PLC 的影响；对供电电源及线路采用多种形式的滤波，从而消除或抑制了高频干扰；对 CPU 等重要部件采用良好的导电、导磁材料进行屏蔽，以减少空间电磁干扰；对有些模块设置了连锁保护、自诊断电路等。软件方面：PLC 采用扫描工作方式，减少了由于外界环境干扰引起的故障；在 PLC 系统程序中设有故障检测和自诊断程序，能对系统硬件电路等故障实现检测和判断；当由外界干扰引起故障时，能立即将当前重要信息加以封存，禁止任何不稳定的读写操作，一旦外界环境正常后，便可恢复到故障发生前的状态，继续原来的工作。因此 PLC 的平均无故障时间可达几十万个小时。

（2）编程简单、使用方便。大多数 PLC 采用的编程语言是图形化的编程语言，如梯形图和顺序功能图等。梯形图语言是一种面向生产、面向用户的编程语言。梯形图与电气控制线路图相似，形象、直观，不用掌握计算机知识，很容易让广大工程技术人员掌握。顺序功能图根据设备工作流程图演化而来，非常直观，使用方便、灵活。PLC 还针对具体工业问题，设计了各种专用编程指令及编程方法，进一步简化了编程。这是 PLC 获得普及和推广的主要原因之一。

（3）功能完善、通用性强。现代 PLC 不仅具有逻辑运算、定时、计数、顺序控制等功能，而且还具有 A/D 和 D/A 转换、数值运算、数据处理、PID 控制、通信联网等许多功能。同时，由于 PLC 产品的系列化、模块化，有品种齐全的各种硬件装置供用户选用，可以组成满足各种要求的控制系统。

（4）设计安装简单、维护方便。由于 PLC 用软件代替了传统电气控制系统的硬件，控制柜的设计、安装接线工作量大为减少。PLC 的用户程序大部分可在实验室进行模拟调试，缩短了应用设计和调试周期。在维修方面，由于 PLC 的故障率极低，维修工作量很小；而且 PLC 具有很强的自诊断功能，如果出现故障，可根据 PLC 上指示或编程器上提供的故障信息，迅速查明原因，维修极为方便。

（5）体积小、重量轻、能耗低。由于 PLC 采用了集成电路，其结构紧凑、体积小、能耗低，因而是实现机电一体化的理想控制设备。

2. PLC 的分类及应用领域

PLC 产品种类繁多，其规格和性能也各不相同，选用 PLC 前，必须了解 PLC 的分类和应用领域。根据 PLC 的结构形式，可将 PLC 分为整体式和模块式两类，按 PLC 的 I/O 点数的多少，可将 PLC 分为小型、中型和大型三类，按 PLC 所具有的功能不同，可将 PLC 分为低档、中档、高档三类。一般而言 PLC 功能的强弱与其 I/O 点数的多少是成正比关系的，功能越强的 PLC，可配置的 I/O 点数越多，因此小型、中型、大型 PLC 与低档、中档、高档 PLC 基本对应，一般而言，小微型 PLC 一般是整体式，中大型 PLC 一般是模块式。

整体式 PLC 是将电源、CPU、I/O 接口等部件都集中装在一个机箱内，具有结构紧凑、体积小、价格低的特点，如图 5-2-2 所示。整体式 PLC 为了方便扩展，衍生出叠装式 PLC，由基本单元和扩展单元通过扁平电缆连接，使其功能得以扩展。基本单元（又称主机）内有 CPU、I/O 接口、编程器接口以及与 I/O 扩展单元相连的扩展口等。扩展单元内只有 I/O 和电源等，没有 CPU，不能单独使用，扩展单元一般为特殊功能单元，如模拟量单元、位置控制单元等。

模块式 PLC 是将 PLC 各组成部分分别作为若干个单独的模块，如 CPU 模块、I/O 模块、电源模块（有的含在 CPU 模块中）以及各种功能模块，如图 5-2-3 所示。各功能模块通过插装在框架或基板（类似计算机的主板）上组成一台 PLC。模块式 PLC 可根据需要选配不同规模的系统，配置灵活，装配方便，便于扩展和维修。

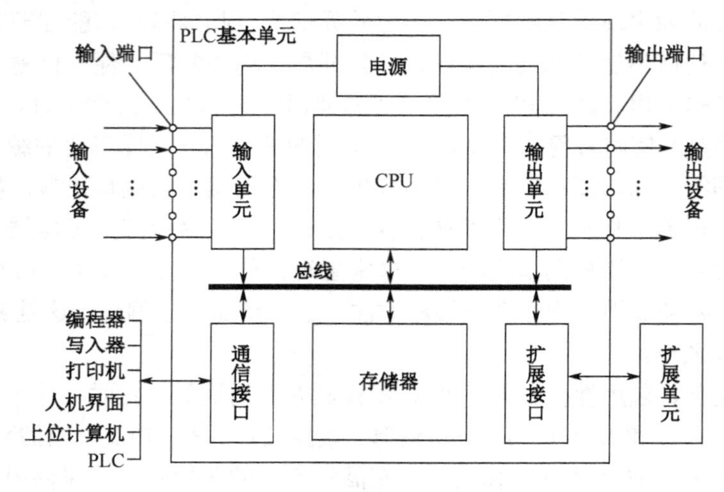

图 5-2-2　整体式 PLC 组成框图

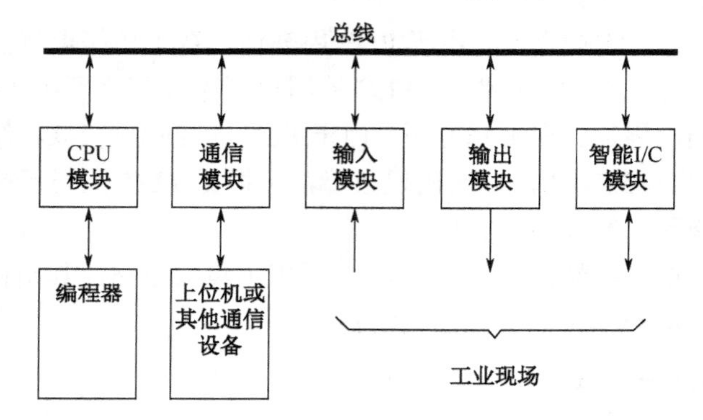

图 5-2-3　模块式 PLC 组成框图

小型 PLC 一般指 I/O 点数小于 256 点的 PLC，其中，I/O 点数小于 64 点的为微型 PLC；中型 PLC 的 I/O 点数为 256 点以上、2048 点以下；大型 PLC 的 I/O 点数为 2048 点以上，其中 I/O 点数超过 8192 点的为超大型 PLC。

一般的小微型 PLC 为低档 PLC，具有逻辑运算、定时、计数、移位以及自诊断、监控等基本功能，部分还具有少量的模拟量输入/输出、算术运算、数据传送和比较、通信等功能。主要用于逻辑控制、顺序控制或少量模拟量控制的单机控制系统。如 FX2N、S7-200 系列 PLC 等。

一般的中型 PLC 为中档 PLC，除具有低档 PLC 的功能外，还具有较强的模拟量输入/输出、算术运算、数据传送和比较、数制转换、远程 I/O、子程序、通信联网等功能。有些还可增设中断控制、PID 控制等功能，适用于复杂控制系统。如 CP1H 系列、S7-300 系列 PLC 等。

一般大型 PLC 为高档 PLC，除具有中档机的功能外，还增加了带符号算术运算、矩阵运算、位逻辑运算、平方根运算及其他特殊功能函数的运算、制表及表格传送功能等。高档 PLC 具有更强的通信联网功能，可用于大规模过程控制或构成分布式网络控制系统，实现工厂自动化。如 Q 系列、S7-400 系列 PLC 等。

知识卡 3：PLC 的结构组成（★☆☆）

PLC 本质上也是一台特殊的计算机，因此 PLC 的基本组成与一般的微机系统类似。主要由中央处理器（CPU）、存储器、输入单元、输出单元、通信接口、扩展接口及电源等部分组成。PLC 的核心是中央处理器单元 CPU，输入单元与输出单元是连接现场输入/输出设备与 CPU 的接口电路，通信接口用于与编程器、上位计算机等外设连接。

1. 中央处理单元（CPU）

小型 PLC 大多采用 8 位通用微处理器和单片微处理器，一般为单 CPU 系统；中型 PLC 大多采用 16 位通用微处理器或单片微处理器；大型 PLC 大多采用高速位片式微处理器，中、大型 PLC 大多为双 CPU 系统。双 CPU 系统中，主处理器为字处理器，一般采用通用 8 位或 16 位处理器，用于执行编程器接口功能，监视内部定时器，监视扫描时间，处理字节指令以及对系统总线和位处理器进行控制等；从处理器为位处理器，一般是各厂家设计制造的专用芯片，用于处理位操作指令和实现 PLC 编程语言向机器语言的转换，位处理器的采用提高了 PLC 的速度，使 PLC 更好地满足实时控制要求。CPU 的主要功能如下。

（1）自我诊断。检查电源、PLC 内部电路的工作故障和程序的语法错误等。

（2）接收数据。接收从编程器输入的用户程序和数据，以及从输入接口接收现场的状态或数据，并存入输入映像寄存器或数据寄存器中。

（3）执行程序。从存储器逐条读取用户程序，经过解释后执行。

（4）输出数据。根据执行的结果，更新有关标志位的状态和输出映像寄存器的内容，通过输出单元实现输出控制。有些 PLC 还具有制表、打印或数据通信等功能。

2. 存储器和 PLC 的软件组成

存储器是 PLC 软件系统存储的地方。一种是可读/写的随机存储器 RAM（类似于计算机的内存），另一种是只读存储器 ROM、PROM、EPROM 和 EEPROM（类似于计算机的硬盘）。

PLC 的软件包括系统程序、用户程序及工作数据，其功能如下。

系统程序是由 PLC 的制造厂家编写的，和 PLC 的硬件组成有关，完成系统诊断、命令解释、功能子程序调用管理、逻辑运算、通信及各种参数设定等功能，提供 PLC 运行的平台。系统程序由制造厂家直接固化在只读存储器中，用户不能访问和修改。系统程序一般包括系统诊断程序、输入处理程序、编译程序、信息传送程序、监控程序等。

用户程序是随 PLC 的控制对象而定的，由用户根据对象生产工艺的控制要求而编制的应用程序。为了便于读出、检查和修改，用户程序一般存于 CMOS 静态 RAM 中，用锂电池作为后备电源，以保证掉电时不会丢失信息。为了防止干扰对 RAM 中程序的破坏，当用户程序确定后，可将其固化在只读存储器 EPROM 中，现在有许多 PLC 直接采用 EEPROM 作为用户程序存储器。

工作数据是 PLC 运行过程中经常变化、经常存取的一些数据。存放在 RAM 中，以适应随机存取的要求。在 PLC 的工作数据存储器中，设有存放输入输出继电器、辅助继电器、定时器、计数器等逻辑器件的存储区，这些器件的状态都是由用户程序的初始设置和运行情况而确定的。根据需要，部分数据在掉电时用后备电池维持其现有的状态，这部分在掉电时可保存数据的存储区域称为掉电保持数据区。若 PLC 提供的用户存储器容量不够用，许多 PLC 还提供存储器扩展功能。

3. 输入/输出（I/O）单元

I/O 单元是 PLC 与工业生产现场之间的连接部件。由于 PLC 内部 CPU 的处理的信息只能是标准电平，I/O 接口要实现外部输入设备和输出设备所需的信号电平转换，同时 I/O 接口一般都具有光电隔离和滤波功能，以提高 PLC 的抗干扰能力。另外，I/O 接口上通常还有状态指示，工作状况直观，便于维护。I/O 接口的主要类型有：数字量（开关量）输入、数字量（开关量）输出、模拟量输入、模拟量输出等。当系统的 I/O 点数不够时，可通过 PLC 的 I/O 扩展接口对系统进行扩展。

开关量输入接口有直流输入接口、交流输入接口和交/直流输入接口三种类型，交/直流输入接口如图 5-2-4 所示。

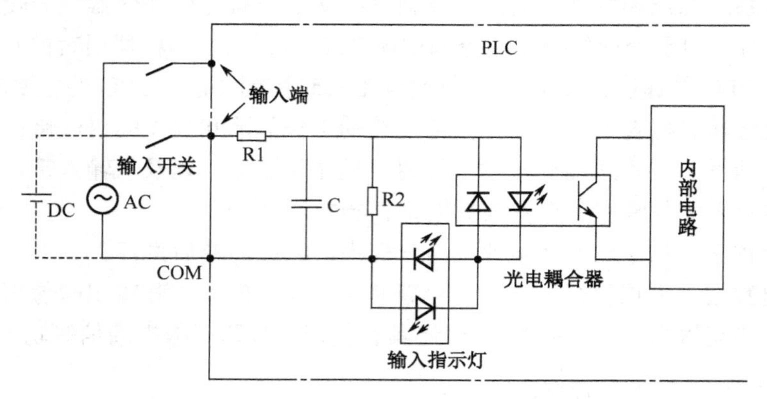

图 5-2-4　交/直流开关量输入接口

开关量输出接口有继电器输出、晶体管输出和双向晶闸管输出三种类型，其基本原理电路如图 5-2-5 所示。

继电器输出接口可驱动交流或直流负载，但其响应时间长，动作频率低；而晶体管输出和双向晶闸管输出接口的响应速度快，动作频率高，但前者只能用于驱动直流负载，后者只能用于交流负载。

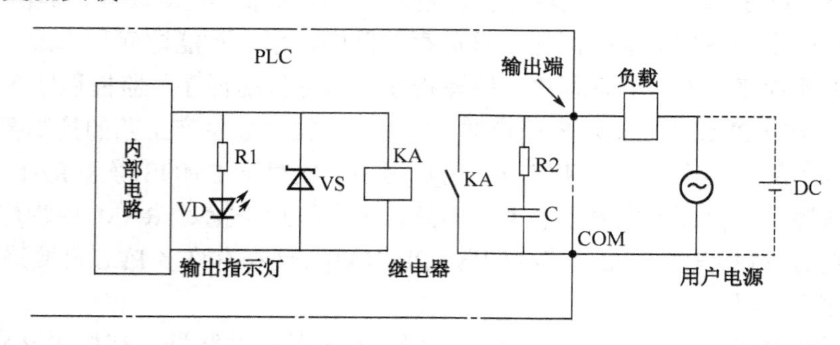

（a）继电器输出

图 5-2-5　开关量输出接口

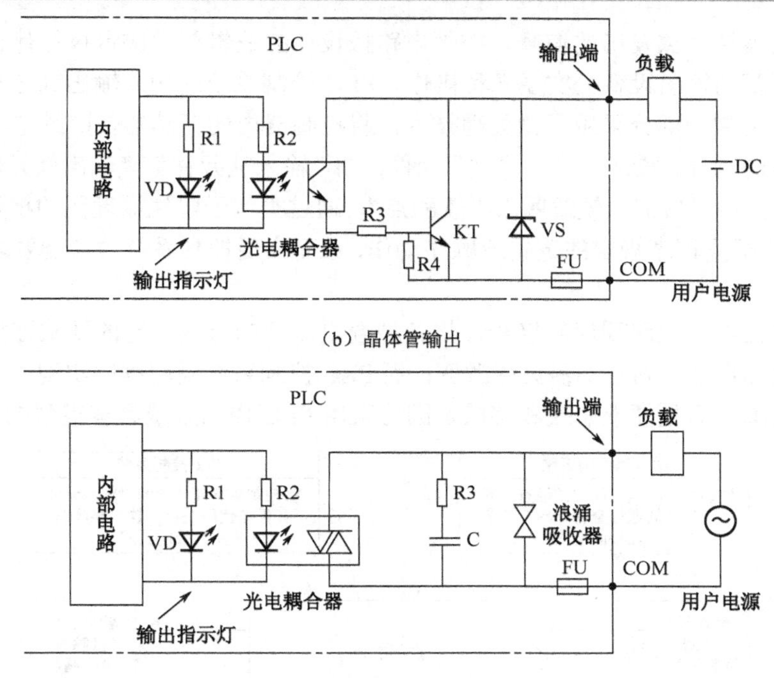

（b）晶体管输出

（c）晶闸管输出

图 5-2-5　开关量输出接口（续）

4. 通信接口和特殊功能模块

PLC 配有各种通信接口，这些通信接口一般都带有通信处理器。PLC 通过这些通信接口可与监视器、打印机、其他 PLC、计算机等设备实现通信，可以输出信息、远程监控和向上组成多级分布式控制系统，实现更大规模控制等功能。PLC 也可搭配特殊功能模块，如高速计数模块、闭环控制模块、运动控制模块等，这些模块具有独立的 CPU、系统程序、存储器以及与 PLC 系统总线相连的接口，在 PLC 主控模块的协调管理下独立地进行工作，并通过总线与主控 PLC 相连，进行数据交换。

5. 电源和其他外部设备

PLC 配有开关电源，以供内部电路使用，对电网提供的电源稳定度要求不高，同时还向外提供直流 24V 稳压电源，用于对外部传感器供电。

除了以上所述的部件和设备外，PLC 还有许多外部设备，如 PLC 编程器、EPROM 写入器、外存储器、人机接口装置等。

知识卡 4：PLC 的工作原理（★★☆）

1. PLC 与继电器控制系统的比较

继电器控制系统一般都是由输入部分、输出部分和控制部分组成，输入部分由按钮、位置开关及传感器等各种输入设备组成；控制部分是由接触器、继电器线圈及触点构成的具有特定逻辑功能的控制电路；输出部分由接触器、电磁阀、指示灯等分断和接通电动机主电路的器件，以及电磁阀、电磁铁等驱动生产设备的各种执行元器件组成。输入部分接收操作指令及被控对象发出的信号，控制电路按设计的逻辑要求决定执行什么动作或动作的顺序，然后驱动输出设备去实现各种操作。PLC 控制系统的输入输出部分与继电器控制系统一样，只是控制部分采用了微处理技术，将控制器内的存储器仿照继电器控制系统进行了特定用途的划分，构成一个个“软”元件，如“输入软元件”、“输出软元件”、定时器、计时器等，并提供对应的“软线圈”、“软触点”，通过类似于电气原理图的梯形图程序，让这些“软元件”根据程序规定的逻辑或顺序动作，进而实现控制系统的功能要求，如图 5-2-6 所示。

由于继电器控制电路采用硬接线，将各种继电器及触点按一定的要求连接而成，所以接线复杂且故障点多，同时不易灵活改变；而 PLC 控制系统采用程序实现，不存在由于接线而产生的故障，而且便于修改和移植，因此采用 PLC 控制系统具有很强的优越性。

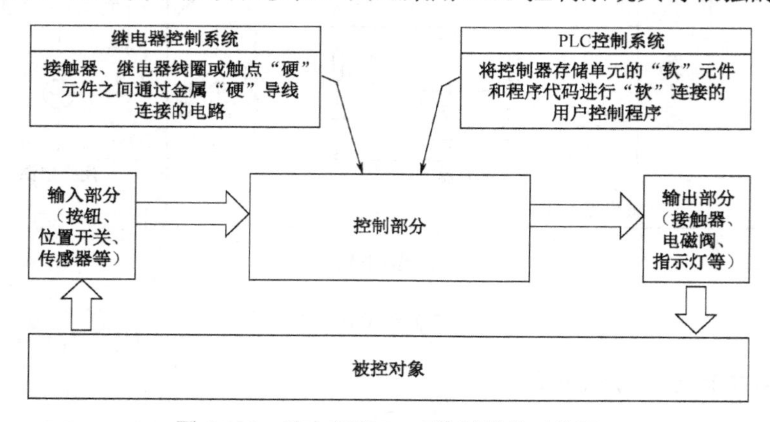

图 5-2-6　继电器和 PLC 控制系统对比图

2. PLC 控制的基本过程

输入部分如按钮、热继电器等接通状态通过 PLC 的输入端子采集，保存在输入软继电器“软线圈”中（写入输入存储器），用户程序应用这些输入继电器的“软触点”（读取输入存储器），并连通相应的输出继电器（写入输出存储器），输出继电器的“软触点”接通对应的端子，从而驱动执行电器，如图 5-2-7 所示。

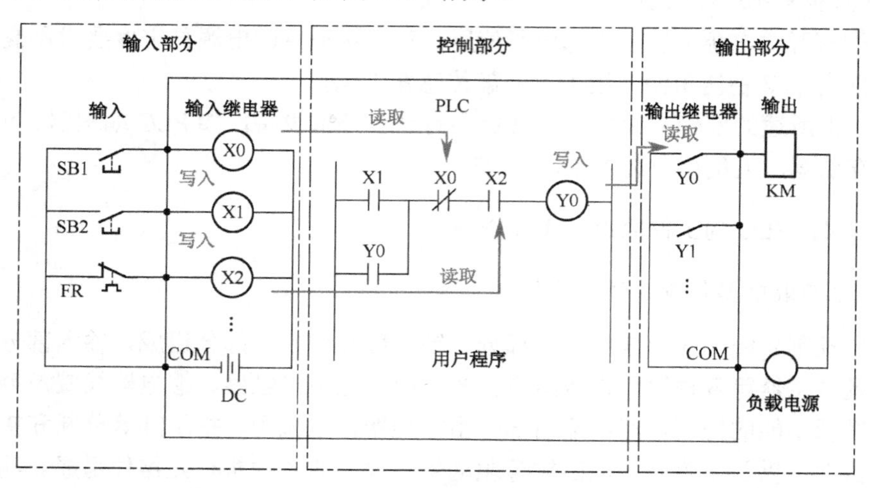

图 5-2-7　PLC 控制原理图

3. PLC的扫描工作方式

继电器控制装置采用硬导线连接的并行工作方式，即某个继电器的线圈通电或断电，那么该继电器的所有常开和常闭触点不论处在控制线路的哪个位置上，都会立即同时动作。对应PLC而言，由于CPU不可能同时执行多个操作，因此PLC是通过分时操作（串行工作）方式，一条条地按顺序执行程序，这种串行工作过程称为PLC的扫描工作方式，这种扫描从第1条程序开始，在无中断或跳转控制的情况下，按程序存储顺序的先后，逐条执行用户程序，直到程序结束。然后再从头开始扫描执行，周而复始重复运行。由于CPU的运算处理速度极快，因而PLC外部出现的结果似乎是同时（并行）完成的，因此PLC与电气控制装置在I/O的处理结果上并没有什么差别。

PLC的扫描工作过程包括内部处理、通信服务、输入采样、执行程序、输出刷新五个阶段。整个过程扫描执行一遍所需的时间称为扫描周期。扫描周期与CPU运行速度、PLC硬件配置及用户程序长短有关，典型值为1～100ms。整个扫描工作过程如图5-2-8所示。

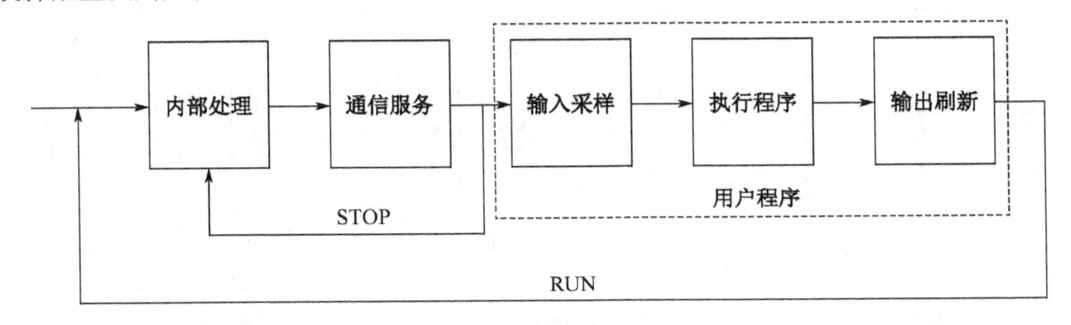

图5-2-8　扫描过程示意图

内部处理：PLC硬件自检，对监视定时器（WDT）复位，监视每次扫描是否超过规定时间，避免由于CPU内部故障使程序执行进入死循环，以及其他内部处理工作。

通信服务：与其他智能装置实现通信，如接收编程器的命令，更新编程器的显示内容等。

用户程序：输入采样阶段。PLC按顺序对所有输入端的输入状态进行采样，存入输入映像寄存器中，输入映像寄存器被刷新。采样结束后，即使输入状态变化了，输入映像寄存器的内容也不会改变，输入状态的变化只有在下一个扫描周期的输入处理阶段才能被采样到。程序执行阶段，PLC对程序按顺序进行扫描执行（若以梯形图编程，则总是按先上后下，先左后右的顺序进行）。若遇跳转指令，则根据跳转条件来决定程序是否跳转，若指令中涉及到输入、输出状态时，PLC读取输入映像寄存器和元器件映像寄存器中相应的值，进行运算，结果再存入元器件映像寄存器中。输出处理阶段。PLC将输出映像寄存器中与输出有关的状态（输出继电器状态）转存到输出锁存器中，并通过一定方式输出，驱动外部负载，如图5-2-9所示。

在一个扫描周期内，PLC对输入状态的采样只在输入采样阶段进行，其他阶段输入端将被封锁，直到下一个扫描周期的输入采样阶段才开放，即在一个扫描周期内，对输入状态只进行一次集中采样，称为集中采样。用户程序阶段中若对输出结果多次赋值，则以最后一次有效。输出刷新阶段才将输出状态从输出映像寄存器中输出，对输出接口进行刷新，在其他阶段里输出状态一直保存在输出映像寄存器中，即在一个扫描周期内，对输出状态只进行一次集中刷新，这种方式称为集中输出。

这种采用集中采样、集中输出的扫描工作方式，会使输入接口的滤波环节带来输入延迟，以及输出接口中驱动器件的动作带来输出延迟，导致输入端输入信号发生变化到 PLC 输出端对该输入变化做出反应，需要一段时间，这种现象称为 PLC 输入 / 输出响应滞后，这种响应滞后是设计 PLC 应用系统时应注意把握的一个参数。但一般工业系统应用的中小型 PLC，I/O 点数较少，用户程序较短，扫描周期极短，控制系统的实时性要求不是非常高，这种滞后是可以忽略的，并且由于 PLC 工作时大多数时间与外部输入/输出设备隔离，反倒有助于提高系统的抗干扰能力，增强系统的可靠性。对于某些采用中大型 PLC 的复杂、高实时性的控制系统，其 I/O 点数较多，控制功能强，用户程序较长，为适应较高的实时性要求，可以采用定期采样、定期输出方式，或中断输入、输出方式以及采用智能 I/O 接口等多种方式来补充。

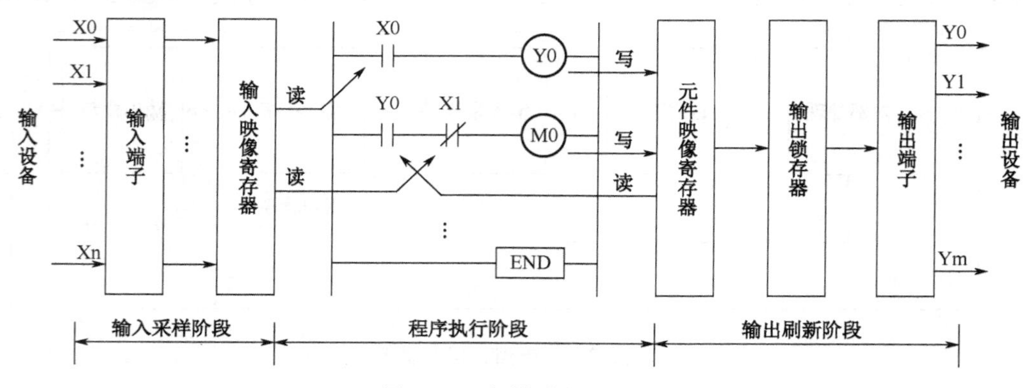

图 5-2-9　扫描过程示意图

技能卡：PLC 选用和测试（★★★）

1. PLC 的选用

步骤 1：分析控制对象工艺和功能要求，选择 PLC 类别。

本项目是 Z30100 钻床的自动化改造，单机控制，钻床进给等辅助运动均采用传统异步电动机驱动，采用 PLC 控制取代基本逻辑控制，没有运动控制、网络通信等其他特殊的控制要求，因此采用普通的小微型 PLC 即可。

步骤 2：估算控制对象的 I/O 点数，选择 PLC 产品和型号。

通过前述项目的分析可知，Z30100 钻床具有操作按钮 6 个、行程开关 6 个、转换开关 10 个，输入点数需要 22 个；接触器 11 个、指示灯 4 个，输出点数 15 个，留出点数裕量，总点数在 40～64，输入采用直流输入即可，输出采用继电器输出即可，因此可选择市面通用的小型 PLC 产品。

步骤 3：请客户或工程师推荐相关品牌。目前市面上小微型 PLC 有西门子 S7-200、三菱 FX 系列、欧姆龙 CP1H 系列以及台达、信捷等众多的国产品牌。相关产品手册可以登录官网查询。

步骤 4：根据相关产品样本手册，确定具体的产品型号。

根据上述分析，以三菱 PLC 为例，选用 FX3U 系列，输入选直流输入，输出选用继电器输出，选择具体型号为 FX3U-48MR/DS，直流 24V 电源供电，24 点直流输入、24 点继电器输出；或者选用 FX3U-48MR/ES-A，交流 100～240V，50/60Hz 电源供电，24 点直流输入、24 点继电器输出，如图 5-2-10 所示。

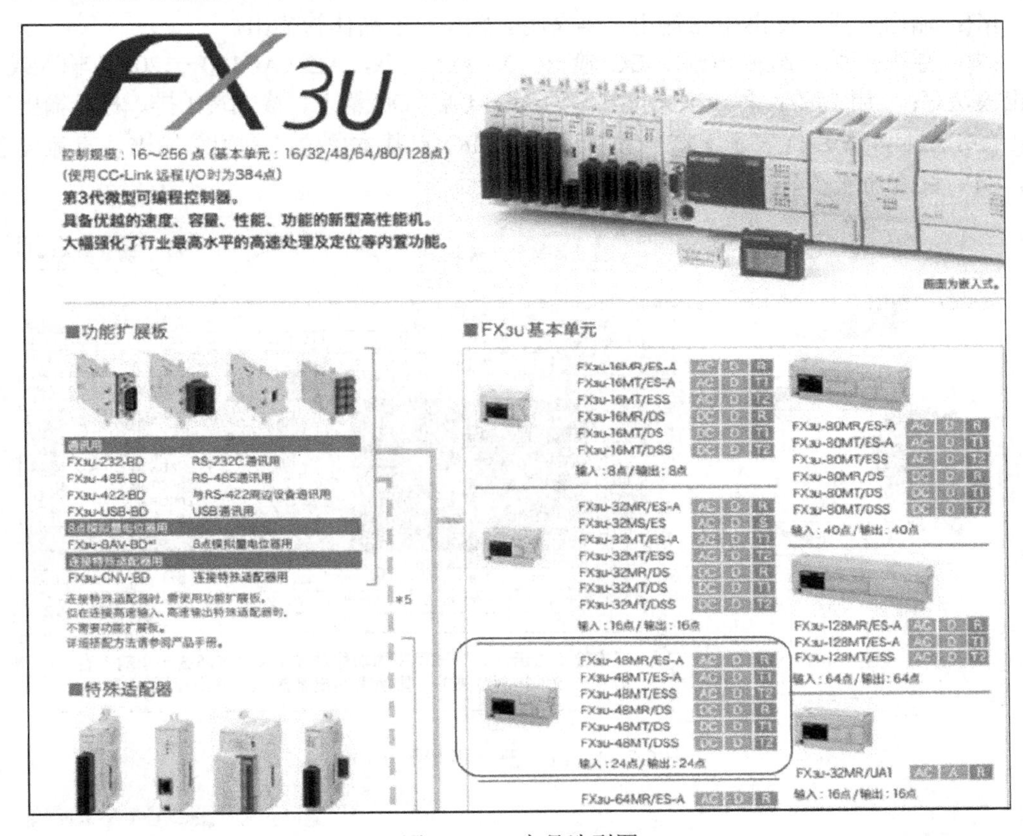

图 5-2-10　产品选型图

2. PLC 的测试

主要目的是现场测试一下 PLC 是否存在内部元器件损坏，如电源、输入输出端子是否有故障，输入输出指示灯是否正常，确保 PLC 能够正常使用，操作步骤如图 5-2-11 所示。其中 1-2 步骤检查 PLC 电源是否正常，若正常 POWER 指示灯会亮绿灯；3-5 步骤检查输入端子及指示灯是否正常，将输入端子依次搭接在 24V 电源上，对应的输入端子指示灯会亮绿灯；6-8 步骤主要测试输出端子，通过 SC-09 编程电缆连接编程计算机和 PLC（见图 5-2-12），下载测试程序（见图 5-2-13），按 8 步骤操作输入端子，观察输出端子指示灯进行测试。

知识卡：FX 系列 PLC 产品知识（★★★）

1. FX 系列 PLC 型号的含义

FX 系列 PLC 型号如下：FX[1]-[2][3][4]-[5]

含义说明如下：

[1]：子系列，如 1S\2N\3U 等 FX 子系列型号。

[2]：I/O 总点数。

[3]：单元类型：M-基本单元，E-输入输出混合扩展单元，Ex-扩展输入模块，Ey-扩展输出模块。

[4]：输出方式：R-继电器输出，S-晶闸管输出，T-晶体管输出。

[5]：特殊品种：D-DC 电源，DC 输出；A1-AC 电源，AC（AC100～120V）输入或 AC 输出模块等；如果特殊品种一项无符号，为 AC 电源、DC 输入、横式端子排、标准输出。

如 FX2N-48MS-D 表示 FX2N 系列，48 个 I/O 点基本单位，晶闸管输出，直流电源供电，24V 直流输出型。

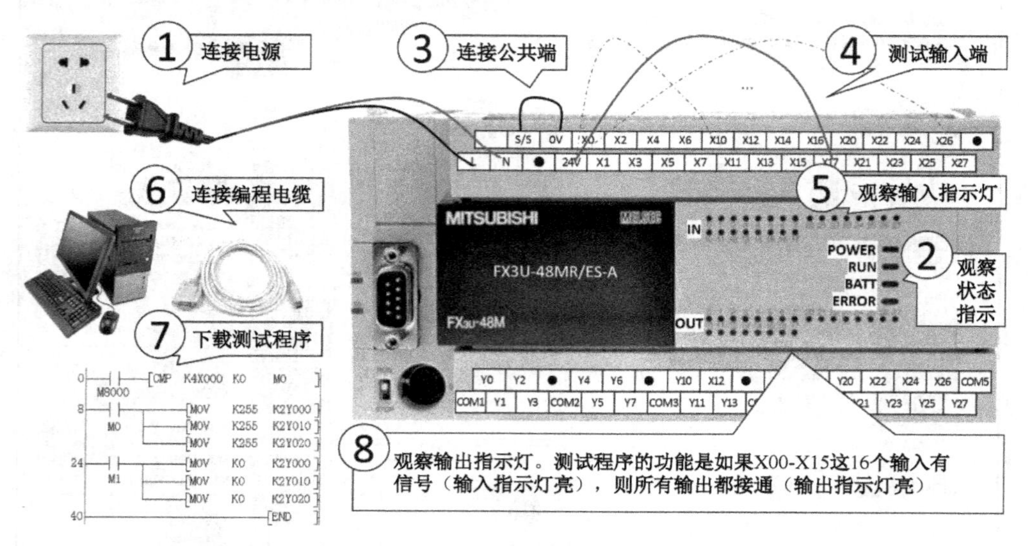

图 5-2-11　PLC 测试步骤图（1）

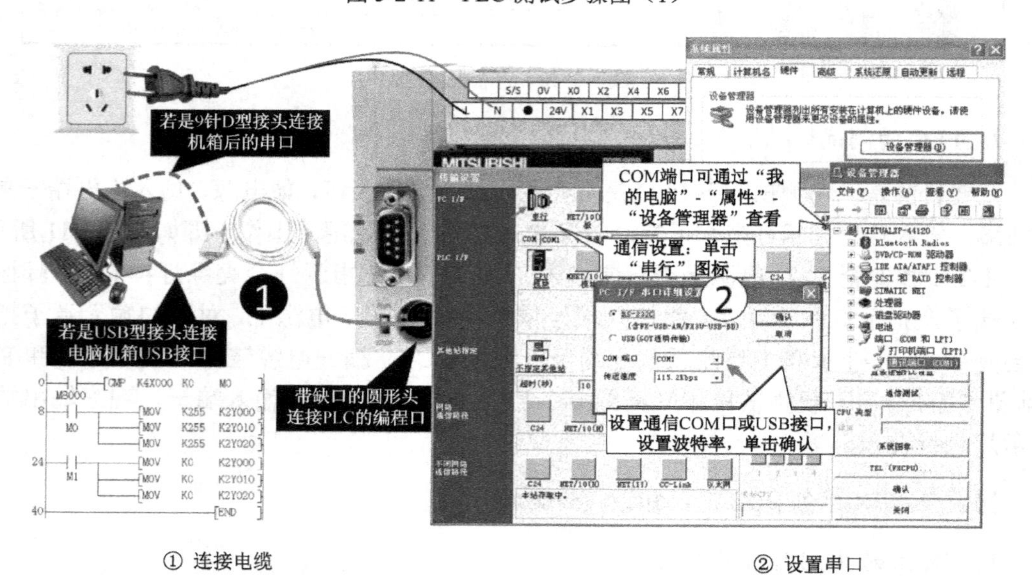

① 连接电缆　　② 设置串口

图 5-2-12　PLC 测试步骤图（2）

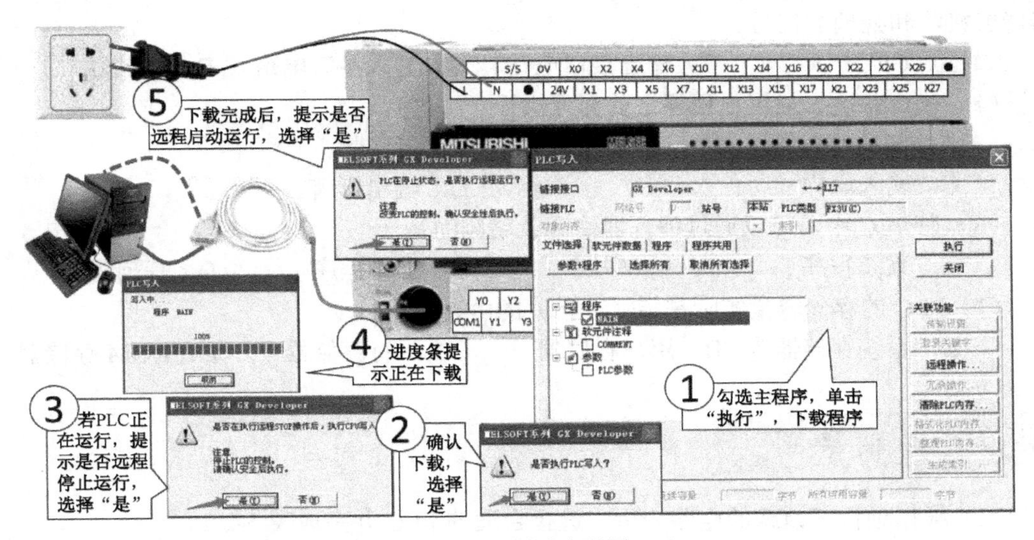

图 5-2-13　PLC 测试步骤图（3）

2. FX 系列 PLC 的硬件产品

主要有：基本单元、扩展单元、扩展模块、模拟量输入输出模块、各种特殊功能模块及外部设备等。

（1）基本单元：构成 PLC 系统的核心部件，内有 CPU、存储器、I/O 模块、通信接口和扩展接口等。如 FX0s-30MR-001、FX0s-30MT、FX2n-64MR-001、FX2n-80MT 等。

（2）I/O 扩展单元：主要用于扩展输入输出接口单元，实现 I/O 数量的扩展。如 FX0n-40ER、FX2n-48ET、FX2n-16EYR。

（3）模拟量输入输出模块：如 FX0N-3A，该模块具有 2 路模拟量输入（0～10V 直流或 4～20mA 直流）通道和 1 路模拟量输出通道；FX2N-2AD，该模块为 2 路模拟量输入。

（4）其他特殊控制模块和扩展板：如 FX2N-2LC 温度调节模块，配有 2 通道的温度输入和 2 通道晶体管输出，用于温度 PID 调节系统；脉冲输出模块 FX2N-1PG、定位控制器 FX2N-10GM 用于步进电动机和伺服电动机控制；FX2N-1HC 高速计数器模块可对上百 kHz 甚至数 MHz 的脉冲计数（如编码器的计数）等，通信扩展板 FX2N-232-BD、FX2N-485-BD 用于串口通信连接。

小试牛刀

（1）第 1 台 PLC 产生的时间是（　　）。

A．1967 年　　B．1968 年　　C．1969 年　　D．1970 年

（2）PLC 控制系统能取代继电器—接触器控制系统的部分是（　　）。

A．整体　　B．主电路　　C．接触器　　D．控制电路

（3）PLC 的核心是（　　）。

A．CPU　　B．存储器　　C．输入输出部分　　D．接口电路

（4）用户设备要输入 PLC 的各种控制信号，通过（　　）将这些信号转换成中央处理

器能够接收和处理的信号。

A．CPU　　B．输出接口电路　　C．输入接口电路　　D．存储器

（5）PLC 每次扫描用户程序之前都可执行（　　）。

A．与编程器等通信　　B．自诊断

C．输入取样　　D．输出刷新

（6）在 PLC 中，可以通过编程器修改或增删的是（　　）。

A．系统程序　　B．用户程序　　C．工作程序　　D．任何程序

（7）PLC 的存储容量实际是指（　　）的内存容量。

A．系统存储器　　B．用户存储器　　C．所有存储器　　D．ROM 存储器

大显身手

（1）根据项目三镗床的电路分析，选择合适的 PLC 并完成表 5-2-1。

表 5-2-1　PLC 配置表

输入元器件类别	数量（个）	电源性质（交流/直流）	
输出元器件类别	数量（个）	电源性质（交流/直流/晶闸管）	
I/O 总数：			
PLC 供电电源采用：			

（2）根据上述 I/O 分析，你选择的 PLC 具体型号是（优先选用三菱品牌）＿＿＿＿＿。

（3）网络检索：FX 系列 PLC 命名规则。如 FX-3U48MT-D 中字母的含义分别表示什么意义？

（4）网络检索：FX 系列 PLC 除了 FX3U 系列还有哪些系列产品？FX 系列 PLC 还有哪些扩展模块？（不包括本书前所述及的产品或模块的信号）

点石成金

PLC 机型选择的基本原则是在满足功能要求及保证可靠、维护方便的前提下，力求最佳的性能价格比。主要考虑 PLC 的机型、容量、I/O 模块、电源模块、特殊功能模块、通信联网能力以及合理的结构形式、安装方式的选择、响应速度要求、系统可靠性、机型尽量统一等因素。

（1）合理的结构形式，可选择整体式、模块式或是叠装式。整体式体积较小、经济，适用于工艺固定的小型控制系统如单机控制系统；模块式功能扩展灵活方便（如 I/O 点数、

模块的种类)，便于选用、维修，用于较复杂的控制系统。

（2）安装方式的选择。可选择集中式、远程 I/O 式以及多台 PLC 联网的分布式。集中式简单、系统反应快、成本低；远程 I/O 式适用于装置分布范围大的大型系统，多台 PLC 联网的分布式适用于多台设备分别独立控制，又要相互联系的场合，须附加通信模块。

（3）功能选择。一般小型（低档）PLC 具有逻辑运算、定时、计数等功能，对于只需要开关量控制的设备都可满足；对于以开关量控制为主，带少量模拟量控制的系统，可选用能带模拟量输入输出单元，具备加减算术运算、数据传送功能的增强型低档 PLC。控制较复杂，要求实现 PID 运算、闭环控制、通信联网等功能时，可视控制规模大小及复杂程度，选用中档或高档 PLC。

（4）其他要求。

冗余要求：对于一般系统 PLC 的可靠性均能满足，对可靠性要求很高的系统，应考虑是否采用冗余系统或热备用系统。

机型尽量统一：便于备品备件的采购和管理，其功能和使用方法类似，便于技术力量的培训和技术水平的提高，易于联网通信，便于升级为多级分布式控制系统。

5.3　任务二：获取 PLC 编程软件并掌握其使用

抛砖引玉

由于 PLC 主要靠程序来实现具体的功能，程序的编辑、修改和调试需要编程器，现在的 PLC 都是通过安装了编程软件的个人计算机来实现这些操作。这在上个任务的时候我们已经有所接触了。那么 PLC 的编程软件怎么安装，程序如何编辑呢？实习生小明在供货商处拿到了相关程序安装文件，现在他被要求在公司的计算机上安装软件并掌握程序的编辑和调试方法。

有的放矢

（1）掌握 PLC 编程软件的获取、安装、卸载等基本能力。

（2）学会应用 PLC 编程软件 GX Works2 进行程序编辑操作。

（3）学会应用 PLC 编程软件 GX Works2 完成程序的逻辑功能测试。

（4）掌握通过网络获取相关资源的能力。

聚沙成塔

知识卡 1：PLC 的编程装置（★★☆）

编程装置的作用是编辑、调试、输入用户程序，也可在线监控 PLC 内部状态和参数，与 PLC 进行人机对话。它是开发、应用、维护 PLC 不可缺少的工具。编程装置可以是专用编程器，也可以是配有专用编程软件包的通用计算机系统。专用编程器由 PLC 厂家生产，专供该厂家生产的某些 PLC 产品使用，它主要由键盘、显示器和外存储器接口等部件组成。如专用简易型编程器只能联机编程，不能直接输入和编辑梯形图程序，须将梯形图程序转化为指令表程序才能输入。但是简易编程器体积小、价格便宜，可以直接插在 PLC 的编程插座上，或者用专用电缆与 PLC 相连，方便编程和调试。有些简易编程器带有存储盒，可用来储存用户程序，如三菱的 FX-20P-E 简易编程器。现在的趋势是使用以个人计算机为基础的编程装置，用户只要购买 PLC 厂家提供的编程软件和相应的硬件接口装置即可。它既可以编制、修改 PLC 的梯形图程序，又可以监视系统运行、打印文件、系统仿真等。配上相应的软件还可实现数据采集和分析等许多功能。三菱 PLC 的编程器如图 5-3-1 所示。

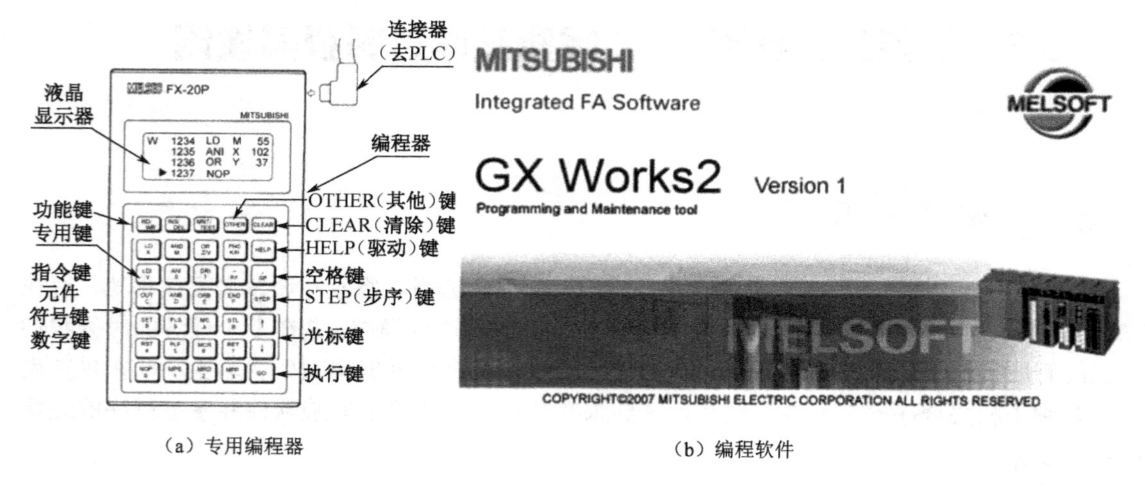

（a）专用编程器　　（b）编程软件

图 5-3-1　三菱 PLC 的编程装置

技能卡 1：PLC 编程软件的获取（★★★）

推荐通过三菱电机自动化中国分公司官网获取。网络搜索进入三菱电机自动化官网，选择“技术服务”→“资料下载”→“软件下载”，类别选择“控制器”，即可搜索到“GX Works2”软件，单击右侧查看，即可进入下载界面。

提示：下载页可以免费获取软件序列号，要求提交个人相关信息，同时下载软件之前要免费注册。当然也可以通过其他工控论坛等途径获取编程软件和序列号，这里不再详述，如图 5-3-2 所示。

技能卡 2：编程软件的安装（★★★）

步骤 1：解压安装包，双击“Setup.exe”安装文件，提示关闭其他应用程序，选择“是”。
步骤 2：进入安装界面，选择“下一步”继续。
步骤 3：选择安装目标文件夹，可以根据需要更改目录，选择“下一步”继续。
步骤 4：填写序列号等信息，选择“下一步”继续。

图 5-3-2　编程软件获取图

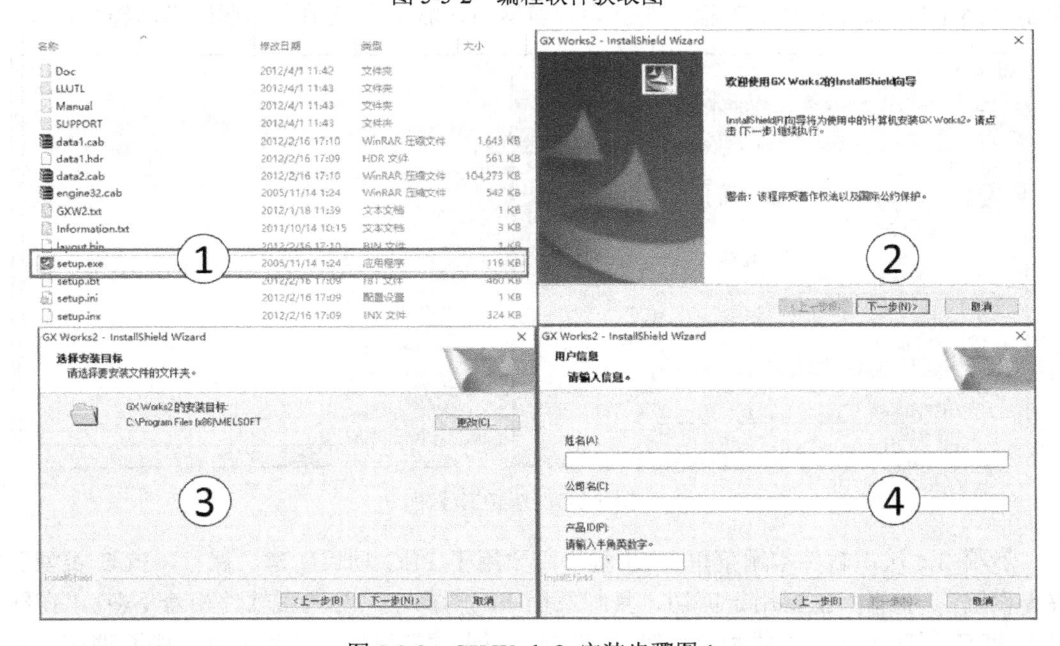

图 5-3-3　GX Works2 安装步骤图 1

步骤 5：自动安装主程序、通用组件 1、2、3。自动组成 USB 驱动。

步骤 6：显示 LCPU 记录设置工具安装手册，默认选择即可。

步骤 7：在安装结束界面，单击“结束”完成安装。

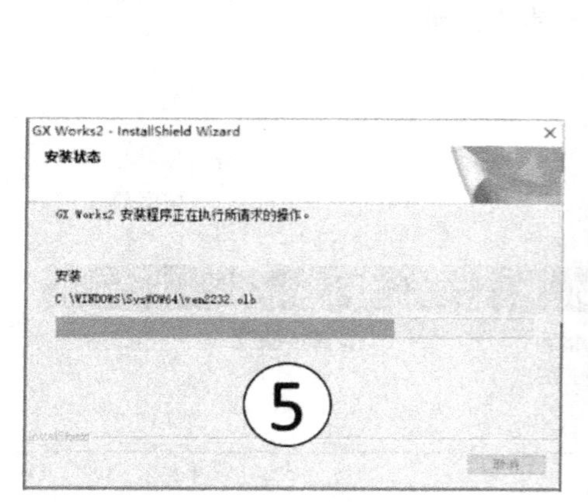

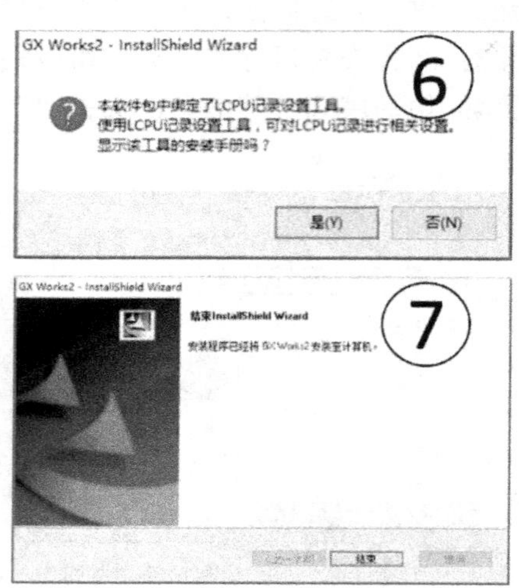

图 5-3-4　GX Works2 安装步骤图 2

技能卡 3：建立一个系统启停控制程序（★★★）

任何一个系统都有基本的启停控制要求，具体如下：按下启动按钮（SB1），系统启动并保持运行（采用输出寄存器 Y0 作为系统运行指示灯，Y0 得电的时候表示系统启动，失电表示系统关闭），按下停止按钮（SB2），系统关闭。下面来完成这个简单的程序设计。

步骤 1：选择新建工程，选择 PLC 系列为“FXCPU”，PLC 类型选择“FX3U/FX3UC”，单击“确定”，新建一个空工程。左侧为导航窗口，右侧白色地方为程序编辑窗口。

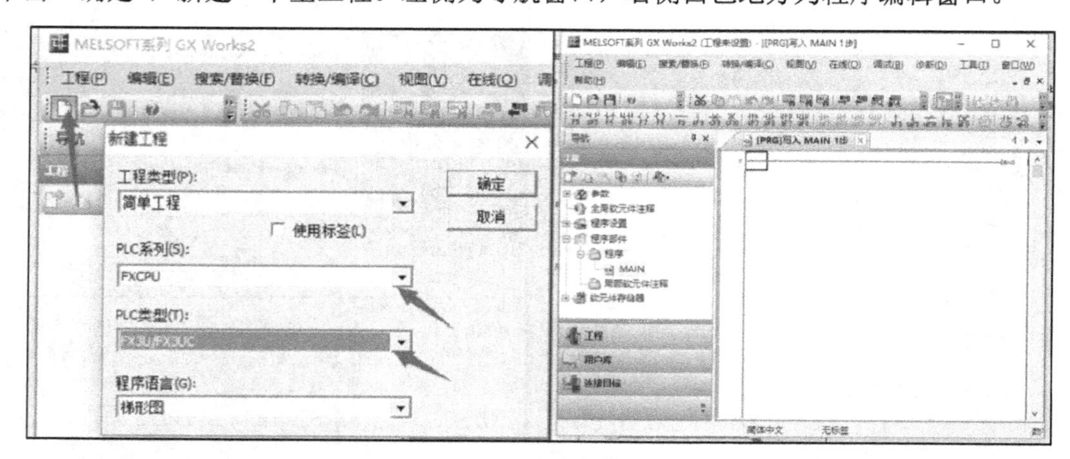

图 5-3-5　新建工程图

步骤 2：认识软件常用菜单。“工程”主要用于 PLC 项目新建、保存，PLC 类型及模块等设置；“编辑”主要用于剪切、复制及程序编辑操作，与通用软件相差不多；“在线”用于 PLC 程序上传、下载和监视等；“调试”用于模拟测试、单步调试、中断调试、强制输入等。

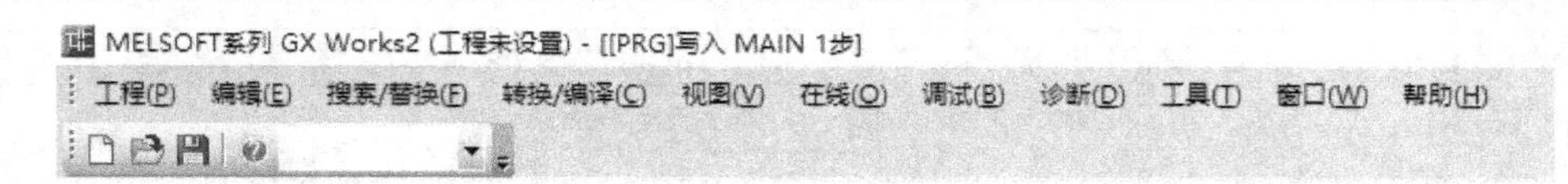

图 5-3-6　菜单图

步骤 3：认识常用工具栏。“程序通用”工具栏用于程序剪切、复制，软元件、指令等的搜索，程序上传、下载及运行监视和模拟调试等功能。“梯形图”工具栏用于梯形图程序编辑，程序注释编辑，程序查看、编辑和监视模式的切换等。

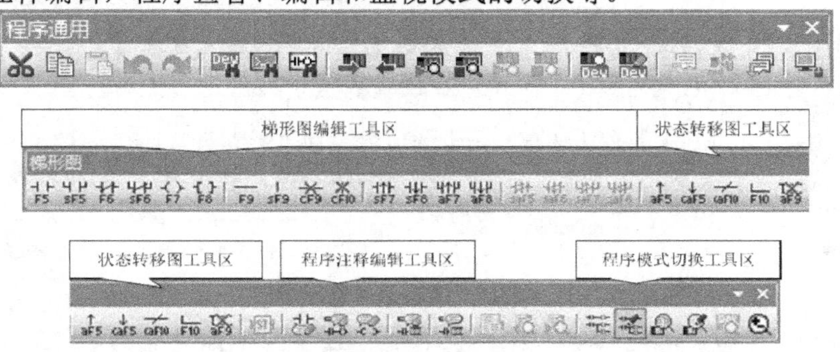

图 5-3-7　常用工具栏

步骤 4：编辑 PLC 启停控制程序。鼠标单击将光标□（蓝色矩形框）放到左上角标号“0”程序开始的地方，鼠标单击梯形图工具栏中的常开触点，出现一个梯形图输入对话框，在中间空白处填入“X0”，如图 5-3-8 所示，单击“确定”后在白色程序编辑窗口生成一个梯形图，如图 5-3-9 所示。按照这个方式，参照图 5-3-10、图 5-3-11 完成程序的编辑，得到图 5-3-12 的梯形图程序。按“F4”或者选择菜单命令“转换/编译”→“转换”，完成梯形图的编译，梯形图程序背景变为白色，完成程序编辑，如图 5-3-13 所示。

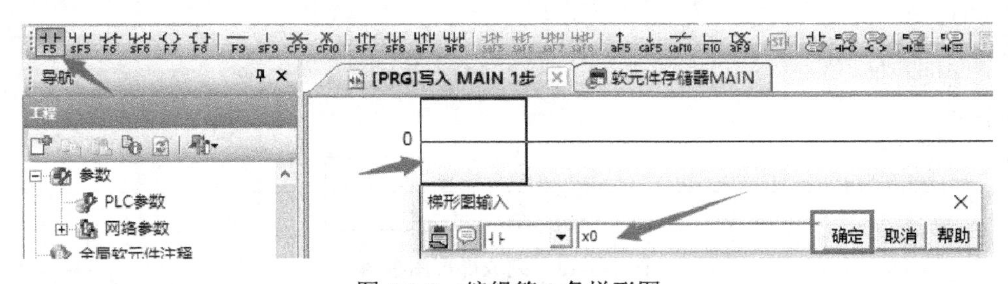

图 5-3-8　编辑第 1 条梯形图

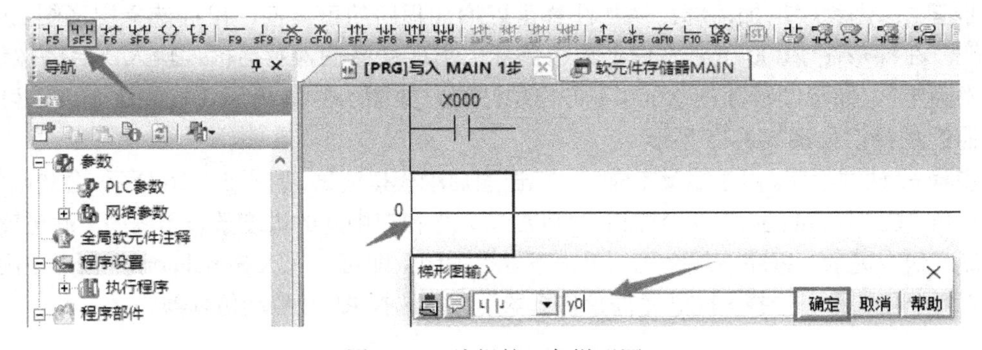

图 5-3-9　编辑第 2 条梯形图

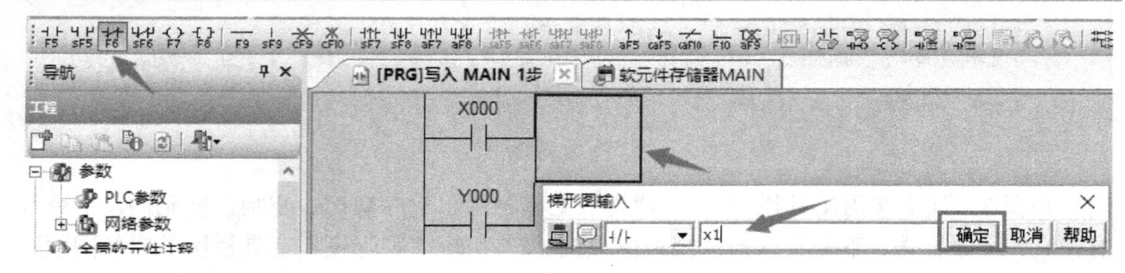

图 5-3-10　编辑第 3 条梯形图

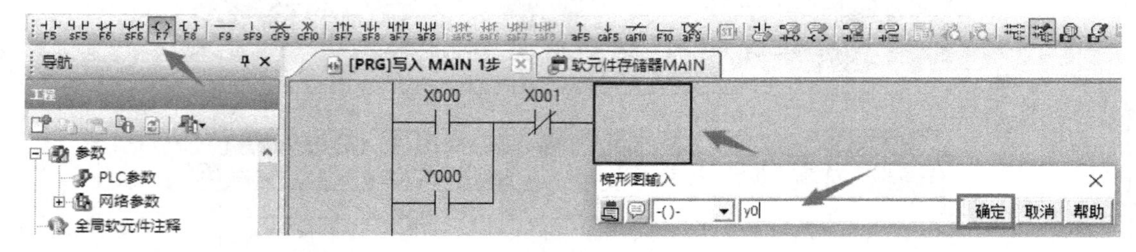

图 5-3-11　编辑第 4 条梯形图

图 5-3-12　编辑第 5 条梯形图

图 5-3-13　完成梯形图编辑

步骤 5：为程序增加注释。增加注释可以增加程序的可读性，鼠标选择梯形图 X000，单击，在梯形图 X000 下方空白处单击鼠标，出现注释输入对话框，输入“启动按钮”，单击“确定”，梯形图程序的 X000 下方出现注释，如图 5-3-14 所示。按照这个方法可以完成其他的注释，如图 5-3-15 所示。

步骤 6：调试程序。程序编辑完成后，单击启动模拟调试，如图 5-3-16 所示。会弹出“PLC 写入”和“GX Simulator2”两个窗口。“PLC 写入”窗口中间的进度条表示程序下载进度，中间是下载状态提示，程序下载完成，单击下方“关闭”即可。“GX Simulator2”窗口中间开关框中有两个复选框，选择 STOP 将停止仿真器运行，选择 RUN 启动仿真器。

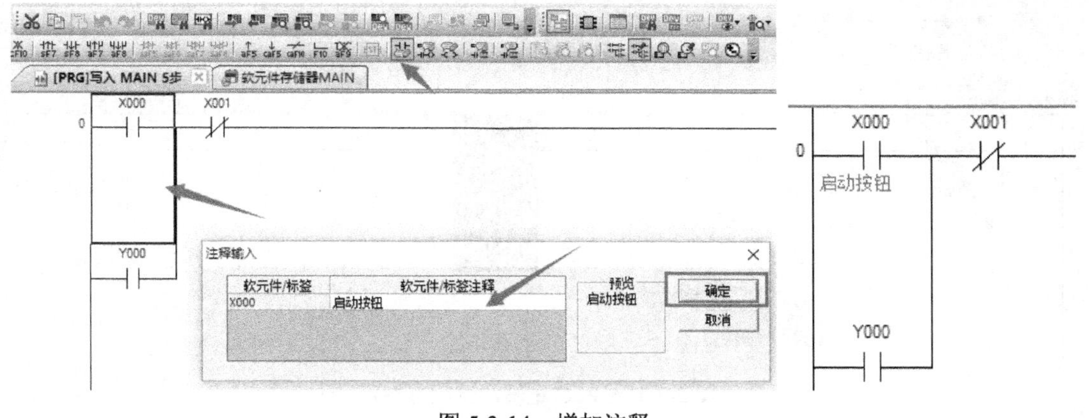

图 5-3-14　增加注释

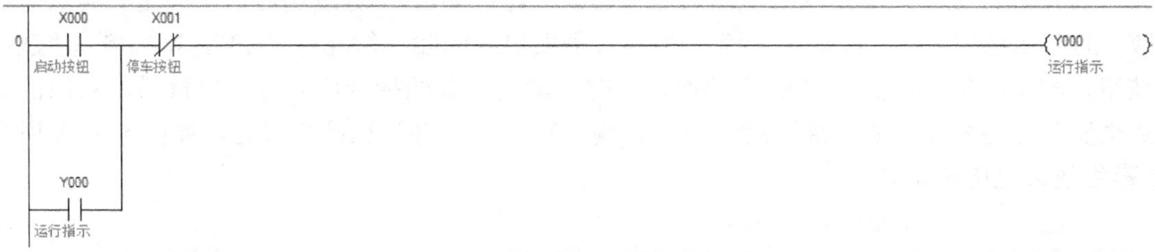

X000　X001
启动按钮　停车按钮
Y000
运行指示
Y000
运行指示

图 5-3-15　完成注释编辑

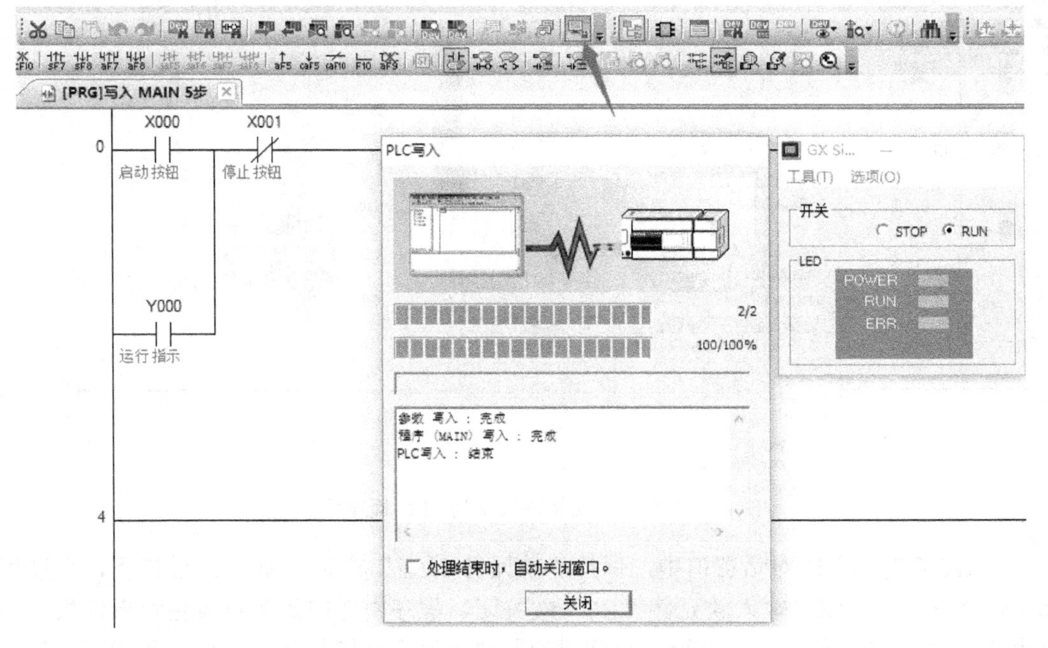

图 5-3-16　启动 PLC 逻辑测试

仿真器启动后 PLC 模拟运行，其中仿真器窗口的“RUN”指示灯变绿，PLC 程序窗口自动变为“监视模式”，图标被点亮，同时程序中被接通的触点显示蓝色背景，不接通的没有蓝色背景，光标的位置也变为实心蓝色矩形框，如图 5-3-17 所示（彩色效果见电子课件）。

图 5-3-17　PLC 逻辑测试状态指示

要仿真，必然会涉及到改变输入信号的值，通过单击更改当前值，弹出“当前值更改”的对话窗口，在“软元件/标签”栏输入需要更改的输入软元件“X0”，鼠标单击“ON”按钮，即可将输入软元件“X0”接通，此时，输出线圈的括号后面有蓝色背景，对应的触点也变为蓝色背景，表示通过程序执行，输出软元件“Y0”已经被接通，如图 5-3-18 所示（彩色效果见电子课件）。

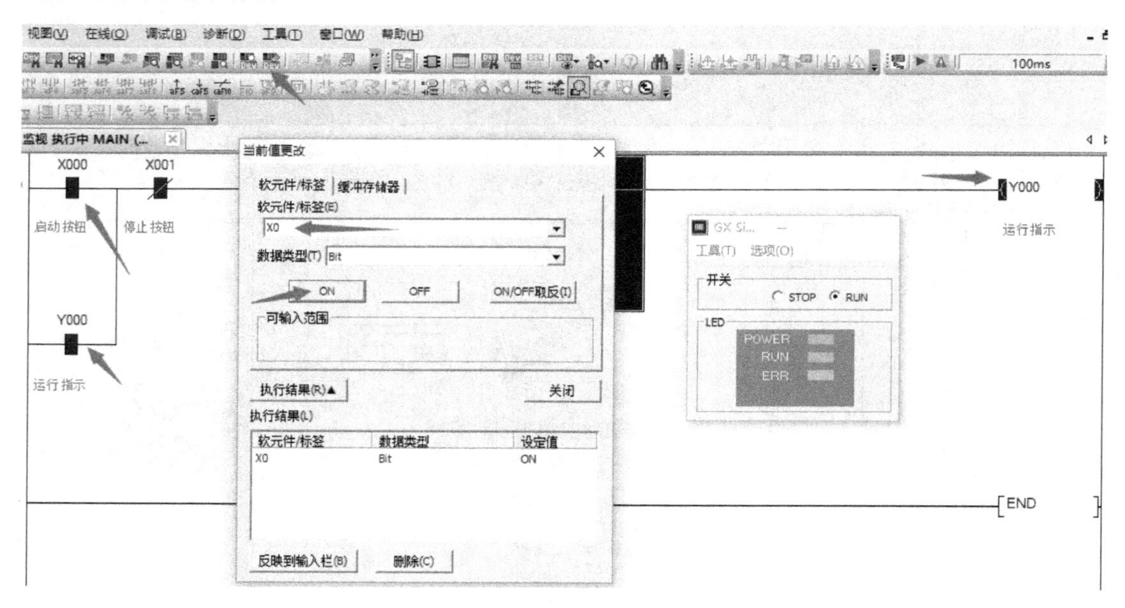

图 5-3-18　启动按键按下的 PLC 程序调试

“当前值更改”的对话窗口中，保持“软元件/标签”栏是“X0”的前提下，继续用鼠标单击“OFF”按钮，输入软元件“X0”被关闭，程序中对应的触点蓝色背景消失，但是输出软元件“Y0”仍然保持接通。这就模拟了“启动”按键按下（接通）到松开（断开）的过程，也就是启动指令发布的过程。启动指令发布后，通过程序执行，输出软元件“Y0”接通了，系统已经启动了，如图 5-3-19 所示。

将“软元件/标签”栏的软元件改为“X1”，同样按照上述操作，模拟“停止”按键按下（接通）到松开（断开）的过程，也就是停止指令发布的过程，结果就是关闭输出软元件“Y0”，系统停止运行，有兴趣的读者可以自行测试。

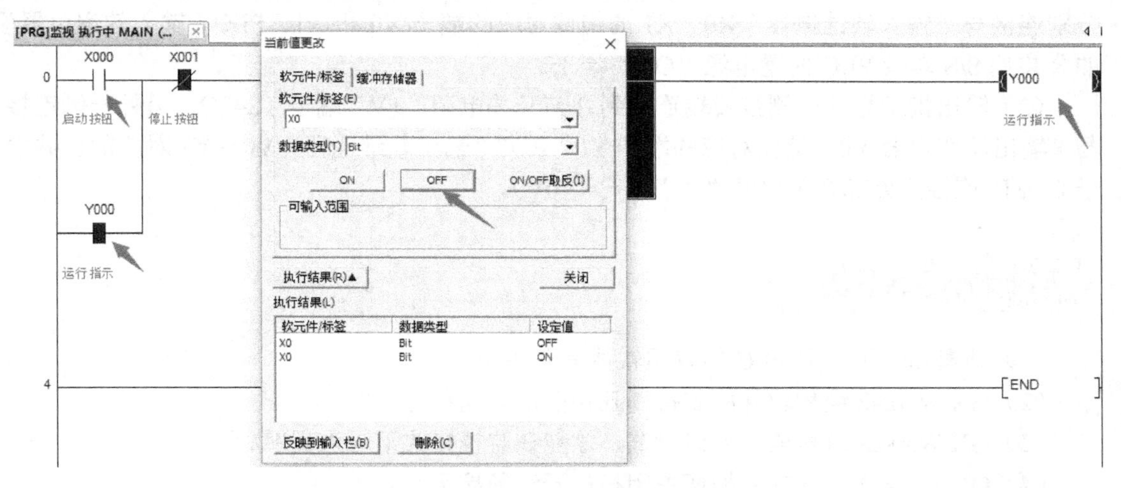

图 5-3-19　启动按键松开的 PLC 程序调试

技能卡 4：PLC 的接线（★★★）

程序编辑完成并调试好之后，就可以下载到 PLC 中，操作方法可参考上一个任务。PLC 要实现既定的功能，不仅要下载程序，还要通过外部线路连接输入设备和输出设备。从上个任务图 5-2-4 和图 5-2-5 中已经学习过 PLC 的输入输出接口的基本原理。根据上个技能卡编辑好的程序，我们实现启停控制和运行指示，需要 1 个启动按钮、1 个停止按钮，还需要 1 个指示灯。为了简单，我们采用的按钮都使用直流 24V 供电，电源采用 PLC 内置的 24V 传感器电源，指示灯也采用直流 24V 供电，外接一个通用的开关电源，如图 5-3-20 所示。接线的方法如下：

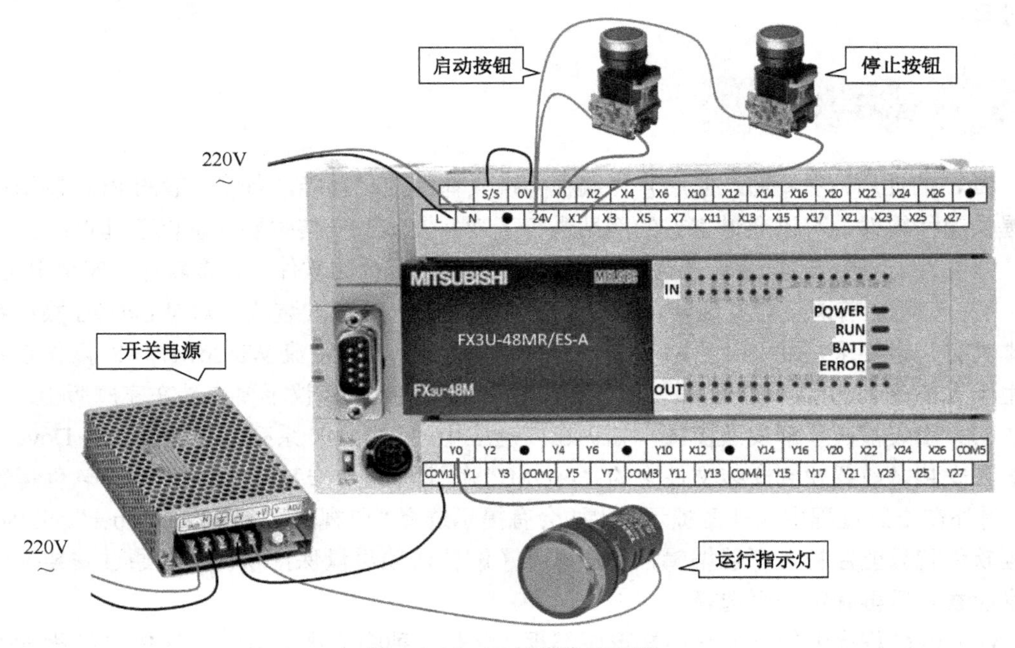

图 5-3-20　PLC 接线示意图

（1）两个按钮的一侧接线端接到一起，连接到PLC内置电源“24V”端子，另外一侧分别连接与“输入软继电器”X0、X1的镜像对应的端子X0和X1；PLC“输入软继电器”的公共端S/S端接PLC内置电源“OV”端子。

（2）输出指示灯的一侧接线端连接到外部开关电源“+V”端子（24V）；另外一侧连接与“输出软继电器Y0”镜像对应的端子Y0；PLC“输出软继电器”Y0～Y3对应的公共端子COM1连接到外部开关电源“-V”端子（0V）。

小试牛刀

（1）请概括一下三菱PLC的编程软件有哪些功能。

（2）GX Works2编程软件能支持哪几种图形化编程方法？

（3）GX Works2编程软件如何设置，才能在监视模式下写入程序？

（4）GX Works2编程软件如何关闭和打开注释显示？

大显身手

（1）根据本任务的演示和指导，请通过网络查询并下载三菱PLC的编程软件、获取软件安装的序列号，并在课余时间安装在自己的计算机上，以方便以后的学习。

（2）根据本任务的演示和指导，请帮“达人秀”节目组设计一个三人表决程序，具体要求是甲、乙、丙三位评委面前均有一个输入按钮，分别对应PLC的X1、X2、X3；按下输入按钮，对应的评委指示灯（分别对应Y1、Y2、Y3）被点亮，当有2个及以上的灯被点亮时，PASS灯（对应Y0）被点亮，表示选手通过。请设计这个程序，并用PLC模拟调试处理。

点石成金

PLC的使用，主要通过应用软件编程实现具体的控制功能，当前一般的PLC制造商都会提供编程软件，可以通过官方的网站进行下载并安装。安装时要注意以下几点：

（1）为了避免安装出错，请在安装之前关闭正在运行的软件、杀毒软件、安全卫士等。

（2）安装之前请查看安装软件的兼容性说明，部分PLC安装软件对Windows操作系统版本具有一定要求，如适用于64位或32位操作系统；目前主流Windows 7 / 8 操作系统均适用于大部分PLC品牌，但是一般需要专业版、旗舰版，建议不要安装在家庭版上。

（3）安装前应了解安装步骤，如仍在广泛应用的三菱FX系列编程软件GX Developer 8.86在安装之前要找到安装文件中的“EnvMEL”文件夹，安装GX Developer软件运行环境；另外在安装过程中应注意提示，比如会有提示选择“监视专用GX Developer”，若勾选，编程软件就只能监视，不能编辑程序。对不了解的选项尽量保持默认或者通过安装手册、网络检索之后再确定是否选择。

（4）PLC程序编辑一般采用梯形图编程，这是一种图形化语言，一般PLC编程软件都提供梯形图编辑的相关工具栏，编辑程序时光标是一种矩形框，我们要通过多练习逐步习惯这种方式。

5.4　任务三：设计硬件电路

抛砖引玉

采用 PLC 控制某一生产设备，要进行软硬件设计。硬件设计主要是完成 PLC 控制系统的接线图，设计接线图之前，必须要先明确哪些是这个 PLC 控制系统的输入元器件和输出元器件，并列写出 I/O 分配表。技术部工程师肖工将 Z30100 的电气控制原理图给实习生小明，让他根据原理图列出 I/O 清单，绘制 PLC 接线图。

有的放矢

（1）培养识读电气原理图能力。

（2）能识别哪些是控制系统的输入元器件，哪些是输出元器件。

（3）能根据已有的元器件性质选择合适电源，进行合理的 I/O 分配。

聚沙成塔

知识卡 1：电气原理图的识图（★★☆）

电气图是用来描述电气控制设备结构、工作原理和技术要求的图，必须符合国家电气制图标准及国际电工委员会（IEC）颁布的有关文件要求，用统一标准的图形符号、文字符号及规定的画法绘制。电气图包括电气原理图和电气工艺图，电气工艺图一般有电气安装图、电气互连图等。电气原理图是说明电气设备工作原理的线路图。一般是把各元器件按接线顺序用符号展开在平面图上，用直线将各元器件连接起来，便于分析原理。阅读电气原理图时应注意以下几点：

（1）电气原理图应按功能来组合，并不考虑元器件的实际安装位置和实际连线情况，实现同一功能的电气相关元器件应画在一起，但同一电器的各部件不一定画在一起。电路应按动作顺序和信号流程自上而下或自左向右排列。

（2）电气原理图中各元器件的文字符号和图形符号必须按标准绘制和标注。同一电器的所有元器件必须用同一文字符号标注。

（3）电气原理图分主电路和控制电路，一般主电路在左侧，用粗实线绘制，控制电路在右侧，用细实线绘制。

（4）电气原理图中各电器应该是未通电或未动作的状态，二进制逻辑元件应是置零的状态，机械开关应是循环开始的状态，即按电路“常态”画出。

（5）电气原理图中上方或下方应有用数字表达的图区，图区的下部应有简要文字说明该图区内的功能。

（6）图中接触器线圈或继电器下方应有左、中、右三栏或左、右两栏，把受其控制而动作的触头所处的图区号填入相应的栏内，对备而未用的触头，在相应的栏内用记号“×”标出或不标出任何符号。

技能卡 1：确定 PLC 的输入和输出元器件（★★★）

1. 列写表格

按照上个项目对 Z30100 摇臂钻床的分析，按其功能分类列写 Z30100 钻床的元器件名称、符号及用途要求等信息，便于 I/O 分类及后续自动化改造使用，如图 5-4-1 和表 5-4-1 至表 5-4-5 所示。

表 5-4-1　电动机作用和参数表

符号	名称及用途	主要的参数要求
M1	主轴电动机动	18.5kW，Y-△启动
M2	主轴箱和摇臂松开与夹紧电动机	0.75kW，正反转控制
M3	摇臂升降电动机	3kW，正反转控制
M4	立柱松开与夹紧电动机	0.75kW，正反转控制
M5	主轴箱水平移动电动机	0.25kW，正反转控制
M6	冷却泵电动机	90W，小容量可直接开关启动

表 5-4-2　接触器的作用和参数表

符号	名称及用途	主要的参数要求
KM1	主轴电动机启动与停止接触器	线圈电源 110V
KM2	主轴电动机定子绕组 Y 形接法接触器	线圈电源 110V
KM3	主轴电动机定子绕组△形接法接触器	线圈电源 110V
KM4	主轴箱及摇臂松开接触器	线圈电源 110V
KM5	主轴箱及摇臂夹紧接触器	线圈电源 110V
KM6	摇臂上升接触器	线圈电源 110V
KM7	摇臂下降接触器	线圈电源 110V
KM8	立柱松开接触器	线圈电源 110V
KM9	立柱夹紧接触器	线圈电源 110V
KM10	主轴箱向右移动接触器	线圈电源 110V
KM11	主轴箱向左移动接触器	线圈电源 110V

表 5-4-3　指示、照明和电磁阀的作用和参数表

符号	名称及用途	主要的参数要求
EL1、EL2	机床照明灯	交流 220V
HL1～HL4	工作状态指示灯	交流 24V
YC	主轴箱水平移动电磁离合器	直流 24V，通过整流桥提供
YA1	松开与夹紧油路分配电磁铁	交流 220V，通电为摇臂夹紧；不通电为主轴箱、立柱夹紧

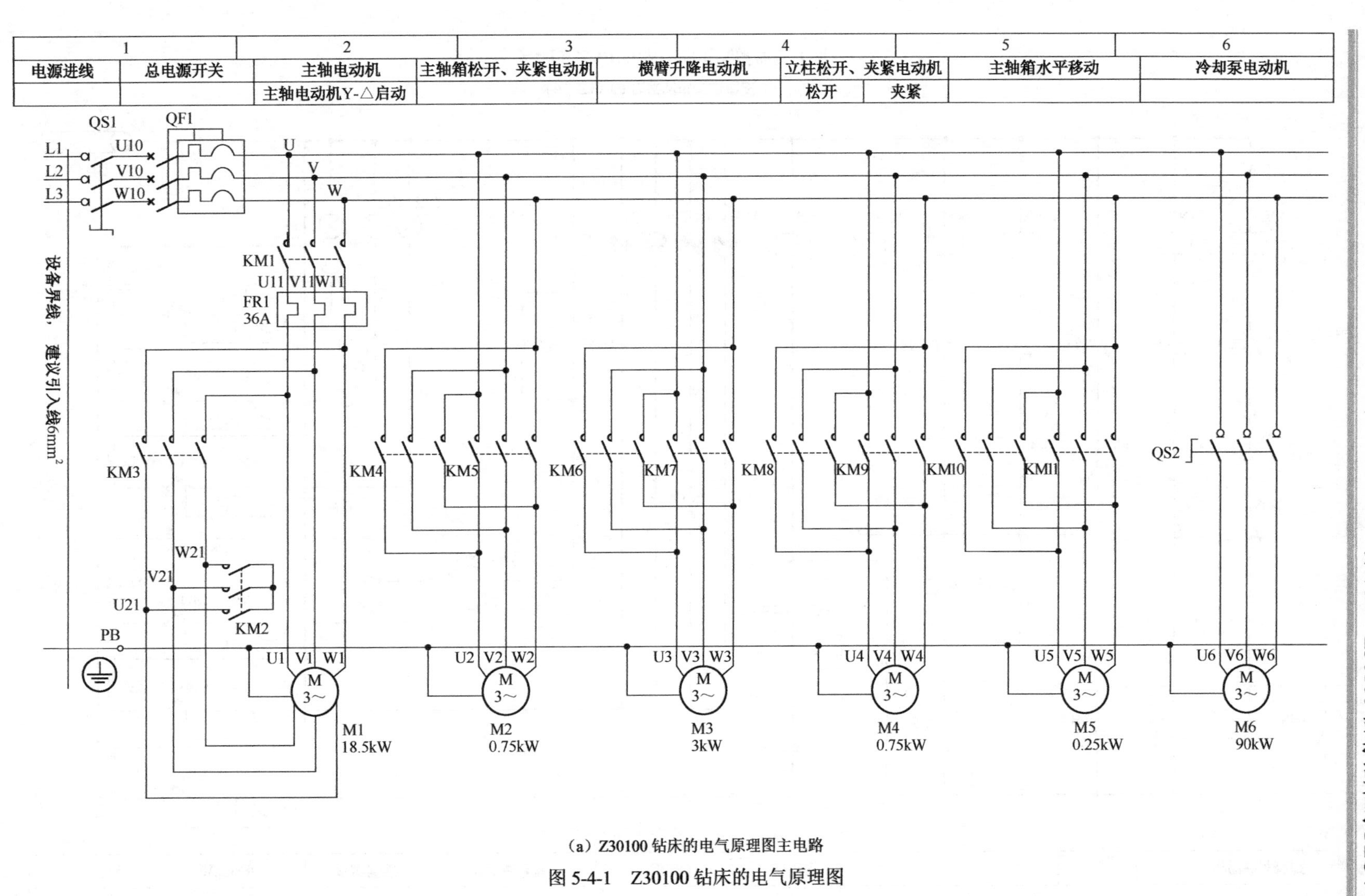

（a）Z30100 钻床的电气原理图主电路

图 5-4-1　Z30100 钻床的电气原理图

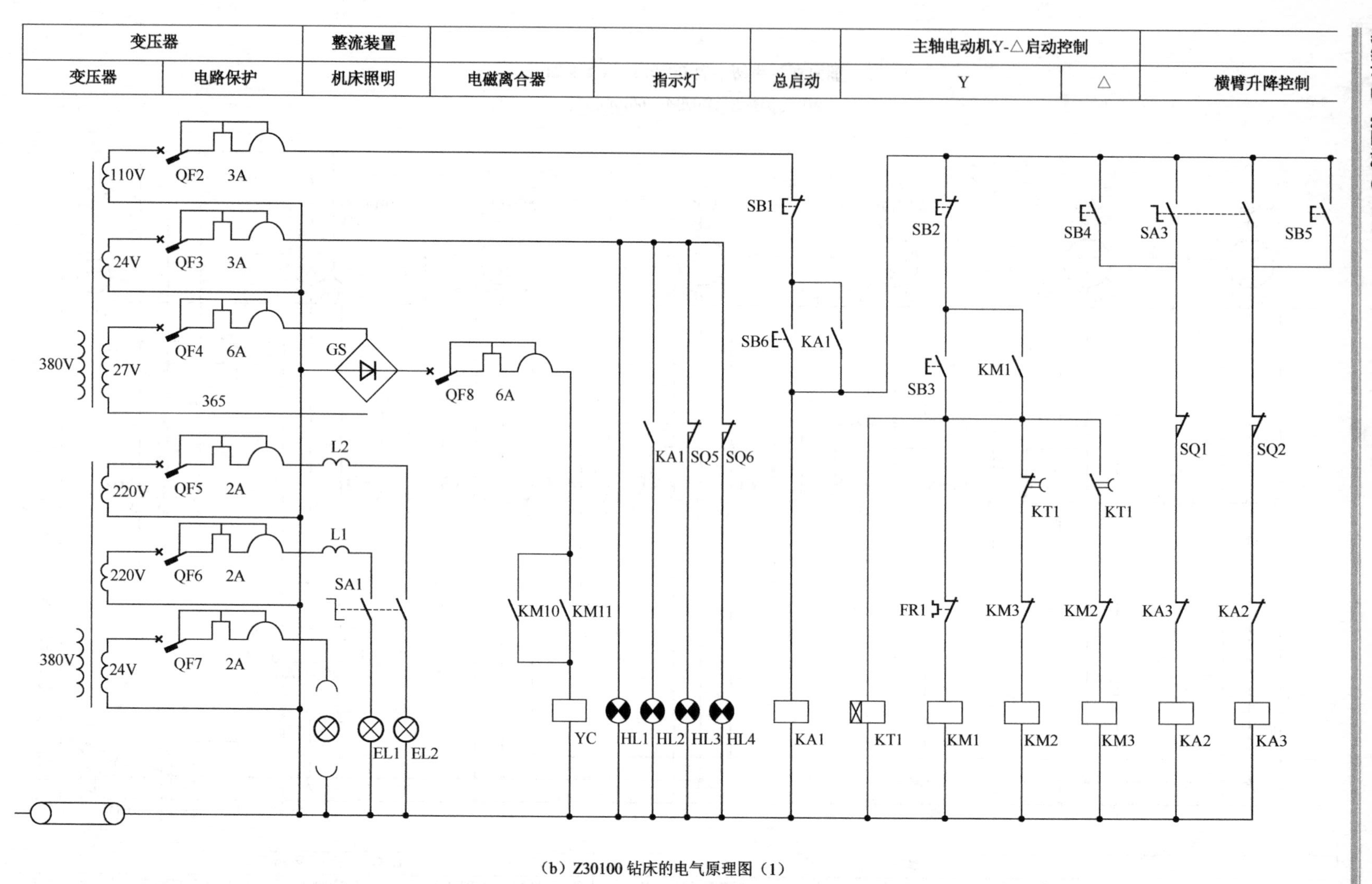

（b）Z30100 钻床的电气原理图（1）

图 5-4-1 Z30100 钻床的电气原理图（续）

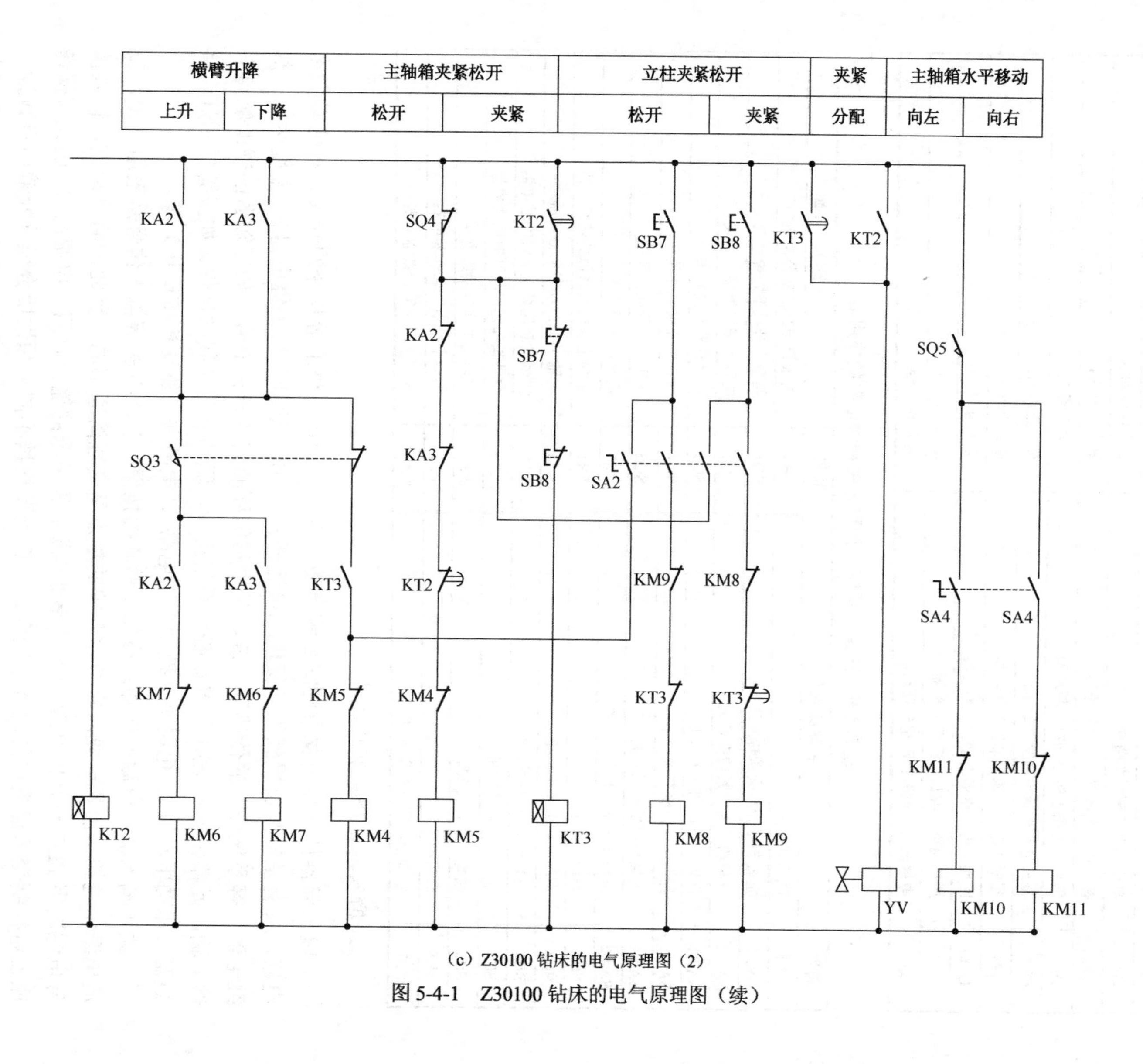

（c）Z30100 钻床的电气原理图（2）

图 5-4-1　Z30100 钻床的电气原理图（续）

表 5-4-4　电源、空气开关的作用和参数表

符号	名称及用途	主要的参数要求
TC1	整流变压器	380V/27V
TC2	控制变压器	380V/220V/110V/24V
GS	整流桥	AC27V/DC24V
QF1	总电源自动空气断路器	最大电流 40A
QF2	控制线路电源自动空气断路器	最大电流 3A
QF3	信号灯电路电源自动空气断路器	最大电流 3A
QF4	整流电路电源自动空气断路器	最大电流 6A
QF5	照明 2 电路电源自动空气断路器	最大电流 2A
QF6	照明 1 电路电源自动空气断路器	最大电流 2A
QF7	插座电路电源自动空气断路器	最大电流 2A
QF8	电磁离合器电源自动空气断路器	最大电流 6A

表 5-4-5　开关、按钮、行程开关和继电器的作用表

符号	名称及用途	符号	名称及用途
SA1	照明灯开关	SB8	主轴箱与立柱松开按钮
SA2-1	主轴箱松开与夹紧转换开关	SQ1	摇臂上升极限限位开关
SA2-2	立柱松开与夹紧转换开关	SQ2	摇臂下降极限限位开关
SA3-1	摇臂上下控制开关（上）	SQ3	摇臂松开限位开关
SA3-2	摇臂上下控制开关（下）	SQ4	摇臂夹紧限位开关
SA4-1	主轴箱水平控制开关（左）	SQ5	主轴箱松开限位开关
SA4-2	主轴箱水平控制开关（右）	SQ6	指示灯转换开关
SB1	急停按钮	FR1	主轴电动机过载保护热继电器
SB2	主轴电动机停止按钮	KT1	主轴 Y-△启动时间继电器
SB3	主轴电动机启动按钮	KT2	主轴箱和摇臂夹紧时间继电器
SB4	摇臂上升启动按钮	KT3	主轴箱和摇臂松开时间继电器
SB5	摇臂下降启动按钮	kA1	总启动中间辅助继电器
SB6	总启动按钮	kA2	摇臂上升中间辅助继电器
SB7	主轴箱与立柱夹紧按钮	kA3	摇臂下降中间辅助继电器

2. 输入输出分配表的设计

输入元器件一般是发布控制系统启动、停止、回退、进给等指令的开关、按钮等主令电器，或者是检测位置到位（行程或接近开关）、压力达到（压力继电器）、温度达到（热继电器）等系统信息的传感器，或者是根据需要的其他开关信号（如接触器的辅助触点）等。输出元器件一般是用于 PLC 控制系统指示、驱动外部负载的器件，如报警指示灯、接触器（驱动电动机）、电磁阀（控制液压电路）、电磁铁（驱动机械机构）等。

关于输入输出电源的选择：虽然原钻床的按钮、行程开关等输入信号是采用 110V 交流电源供电的，但是一般而言按钮开关的触点是交直流通用的，因此为简单起见，输入信号电源采用 PLC 自带的 24V 直流传感器电源；原钻床的输出有四种电源性质，因此可保留原设备控制变压器提供的四种不同电源，但是要根据不同电源性质合理分配输出点数量。本项目采用的 FX3U-48MRPLC 分别有五组输出：Y0～Y3 组公共端 COM1，Y4～Y7 组公共端 COM2，Y10～Y13 组公共端 COM3，Y14～Y17 组公共端 COM4，Y20～Y27 组公共端 COM5。由上述分析可以得到本项目的 I/O 分配表如表 5-4-6 所示。

表 5-4-6　Z30100 钻床输入输出分配表

输入分配			输出分配			
地址	元器件	用途简述	地址	元器件	用途简述	电源
X0	SB1	总停控制	Y14	KM1	主轴电动机启动停止接触器	AC110V
X1	SB2	主轴停止控制	Y15	KM2	主轴电动机 Y 接法接触器	
X2	SB3	主轴启动控制	Y16	KM3	主轴电动机△接法接触器	
X3	SB4	摇臂上升控制按钮	Y17	KM4	主轴箱及摇臂松开接触器	
X4	SB5	摇臂下降控制按钮	Y20	KM5	主轴箱及摇臂夹紧接触器	
X5	SB6	总启动	Y21	KM6	摇臂上升接触器	
X6	SB7	主轴箱/立柱夹紧控制	Y22	KM7	摇臂下降接触器	
X7	SB8	主轴箱/立柱松开控制	Y23	KM8	立柱松开接触器	
X10	SQ1	摇臂上升极限限位	Y24	KM9	立柱夹紧接触器	
X11	SQ2	摇臂下降极限限位	Y25	KM10	主轴箱向右移动接触器	
X12	SQ3	摇臂松开到位	Y26	KM11	主轴箱向左移动接触器	
X13	SQ4	摇臂夹紧到位	Y27	YA1	松开与夹紧油路分配电磁铁	
X14	SQ5	主轴箱松开到位	Y0	HL1	电源指示灯	AC24V
X15	SQ6	主轴箱夹紧到位	Y1	HL2	运行指示灯	
X16	SA1	照明灯开关	Y2	HL3	主轴和立柱夹紧指示灯	
X17	SA2-1	主轴箱松开和夹紧	Y3	HL4	主轴和立柱松开指示灯	
X20	SA2-2	立柱松开和夹紧	Y4	EL1	机床照明灯 EL1	AC220V
X21	SA3-1	摇臂上下运行开关（SA3-1 上，SA3-2 下）	Y5	EL2	机床照明灯 EL2	
X22	SA3-2		Y10	YC	主轴箱水平移动电磁离合器	DC24V
X23	SA4-1	主轴箱左右运行开关（SA4-1 左，SA4-2 右）				
X24	SA4-2					
X25	FR1	主轴过载保护				

技能卡 2：绘制 Z30100 钻床 PLC 接线图（★★★）

步骤 1：根据 PLC 的硬件手册，绘制好 PLC 的端子接线图。

步骤 2：根据输入分配表，绘制输入端接线图，注意输入公共端 S/S 端子的接法。S/S 端主要用于输入信号为直流电源时的传感器极性选择，源型输入（NPN）就是高电平有效，意思是电流从输入点流入，此时输入信号的公共连接端接入直流电源正极，PLC 的端子的公共端连接直流电源负极，如图 5-4-2 所示。漏型输入（PNP）则相反。对于普通的表达信号接通和断开的开关信号而言，S/S 端接 24V 或 0V 均可以。

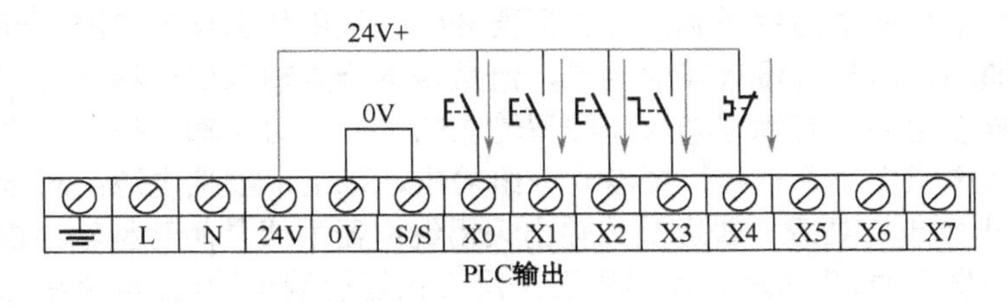

图 5-4-2　源型输入（NPN）的接法

步骤3：按照不同的电源分组，绘制输出端的接线图。如图5-4-3所示。

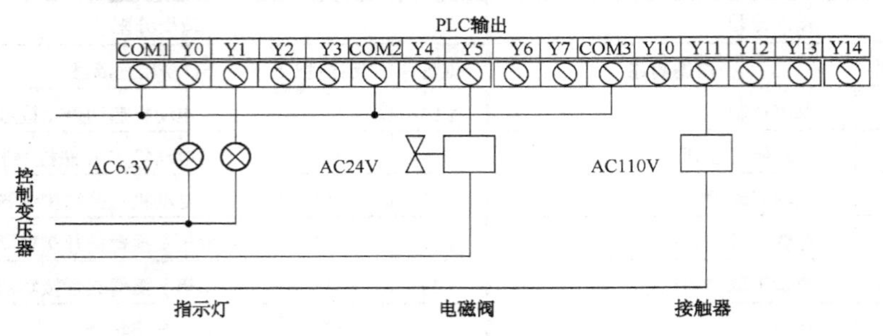

图5-4-3　PLC输出分组的接法

小试牛刀

（1）改造继电器电路时，由于时间继电器可以用PLC内部定时器取代，因此不用再将时间继电器作为PLC的输入信号。　（　　）

（2）FX3U-48MR采用的是晶闸管输出，因此输出可以接直流电源负载。　（　　）

（3）FX3U-48MR若输入信号是开关量，输入公共S/S端可以接0V，也可以接24V。　（　　）

（4）输入源型接法是外部电源向PLC的输入端子送电，源型接法时，FX3U型PLC所有输入信号的公共连接点接24V电源，S/S端接0V。　（　　）

（5）PLC输出是分组输出，只能接不同性质的电源。　（　　）

大显身手

根据上述I/O分析和Z30100钻床的电气原理图，完成PLC控制系统接线图。注意绘制图形的时候要采用标准符号。输入电源请采用PLC自带的24V传感器电源，输出电源已经绘制好，请根据不同的器件要求补画完整，如图5-4-4所示。

点石成金

前面任务我们解释了控制系统都有输入和输出信号，通过输入信号才能把控制指令、外部检测信号等送入控制系统，执行控制系统程序，将程序运行的结果通过输出部分驱动负载或生产机械。因此输入输出分配之前应界定清楚哪些是输入信号，哪些是输出信号；还要根据输入元器件的电源性质确定是否需要分组，采用什么样的电源，开关类输入信号一般是交直流通用，对电源没有其他要求，但是传感器类输入信号特别是三线式传感器输入，由于需要外接电源，有源型输入和漏型输入的区分。对应输出信号而言，由于很多设备的电源性质和电压大小不一致，要考虑分组输出，每组单独接电源；对于不同的电源性质，对PLC输出端也有要求，普通交流输出采用继电器型或晶闸管型输出端子即可，若用外接电子电路如变频器、步进驱动器等则要采用三极管型端子输出，也要注意是源型（NPN）还是漏型输出（PNP）。

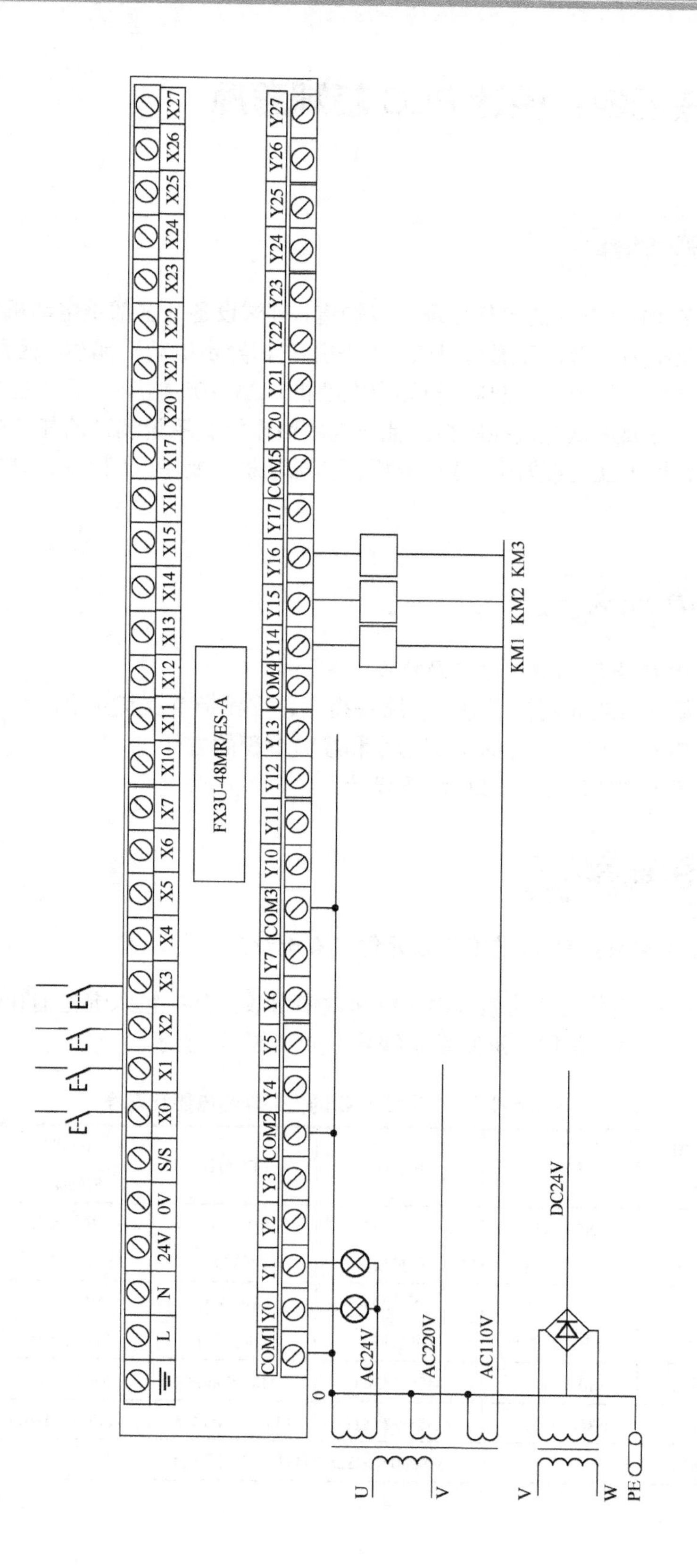

图 5-4-4　PLC 控制系统接线图

5.5 任务四：设计 PLC 控制程序

抛砖引玉

通过上述 Z30100 钻床的电气原理可以知道，机械设备几乎都是电动机拖动的，因此电动机被称为工业动力之母，而通用机床一般采用三相异步电动机拖动，因此我们学习 PLC 也必须首先掌握如何用 PLC 控制三相异步电动机。Z30100 钻床共用 6 台电动机拖动，技术工程师肖工正好要调试电气控制柜，他将其中钻床控制系统调试的任务交给了实习生小明，要求能够分析 PLC 接线图，逐个分析异步电动机控制 PLC 程序、模拟接线并完成功能测试。

有的放矢

（1）了解 PLC 梯形图编程语言及特点。

（2）掌握基本与或非逻辑指令、电路块指令、堆栈指令及其应用。

（3）掌握 PLC 定时器、计时器等指令和经验编程的方法。

（4）学会应用翻译法完成 PLC 编程设计。

聚沙成塔

知识卡 1：FX 系列 PLC 的编程软元件（★★☆）

FX 系列 PLC 编程元件的编号由字母和数字组成，其中输入继电器和输出继电器用八进制数字编号，其他均采用十进制数字编号，如表 5-5-1 所示。

表 5-5-1　FX 系列 PLC 的内部软继电器及编号

PLC 型号 编程元件种类		FX1S	FX0N	FX1N	FX2N （FX2NC）	FX3U （FX3UC）
输入继电器 X (按八进制编号)		X0～X17 (不可扩展)	X0～X43 (可扩展)	X0～X43 (可扩展)	X0～X77 (可扩展)	X0～X367 (可扩展)
输出继电器 Y (按八进制编号)		Y0～Y15 (不可扩展)	Y0～Y27 (可扩展)	Y0～Y27 (可扩展)	Y0～Y77 (可扩展)	Y0～Y367 (可扩展)
辅助继电器 M	普通用	M0～M383	M0～M383	M0～M383	M0～M499	M0～M499
	保持用	M384～M511	M384～M511	M384～M1535	M500～M3071	M500～M7679
	特殊用	M8000～M8255(具体见使用手册)				M8000～M8511

续表

编程元件种类 \ PLC 型号		FX1S	FX0N	FX1N	FX2N (FX2NC)	FX3U (FX3UC)
状态寄存器 S	初始状态用	S0～S9	S0～S9	S0～S9	S0～S9	S0～S9
	返回原点用	-	-	-	S10～S19	S10～S19
	普通用	S10～S127	S10～S127	S10～S999	S20～S499	S20～S499
	保持用	S0～S127	S0～S127	S0～S999	S500～S899	S500～S899（可变）S1000～S4095（固定）
	信号报警用	-	-	-	S900～S999	S900～S999
定时器 T	100ms	T0～T62	T0～T62	T0～T199	T0～T199	T0～T199
	10ms	T32～T62	T32～T62	T200～T245	T200～T245	T200～T245
	1ms		T63	-	-	T256～T511
	1ms 累积	T63	-	T246～T249	T246～T249	T246～T249
	100ms 累积	-	-	T250～T255	T250～T255	T250～T255
计数器 C	16 位增计数（普通）	C0～C15	C0～C15	C0～C15	C0～C99	C0～C99
	16 位增计数（保持）	C16～C31163	C16～C31163	C16～C199	C100～C199	C100～C199
	32 位可逆计数（普通）	-	-	C200～C219	C200～C219	C200～C219
	32 位可逆计数（保持）	-	-	C220～C234	C220～C234	C220～C234
	高速计数器	C235～C255(具体见使用手册)				
数据寄存器 D	16 位普通用	D0～D127	D0～D127	D0～D127	D0～D199	D0～D199
	16 位保持用	D128～D255	D128～D255	D128～D7999	D200～D7999	D200～D7999
	16 位特殊用	D8000～D8255	D8000～D8255	D8000～D8255	D8000～D8255	D8000～D8511
	16 位变址用	V0～V7 Z0～Z7	V Z	V0～V7 Z0～Z7	V0～V7 Z0～Z7	V0～V7 Z0～Z7
指针 N、P、I	嵌套用	N0～N7	N0～N7	N0～N7	N0～N7	N0～N7
	跳转用	P0～P63164	P0～P63	P0～P127164	P0～P127164	P0～P4095
	输入中断用	I00*～I50*	I00*～I30*	I00*～I50*	I00*～I50*	I00*～I50*
	定时器中断	-	-	-	I6**～I8**	I6**～I8**
	计数器中断	-	-	-	I010～I060	I010～I060
常数 K、H	16 位	K：-32，768～32，767			H：0000～FFFF	
	32 位	K：-2，147，483，648～2，147，483，647			H：00000000～FFFFFFFF	

注：上述元件的具体参数和内容可以参考 FX3U 用户手册（硬件篇）。

知识卡 2：梯形图的编程规则（★★☆）

1. 梯形图编程的基本概念

PLC 采用的是面向控制过程、面向问题的“自然语言”编程。国际电工委员会（IEC）公布的 IEC1131-3（可编程序控制器语言标准）说明了 PLC 有功能表图（Sequential Function Chart）、梯形图（Ladder Diagram）、功能块图（Function Block Diagram）、指令表（Instruction List）、结构文本（Structured Text）5 种编程语言，其中梯形图和功能块图为图形语言，指令表和结构文本为文字语言，功能表图是一种结构块控制流程图。

由于梯形图与电气控制系统的电路图很相似，梯形图程序也常被称为电路，具有和电气图一样直观易懂的优点，容易被工厂电气人员掌握，特别适用于开关量逻辑控制，是使用得最多的图形编程语言，被称为“PLC 的第一编程语言”。梯形图编程中，常用到软元件（软继电器）、母线、能流和逻辑解算四个基本概念。

软元件：之前我们已经提到过了，梯形图中的编程元件沿用了继电器的名称，如输入继电器、输出继电器、内部辅助继电器等，由于它们不是真实的物理继电器，而是一些存储单元，因此称为“软”继电器。若该存储单元为“1”状态，也就是该软继电器为“ON”状态，表示梯形图中对应软继电器的线圈“通电”，其常开触点接通，常闭触点断开；同样该存储单元如果为“0”状态，表示梯形图中对应软继电器的线圈“断电”，其常开触点恢复断开，常闭触点恢复接通。

母线：梯形图两侧的垂直公共线称为母线。在分析梯形图的逻辑关系时，为了借用继电器电路图的分析方法，可以想象左右两侧母线（左母线和右母线）之间有一个左正右负的直流电源电压，母线之间有“能流”从左向右流动，右母线一般不画出。

能流：在梯形图“电路”中，我们假想了一个“概念电流”称为“能流”，能流只能从左向右流动（从左母线流向右母线），与执行用户程序时的逻辑运算的顺序是一致的。图 5-5-1（a）中可能有两个方向的能流流过触点 5（经过触点 1、5、4 或经过触点 3、5、2），这不符合能流只能从左向右流动的原则，因此应改为如图 5-5-1（b）所示的梯形图。

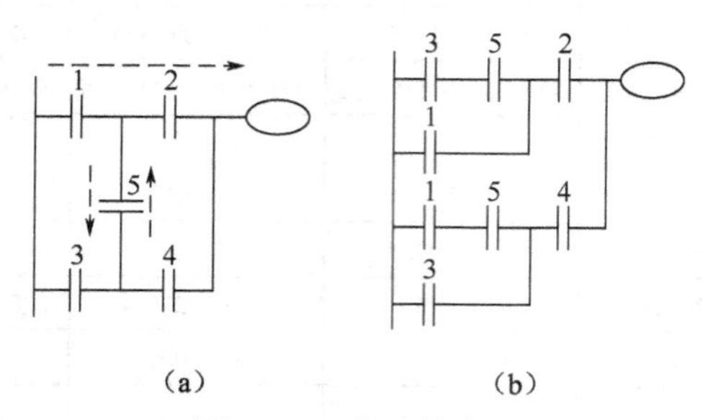

图 5-5-1　能流的表示

逻辑解算：集中采样阶段输入映像寄存器中的状态（1 或 0），反映在梯形图中就是各触点的接通和断开，由这些触点的通断状态可以得到梯形图中各线圈的状态（1 或 0），这个过程称为梯形图的逻辑解算，也就是 PLC 程序执行过程。这个过程也是按从左至右、从上到下的顺序进行的，前面的逻辑解算的结果马上可以被后面的逻辑解算所利用。

2. 梯形图编程的基本规则

（1）每一个梯级都是从左母线开始，最后终止于右母线（右母线可以不画出）。线圈不能与左母线相连，中间必须要有触点；触点不能与右母线相连，中间必须要有线圈，如图 5-5-2 所示。

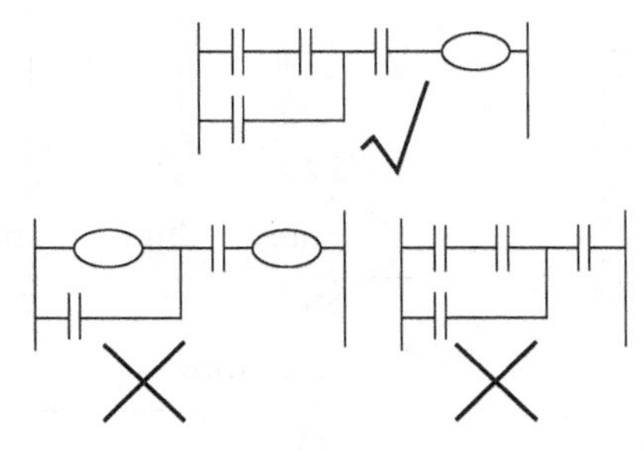

图 5-5-2　梯级绘制规则

（2）梯形图中的触点可以任意串联或并联，触点的使用次数不受限制。

（3）继电器线圈只能并联而不能串联，一般情况下，在梯形图中同一线圈只能出现一次。如果在程序中同一线圈使用了两次或多次，称为“多线圈输出”。部分 PLC 将其视为语法错误，无法通过编译；有些 PLC 不认为这是语法错误，但总是最后一个线圈输出有效，因为前面的输出被覆盖，这会造成程序逻辑错误；值得注意的是部分 PLC（如三菱 FX 系列 PLC）中，在有跳转指令或步进指令的梯形图中允许双线圈输出。

（4）在电路块串并联时，应遵循“上重下轻，左重右轻”的规律，如图 5-5-3 所示。这样所编制的程序清晰美观、节省程序语句。

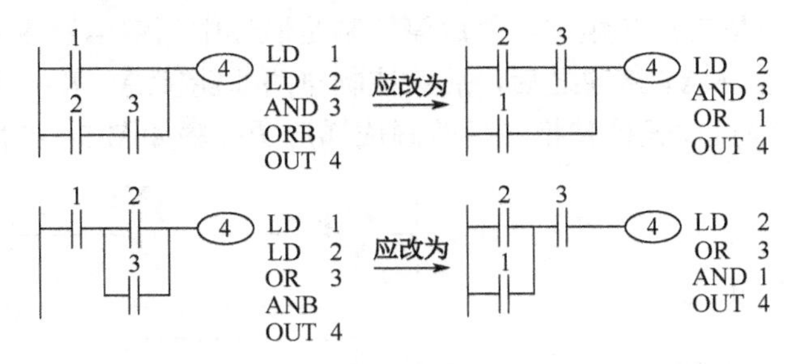

图 5-5-3　“上重下轻，左重右轻”的编程规则

（5）对于不可编程梯形图必须经过等效变换，变成可编程梯形图，例如图 5-5-1 所示。

技能卡 1：Z30100 钻床的照明和指示控制（★★★）

绘制照明和指示控制的梯形图程序：根据电气原理图和 I/O 分配表，照明 EL1、EL2 受 SA1 常开触点控制，HL1 系统上电则点亮指示，HL2 通过 KA1 常开触点接通，HL3 受 SQ5 常闭触点控制，HL4 受 SQ6 常闭触点控制。将原理图相应的元器件用 PLC 的软元件替代，将继电器的常开触点用─┤├─表示，常闭触点用─┤/├─表示，线圈用( )表示。输入转换开关、行程开关已经在上一个任务中分配好了 I/O，由于中间继电器 KA1 并不需要直接驱动外部负载如电动机、电磁阀等，只是表示系统已经运行这个中间信息，这个可以采用 PLC 的软中间继电器 M 表示。通过替换之后改画成梯形图程序如图 5-5-4 所示。

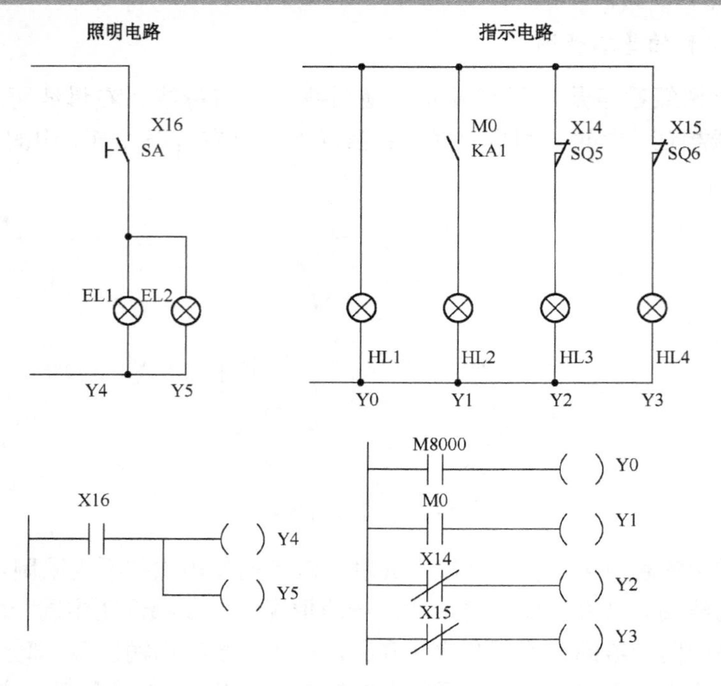

图 5-5-4　钻床的照明和指示控制

技能卡 2：Z30100 钻床的总启动和停止控制（★★★）

根据电气原理图和 I/O 分配表，总启动是 SB6，总停止（急停）为 SB1，I/O 分配分别为 X5 和 X0；注意输入触点在接入 PLC 输入端时候，都是常开触点接入，如停止按钮 SB1，接入 PLC 控制端子的是其常开触点。总启停控制是通过中间继电器 KA1 实现的，通过前述电气原理图可知，当 KA1 接通之后，后续控制电路才能接通。KA1 可以采用 PLC 的中间继电器 M0 表示，通过软元件替换之后改画成梯形图程序如图 5-5-5 所示。

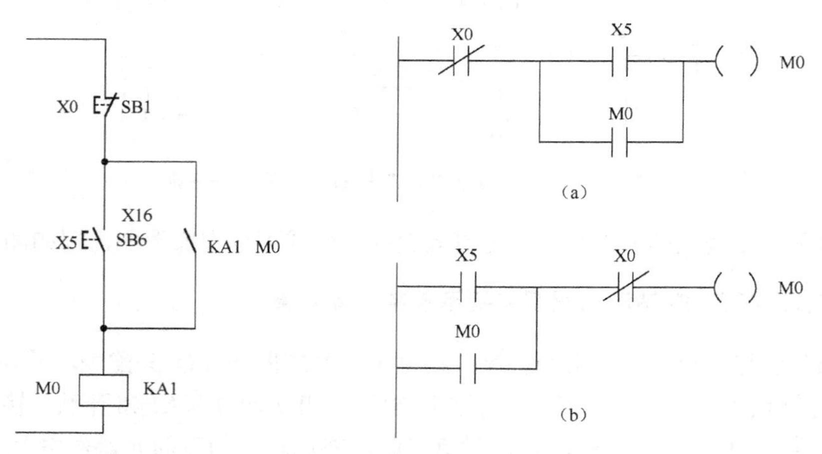

图 5-5-5　钻床的总启动和停止控制

技能卡 3：Z30100 钻床主轴箱水平移动控制（★★★）

按照先易后难的规律，我们先设计钻床主轴箱水平运动控制的 PLC 程序，根据电气原理图分析可知，主轴松开到位，SQ5 接通，十字控制手柄打到左位或者右位，才能接通 KM10 或 KM11，从而控制主轴箱水平运动电动机正转或反转，实现主轴箱水平移动。根据 I/O 分配表，通过软元件替换之后改画成梯形图程序如图 5-5-6 所示。

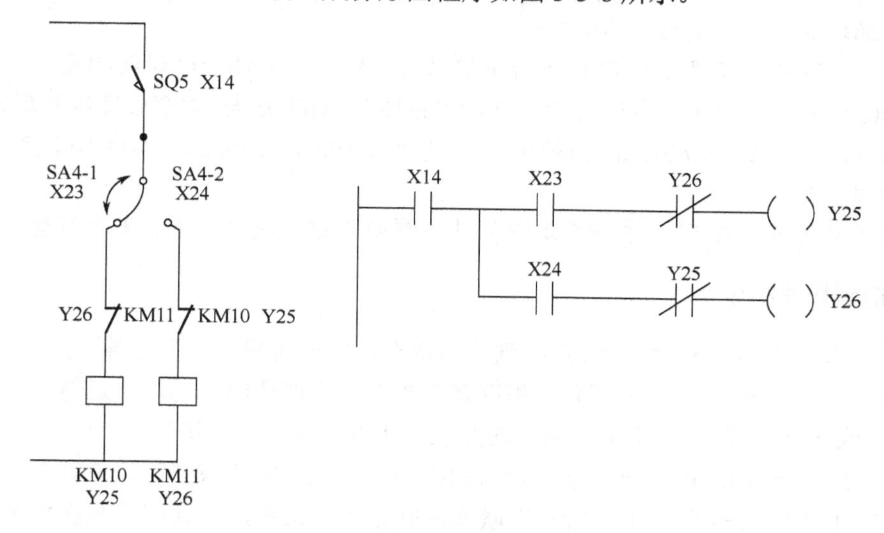

图 5-5-6　钻床主轴箱水平运动控制

知识卡 3：Z30100 钻床照明指示和主轴箱水平运动所用到的 PLC 指令（★★★）

上述控制程序设计主要是通过触点简单的串联/并联来实现逻辑功能，主要涉及到的指令有：输入输出指令、逻辑操作指令。

1．输入输出指令

LD（取指令）：一个常开触点与左母线连接的指令，每一个以常开触点开始的逻辑行都用此指令。指令后面写的是操作元件，LD 指令后的操作元件可以为 X、Y、M、T、C、S。

LDI（取反指令）：一个常闭触点与左母线连接指令，每一个以常闭触点开始的逻辑行都用此指令。

OUT（输出指令）：对线圈进行驱动的指令，OUT 指令后的操作元件为 Y、M、T、C 和 S，特别注意不能用于 X；OUT 指令后的操作元件是定时器和计数器时，还要设置常数 K 或数据寄存器，图 5-5-4 就用到了这些指令，如表 5-5-2 所示。

表 5-5-2　图 5-5-4 梯形图对应的指令表

图 5-5-4 左侧的 PLC 指令如下	图 5-5-4 右侧的 PLC 指令如下
LD　X16 OUT　Y4 OUT　Y5	LD　M8000 OUT　Y0 LD　M0 OUT　Y1 LDI　X14 OUT　Y2 LDI　X15 OUT　Y3

注意：M8000 触点是什么？

PLC 内有大量的特殊辅助继电器。这些特殊辅助继电器可分成触点型和线圈型两大类。M8000 就是其中触点类的特殊辅助继电器，其线圈由 PLC 自动驱动，用户只可使用其触点。几个常用的特殊辅助继电器功能如下：

M8000：运行监视器（在 PLC 运行中接通），M8001 与 M8000 逻辑相反。

M8002：初始脉冲（仅在运行开始时瞬间接通），M8003 与 M8002 逻辑相反。

M8011、M8012、M8013 和 M8014 分别是产生 10ms、100ms、1s 和 1min 时钟脉冲的特殊辅助继电器。

这些信息均可以在 PLC 手册或编程软件的帮助文档中获取，请读者自行查询。

2．逻辑操作指令

AND（与指令）：一个常开触点串联连接指令，完成逻辑“与”运算。

ANI（与反指令）：一个常闭触点串联连接指令，完成逻辑“与非”运算。

OR（或指令）：用于单个常开触点的并联，实现逻辑“或”运算。

ORI（或非指令）：用于单个常闭触点的并联，实现逻辑“或非”运算。

AND/ANI/OR/ORI 都是单个触点串联或并联连接的指令，串联或并联次数没有限制，可反复使用；指令后的操作元件为 X、Y、M、T、C 和 S。

ORB（块或指令）：用于两个或两个以上的触点串联连接的电路之间的并联。

ANB（块与指令）：用于两个或两个以上的触点并联连接的电路之间的串联。

图 5-5-5 就用到了这些指令，如表 5-5-3 所示。

表 5-5-3　图 5-5-5 梯形图对应的指令表

梯形图（a）指令表	梯形图（b）指令表
LDI　X0	LD　X5
LD　X5	OR　M0
OR　M0	ANI　X0
ANB	OUT　M0
OUT　M0	

ORB/ ANB 指令的使用说明：几个串联电路块并联连接或几个并联电路块串联连接时，每个电路块开始时应该用 LD 或 LDI 指令；有多个电路块串并联，如对每个电路块使用 ORB 指令，串并联的电路块数量没有限制；也可以在串并联电路块后面连续使用 ORB/ANB 指令，但这种程序写法不推荐使用，LD 或 LDI 指令的使用次数不得超过 8 次，也就是 ORB 只能连续使用不超过 8 次，图 5-5-7 为使用示例，表 5-5-4 为对应指令表。

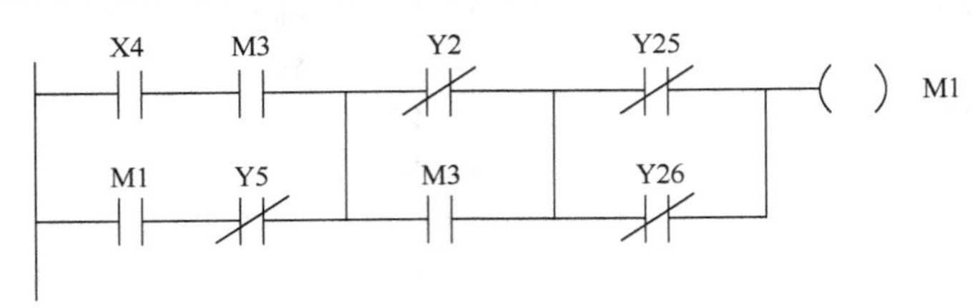

图 5-5-7　“电路块与”和“电路块或”指令的应用

表 5-5-4　图 5-5-7 梯形图对应的指令表

指令表一	指令表二
LD　X4	LD　X4
AND　M3	AND　M3
LD　M1	LD　M1
ANI　Y5	ANI　Y5
ORB	ORB
LDI　Y2	LDI　Y2
OR　M3	OR　M3
ANB	LD　Y25
LD　Y25	OR　Y26
OR　Y26	ANB
ANB	ANB
OUT　M1	OUT　M1

3. 堆栈指令

堆栈指令（MPS/MRD/MPP）用于多重输出电路，为编程带来便利，栈的特点是先入后出，在 FX 系列 PLC 中有 11 个存储单元，它们专门用来存储程序运算的中间结果，被称为栈存储器，堆栈指令没有目标元件，MPS 和 MPP 必须配对使用。

MPS（进栈指令）：将运算结果送入栈存储器的第 1 段，同时将先前送入的数据依次移到栈的下一段。

MRD（读栈指令）：将栈存储器的第 1 段数据（最后进栈的数据）读出且该数据继续保存在栈存储器的第 1 段，栈内的数据不发生移动。

MPP（出栈指令）：将栈存储器的第 1 段数据（最后进栈的数据）读出且该数据从栈中消失，同时将栈中其他数据依次上移。图 5-5-7 中就用到了堆栈指令。若 Y25 梯级下方还有一个梯级，如图 5-5-8 下方的虚线所示，那么分支点中间的指令用 MRD，最下方用 MPP 指令。

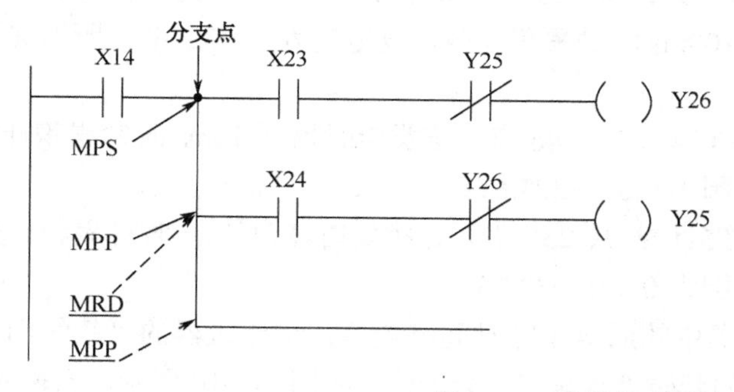

LD	X14
MPS	
AND	X23
ANI	X25
OUT	Y26
MPP	
AND	X24
ANI	Y26
OUT	Y25

图 5-5-8　堆栈指令的应用

技能卡 4：Z30100 钻床主轴启停的 PLC 控制（★★★）

根据电气原理图分析可知，按下 SB3 主轴启动，按下 SB2 主轴停止，主轴电动机采用星三角降压启动，启动时首先是 KM1 和 KM2 得电，主轴电动机连接成 Y 形，减压启动几秒后，KM2 断电，KM3 得电，主轴电动机连接成△形，电动机正常运行。这个控制要求需要延时，采用 PLC 控制的时候，可以通过输入输出指令启动和输出 PLC 内部的定时器，进而完成上述功能，同样根据 I/O 分配表，通过软元件替换之后改画成梯形图程序，如图 5-5-9 所示。

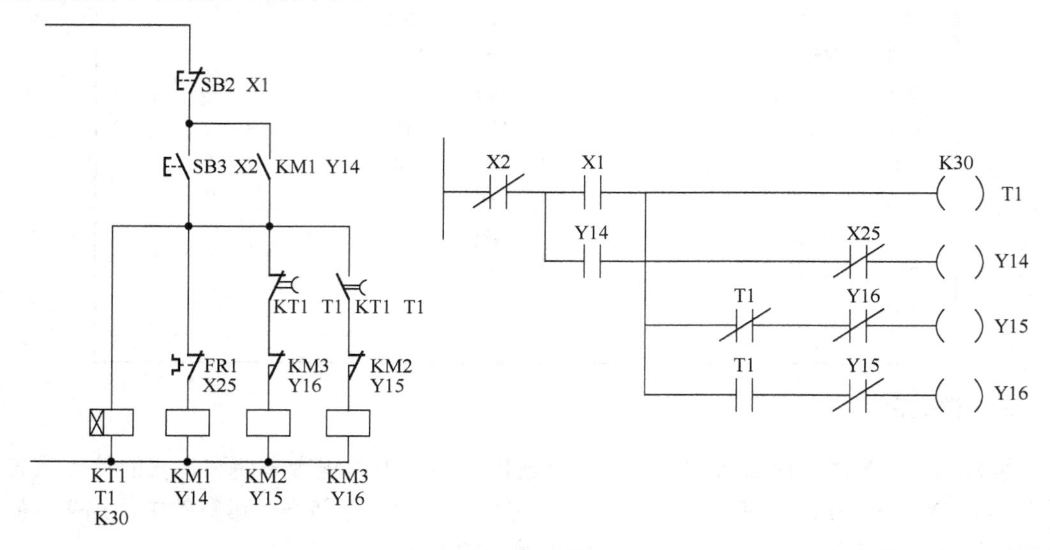

图 5-5-9　钻床主轴的 PLC 控制

知识卡 4：Z30100 钻床主轴启停控制所用的 PLC 知识和指令（★★★）

FX 系列 PLC 中定时器时可分为通用定时器、积算定时器二种。它们是通过对一定周期的时钟脉冲进行累计而实现定时的，时钟脉冲周期有 1ms、10ms、100ms 三种，当所计数达到设定值时触点动作。设定值可用常数 K 或数据寄存器 D 的内容来设置。

通用定时器的特点是不具备断电保持功能，即当输入电路断开或停电时定时器复位。通用定时器有 100ms、10ms 和 1ms 通用定时器三种。

（1）100ms 通用定时器（T0～T199）：共 200 点，其中 T192～T199 为子程序和中断服务程序专用定时器。这类定时器对 100ms 时钟累积计数，设定值为 1～32767，所以其定时范围为 0.1～3276.7s。

（2）10ms 通用定时器（T200～T245）：共 46 点。这类定时器对 10ms 时钟累积计数，设定值为 1～32767，所以其定时范围为 0.01～327.67s。

（3）1ms 通用定时器（T256～T511）：共 256 点。这类定时器对 1ms 时钟累积计数，设定值为 1～32767，所以其定时范围为 0.001～32.767s。

使用通用定时器类似于低压电器中的通电延时时间继电器，当定时器的“软线圈”被接通时开始延时，时间到时定时器的延时“软触点”会动作。如图 5-5-10 所示，当输入 X0 接通时，定时器 T200 从 0 开始对 10ms 时钟脉冲进行累积计数，当计数值与设定值 K123 相等时，定时器的常开触点接通 Y0，经过的时间为 123×0.01s=1.23s。当 X0 断开后定时器复位，计数值变为 0，其常开触点断开，Y0 也随之变为“OFF”。若外部电源断电，定时器也将复位。积算定时器的工作原理请大家查询 PLC 手册。

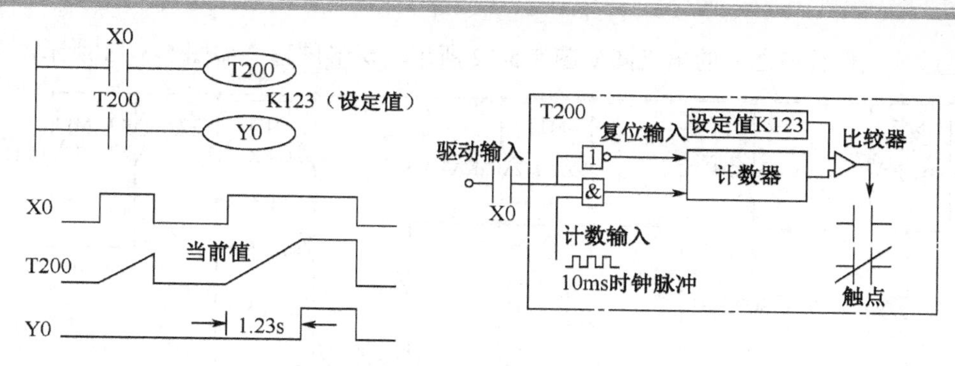

图 5-5-10　通用定时器工作原理

通过上述分析可知，由于 FX 系列 PLC 的定时器只有在其线圈通电时才能延时，如要实现定时器线圈在断电时延时，也就是断电延时继电器功能，要通过 PLC 编程实现，具体的编程方法如图 5-5-11 所示，M100 就实现了断电延时功能。要注意的是，在钻床摇臂、主轴箱和立柱的夹紧和放松过程中，不仅用到了断电延时常开和常闭触点，还用到了瞬动触点，图 5-5-11 中断电延时常开和常闭触点就是 M100 对应的常闭和常开触点，瞬动触点其实与输入软件 X1 的触点是等效的，这个要点会应用到接下来的钻床摇臂、主轴箱和立柱的夹紧和放松控制编程中。

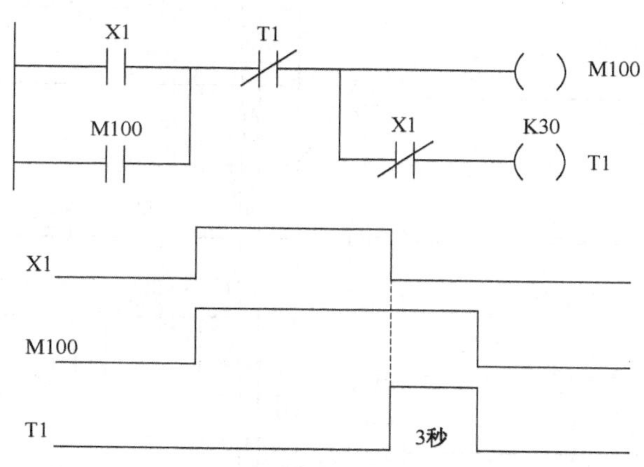

图 5-5-11　断电延时定时器构建

技能卡 5：Z30100 钻床摇臂升降的 PLC 控制（★★★）

根据电气原理图分析可知，按下 SB4 或者接通 SA3-1，摇臂上升，按下 SB5 或接通 SA3-2，摇臂下降。具体过程如下：上升按钮按下→摇臂松开（YA1 和 KM4 得电）→松开到位（SQ3 接通）→摇臂上升（KM6 得电）；上升按钮松开→延时后夹紧（KT2 接通 KM5，KT3 维持 YA1 接通）→夹紧到位（SQ4 接通）→停止夹紧（KM5 失电）→延时后 KT3 关闭 YA1。这个控制要求中，KT2、KT3 断电延时，需要采用如图 5-5-11 所示的 PLC 断电延时定时器的设计，采用 M12 和 M13 作为断电延时的辅助继电器，其中延时动作的辅助触点仍采用 M12 和 M13 的辅助触点表示，瞬动触点采用 M10 和 M11 的辅助触点表示，M10 等效于 KA2 常开触点和 KA3 常开触点的并联，如图中矩形虚线框所示；M11 等效于 SQ4 常闭触点和 KT2 延时闭合常开触点的并联，如图中六边形虚线框所示。同样根据 I/O 分配表，通过软元件替换之后的电气图如图5-5-12所示，梯形图程序如图5-5-13所示。

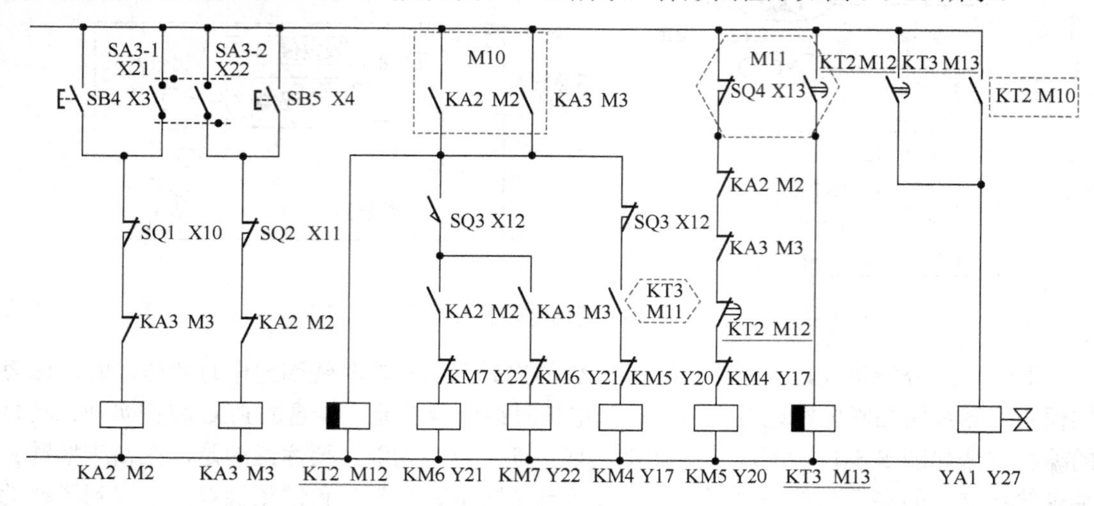

图5-5-12　钻床摇臂升降控制电气控制和软元件对应图

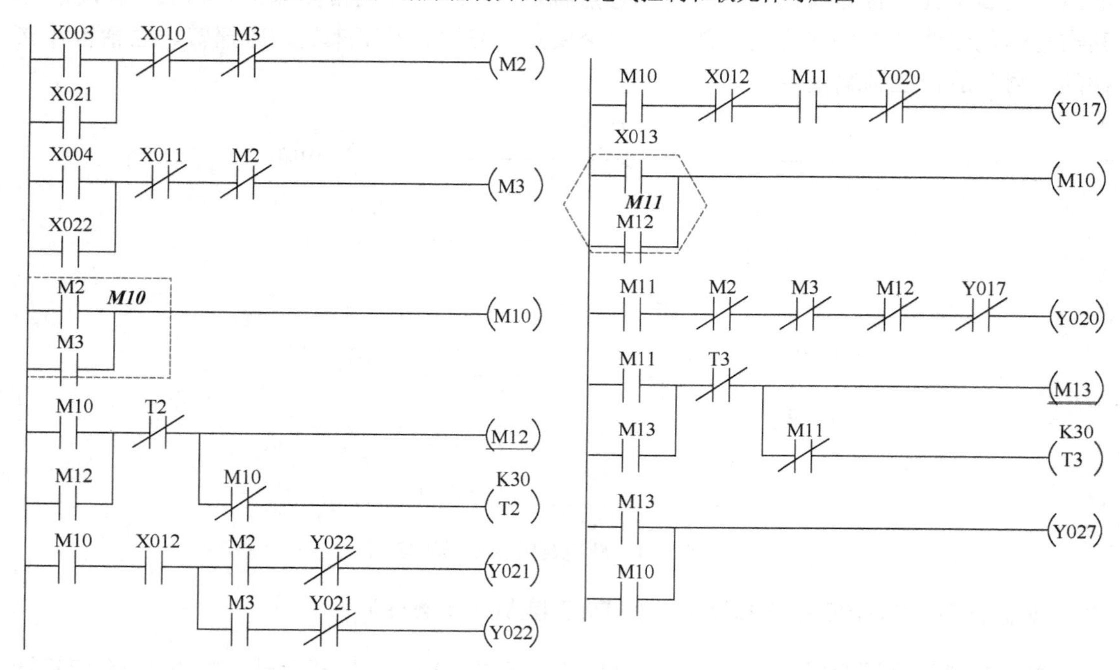

图5-5-13　钻床摇臂升降控制的PLC梯形图

小试牛刀

（1）PLC内定时器的功能相当于继电控制系统中的______________。

（2）PLC内定时器的时基脉冲有________、________、________。

（3）FX系列PLC中的定时器可分为________和________。

（4）LD指令称为“_______”，其功能是使常开触点与___________连接。

（5）AND 指令称为“______”，其功能是使继电器的常开触点与其他继电器的触点______。

（6）画梯形图时每一个逻辑行必须从____母线开始，终止于_____母线；_____母线只能接继电器的触点，_____母线只能接继电器的线圈。

（7）ANB 指令是电路块与指令，ORB 是电路块或指令，指令后面没有其他操作数。（　）

（8）栈操作必须 MPS 与 MPP 成对出现，MRD 指令可以根据应用随意出现。（　）

（9）OUT 指令可以驱动任何软继电器，如中间辅助继电器、输入继电器等。（　）

（10）OUT 指令可以连续使用，成为串行输出，且不受使用次数的限制。（　）

（11）定时器 T 使用 OUT 指令后，还要有一条常数设定语句。（　）

（12）参照图 5-5-11 关于定时器的使用，编程设计实现如图 5-5-14 所示的梯形图程序。

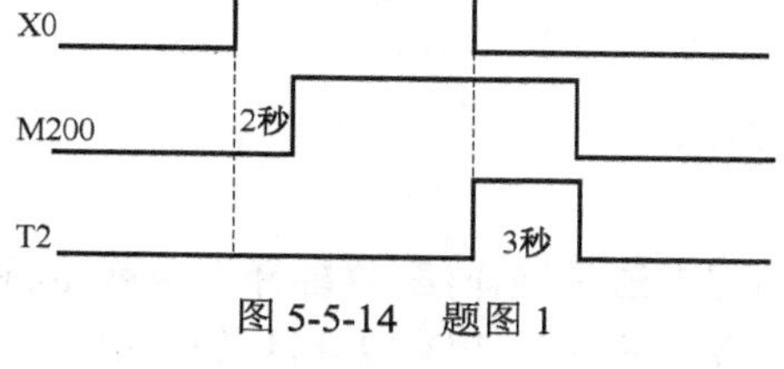

图 5-5-14　题图 1

大显身手

（1）根据上述分析，请完成本任务没有分析到的主轴箱、立柱放松和夹紧的电气控制图及对应的 PLC 软元件，如图 5-5-15 所示，请在下方的方框中绘制好这部分的梯形图程序，注意虚线部分左侧与图 5-5-13 梯形图如何结合（SQ3 对应 X12，KM4 对应 Y12）。

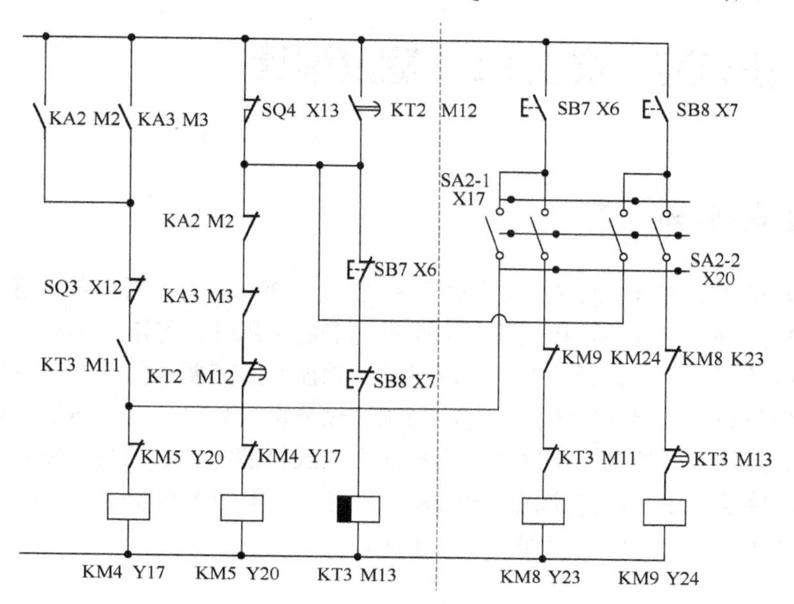

图 5-5-15　主轴箱、立柱放松和夹紧的电气控制和软元件对应图

（2）请汇总完成整个摇臂钻床的PLC控制程序设计，用编程软件编辑好程序，并根据电气控制原理添加必要的注释。

点石成金

（1）本次任务采用的编程方法是翻译法，“翻译”也就是将电气控制图翻译成梯形图。翻译的方法是将所有的电气符号替代为I/O地址以及对应的中间继电器地址，照着电气控制图的“葫芦”画梯形图程序这个“瓢”。

（2）翻译过程中可能会有一些问题，一是触点逻辑如果过于复杂可以拆解，将部分触点构成的逻辑用中间变量替代，如上述任务中的M10和M11，同时可以根据控制功能分模块翻译，化繁为简，逐个击破；二是中间继电器和定时器的处理，特别是断电延时定时器的处理，上述任务已有说明。

5.6 任务五：优化PLC程序设计

抛砖引玉

技术部对车间的一台Z30100钻床进行PLC改造期间，由于原设备采用的是原电气控制图翻译过来的梯形图程序，控制采用的是继电器逻辑思维，可读性不高，客户单位设备负责人希望能够优化程序设计，在同样满足设备功能及工艺要求的前提下，尽量提高程序的可读性，便于设备使用和维护。工程师肖工通过分析认为可以采用模块化编程，分为主轴启停控制、摇臂升降控制、主轴箱和立柱的夹紧放松控制、主轴箱水平移动和照明指示控制四个程序模块，由于摇臂控制逻辑较复杂，可以采用顺序功能图（SFC）的方式编程，思路确定后要求实习生小明完成程序优化设计。

有的放矢

（1）理解顺序控制程序设计法的基本知识和原理。
（2）掌握主控指令和步进指令的应用。
（3）掌握 SFC 图形化编程应用方法。
（4）掌握 PLC 模块化编程的方法。

聚沙成塔

知识卡 1：顺序功能图的设计方法（★★☆）

顺序控制设计法是一种专门用于顺序控制系统的程序设计方法，最基本的思想是将控制系统的一个工作周期划分为若干个顺序相连的阶段，这些阶段称为步(STEP)，所以有时候也将这种方法称为步进设计法。这种设计方法直观，理解方便，修改和阅读也很方便，很容易被初学者接受，也会提高程序的设计和调试的效率，被很多有经验的工程师广泛应用。正因为如此，PLC 生产厂家也为这种顺序控制设计提供了专用的编程元件和步进指令，还提供了设计调试这种 SFC 图形化编程的工具平台。使这种设计方法成为 PLC 程序设计的主要方法。顺序功能图（SFC）主要由步、有向连线、转换、转换条件和动作组成。

1）步的划分

步（STEP）是控制系统工作周期内的某个或某些输出状态稳定不变的阶段，若干个顺序相连的步组成一个控制系统的工作周期。步的这种划分方法使代表各步的编程元件与 PLC 各输出状态之间有着极为简单的逻辑关系。步的划分不是唯一的，可以根据被控对象工作状态的变化，也可以根据 PLC 的输出状态变化，也可根据编程者的需要进行或粗或细的划分。

如某液压工作台的一个工作周期描述如下：工作台在原位停止，按下启动按钮工作台快进运行，到达 SQ1 位置，工作台变为工进运行，当压力继电器 KP 动作的时候，继续维持工进状态同时延时 1 秒，延时到工作台快退返回原位。

分析工进和停留这两个步可知，两步的输出虽然一样，但是停留步还增加一个定时功能，因此可以将其作为独立的两步，由于输出是一样的，也可以只作为一个步，在这个步中 KP 条件满足时启动延时即可。在 SFC 中步用方框表达，编程时一般用 PLC 内部编程元件来代表各步（辅助继电器 M 或状态器 S），如图 5-6-1 所示，这样在根据功能表图设计梯形图时较为方便。

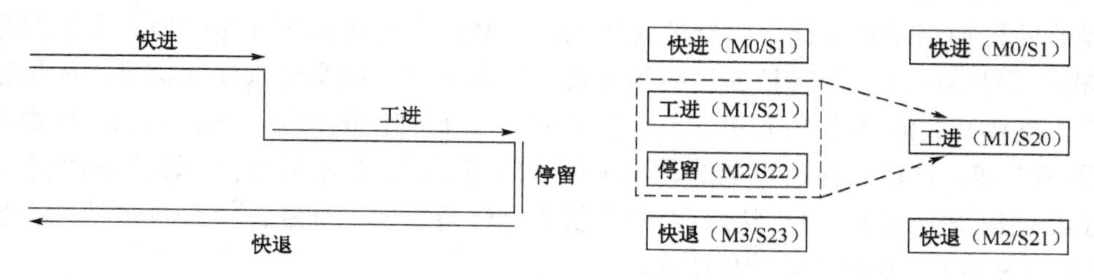

图 5-6-1　步的划分

步有普通步和初始步。初始步一般是系统初始状态处理的步，初始状态一般是系统等待启动命令的相对静止的状态。初始步用双线方框表示，每一个功能表图至少应该有一个初始步。

步一般要完成某些“动作”。这些动作一般是 PLC 系统的输出，用于驱动生产负载的接触器和电磁阀。也有的是实现中间控制的定时器/计数器等，也可能是用于控制下级控制器的指令，如变频器、伺服器的使能信号、方向信号等。某一步中的动作可以是一个也可是多个，用与步相连的矩形框中的文字或符号来表示，多个动作可以用多个框层叠在一起表示，如图 5-6-2 所示。

步有活动和非活动两种状态，当系统正处于某一步时，该步处于活动状态，称该步为“活动步”。步处于活动状态时，相应的动作被执行。若为保持型动作则该步不活动时继续执行该动作，若为非保持型动作则指该步不活动时，动作也停止执行。一般在功能表图中保持型的动作应该用文字或助记符标注，而非保持型动作不要标注。

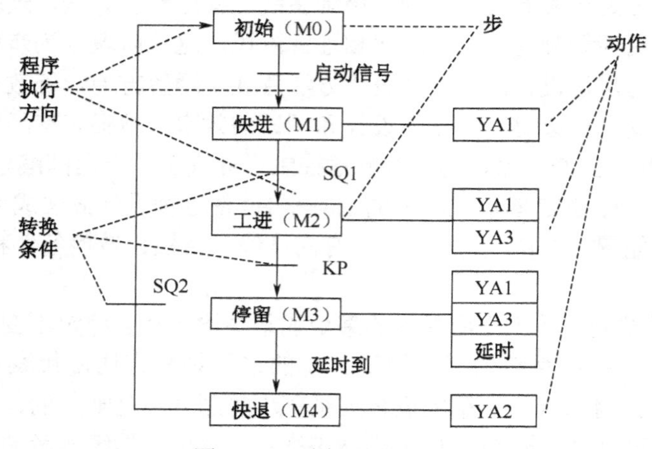

图 5-6-2　功能表图的绘制

2）转换及转换条件的确定

在功能表图中，随着时间的推移和转换条件的实现，将会发生步的活动状态的顺序进展，这种进展按有向连线规定的路线和方向进行。在画功能表图时，将代表各步的方框按它们成为活动步的先后次序顺序排列，并用有向连线将它们连接起来，有向连线上用箭头表达活动状态进行的方向，进行方向习惯上是从上到下或从左至右，在这两个方向有向连线上的箭头可以省略，如图 5-6-2 所示。

相邻两步间有转换，转换是两个相邻步的分界，用有向连线上与有向连线垂直的短线来表示，转换是根据控制过程的发展，将当前步的活动状态转移到下一个步的过程。转换条件是判断转换这个过程是否执行的逻辑条件，转换条件可以用文字语言、布尔代数表达式或图形符号标注在表示转换的短线的旁边。转换条件可能是外部输入信号，如按钮、指令开关、限位开关的接通/断开等，也可能是 PLC 内部产生的信号，如定时器、计数器触点的接通/断开等，转换条件也可能是若干个信号的与、或、非逻辑组合。转换条件 X 和 $\overline{X}$ 分别表示在逻辑信号 X 为“1”状态和“0”状态时转换实现。符号 X↑和 X↓分别表示当 X 从 $0\rightarrow1$ 状态和从 $1\rightarrow0$ 状态时转换实现。

3）顺序功能图的绘制

通过上述分析可以知道，绘图前应通过对控制系统进行分析，分析工作周期，划分步，分析功能要求，找到步与步之间的转移条件、各步对应的输出动作、步转移的方向等，最终绘制出控制系统功能表图或称状态转移图。功能图有如下的基本结构：

单序列： 单序列由一系列相继激活的步组成，每一步的后面仅接有一个转换，每一个转换的后面只有一个步，如图 5-6-3（a）所示。

选择序列： 选择序列的开始称为分支，如图 5-6-3（b）所示，转换符号只能标在水平连线之下。如果步 2 是活动的，并且转换条件 e=1，则发生由步 5→步 6 的进展；如果步 5 是活动的，并且 f=1，则发生由步 5→步 9 的进展。在某一时刻一般只允许选择一个序列。

选择序列的结束称为合并，如图 5-6-3（c）所示。如果步 5 是活动步，并且转换条件 m=1，则发生由步 5→步 12 的进展；如果步 8 是活动步，并且 n=1，则发生由步 8→步 12 的进展。

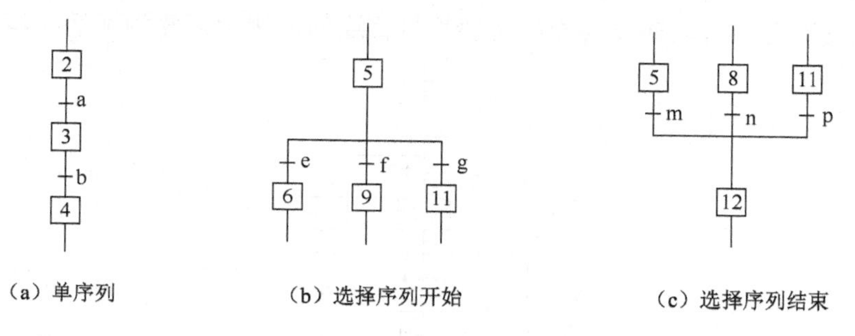

图 5-6-3 单序列与选择序列

并行序列： 并行序列的开始称为分支，如图 5-6-4（a）所示，当转换条件的实现导致几个序列同时激活时，这些序列称为并行序列。当步 4 是活动步，并且转换条件 a=1，步 3、7、9 同时变为活动步，同时步 4 变为不活动步。为了强调转换的同步实现，水平连线用双线表示。步 3、7、9 被同时激活后，每个序列中活动步的进展将是独立的。在表示同步的水平双线之上，只允许有一个转换符号。

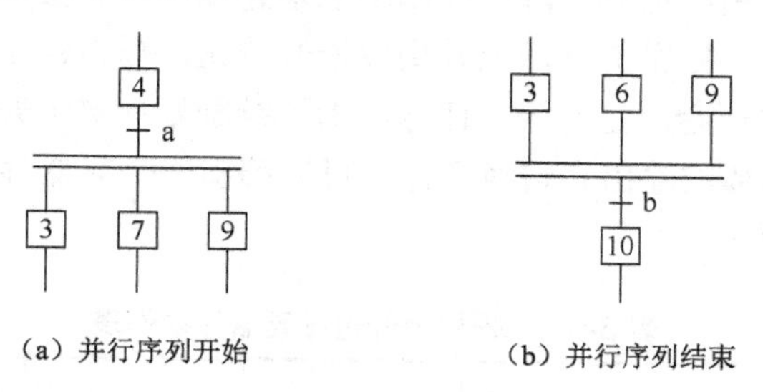

图 5-6-4 并行序列

并行序列的结束称为合并，如图 5-6-4（b）所示，在表示同步的水平双线之下，只允许有一个转换符号。当直接连在双线上的所有前级步都处于活动状态，并且转换条件 b=1 时，才会发生步 3、6、9 到步 10 的进展，即步 3、6、9 同时变为不活动步，而步 10 变为活动步。并行序列表示系统的几个同时工作的独立部分的工作情况。

子步：某一步可以包含一系列子步和转换，通常这些系列表示整个系统的一个完整的子功能。子步的使用使系统的设计者在总体设计时容易抓住系统的主要矛盾，用更加简洁的方式表示系统的整体功能和概貌，而不是一开始就陷入某些细节之中，如图 5-6-5 所示。设计者可以从最简单的对整个系统的全面描述开始，然后画出更详细的功能表图，子步中还可以包含更详细的子步，这使设计方法的逻辑性很强，可以减少设计中的错误，缩短总体设计和查错所需要的时间。

4）顺序功能图的转换基本规则

顺序功能图通过步的活动状态转换来完成控制系统功能的实现，转换的核心主要有两个方面，一是转换的条件，二是转换的结果。

转换实现必须同时满足两个条件：一是该转换所有的前级步都是活动步；二是相应的转换条件得到满足。

转换的结果有两个操作：一是使所有由有向连线与相应转换符号相连的后续步都变为活动步；二是使所有由有向连线与相应转换符号相连的前级步都变为不活动步。

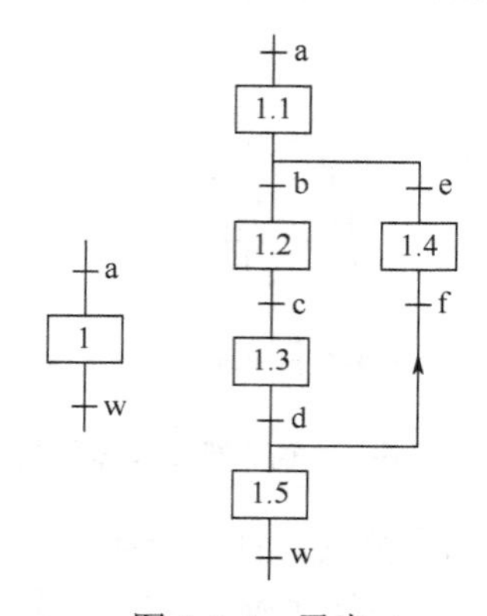

图 5-6-5　子步

技能卡 1：摇臂升降控制的顺序功能图绘制（★★★）

根据前述任务知道钻床摇臂升降的控制功能描述如下：当按下上升按钮时，摇臂首先要松开，当松开完成后，摇臂上升，上升到位松开按钮，摇臂停止，延时一会，启动摇臂夹紧，夹紧完成后延时一会，完成这个任务。为了绘制好摇臂上升的顺序功能表图，还要弄清楚每个工作阶段具体的输出和转换条件，可以列出一个元器件动作表和 I/O 分配表，如表 5-6-1、表 5-6-2 所示。

表 5-6-1　摇臂上升过程元器件动作表

元器件 步	当前步转移的条件	KM4	YA1	KM5	KM6
上升前	上升按钮 SB4 被按下	－	－	－	－
摇臂松开	松开到位，SQ3 接通	＋	＋	－	－
摇臂上升	上升按钮 SB4 被松开	－	＋	－	＋
延时	KT2 延时到	－	＋	－	－

续表

步 \ 元器件	当前步转移的条件	KM4	YA1	KM5	KM6
摇臂夹紧	夹紧到位，SQ4 接通	−	+	+	−
延时	KT3 延时到	−	+	−	−

表 6-5-2 摇臂上升过程 I/O 分配表

PLC I/O	X3	X12	X13	Y17	Y20	Y21	Y27
输入/输出设备	SB4	SQ3	SQ4	KM4	KM5	KM6	YA1

根据元器件动作表，绘制出顺序功能表图，如图 5-6-6 所示。

技能卡 2：摇臂升降控制的顺序功能图的梯形图编程（★★★）

梯形图的编程方式是指根据功能表图设计出梯形图的方法。这里介绍两种方法，一是使用通用指令的编程方式，这种方式可以适应各厂家的 PLC 在编程元件、指令功能和表示方法上的差异；二是使用 STL 步进指令编程方式，这种是依赖三菱 PLC 的专用步进指令实现的，其他厂商的 PLC 不能通用；三是使用 SFC 图形化编程方式。

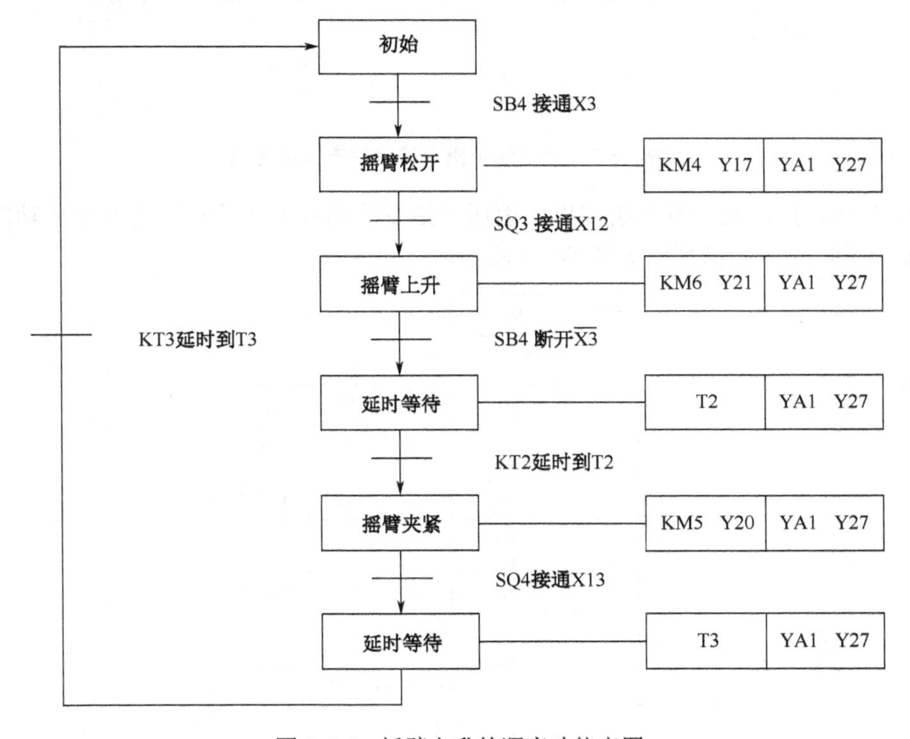

图 5-6-6 摇臂上升的顺序功能表图

1）使用通用指令的编程方式

编程时用辅助继电器来代表步。某一步为活动步时，对应的辅助继电器为“1”状态，转换实现时，该转换的后续步变为活动步。由于转换条件大都是短信号，即它存在的时间比它激活的后续步为活动步的时间短，因此应使用有记忆（保持）功能的电路来控制代表步的辅助继电器。属于这类的电路有“启保停电路”和具有相同功能的使用 SET、RST 指令的电路。如图 5-6-7（a）所示的 M_{i-1}、M_i 和 M_{i+1} 是功能表图中顺序相连的 3 步，X_i 是步 M_i 之前的转换条件。

编程的关键是找出启动条件和停止条件。根据转换实现的基本规则，转换实现的条件是它的前级步为活动步，并且满足相应的转换条件，所以步 M_i 变为活动步的条件是 M_{i-1} 为活动步，并且转换条件 Xi=1，在梯形图中则应将 M_{i-1} 和 Xi 的常开触点串联后作为控制 M_i 的启动电路，如图 5-6-7（b）所示。当 M_i 和 X_{i+1} 均为“1”状态时，步 M_{i+1} 变为活动步，这时步 M_i 应变为不活动步，因此可以将 M_{i+1}=1 作为使 M_i 变为“0”状态的条件，即将 M_{i+1} 的常闭触点与 M_i 的线圈串联。也可用 SET、RST 指令来代替“启保停电路”，如图 5-6-7（c）所示。这种编程方式仅仅使用与触点和线圈有关的指令，任何一种 PLC 的指令系统都有这一类指令，所以称为使用通用指令的编程方式，可以适用于任意型号的 PLC。

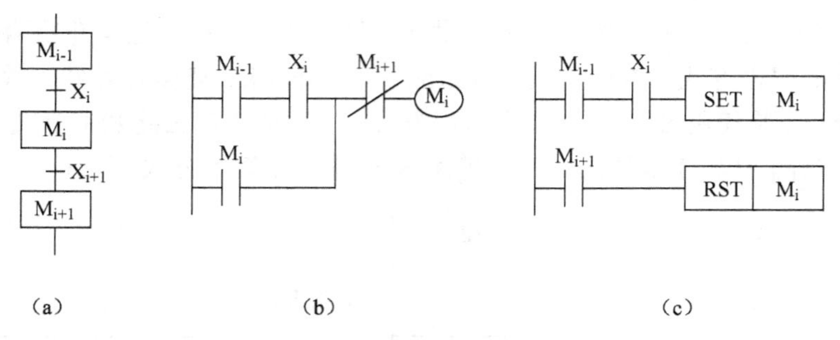

图 5-6-7　使用通用指令的编程方式示意图

根据上述分析，我们可以绘制出使用通用指令的编程方式的摇臂上升顺序功能图，如图 5-6-8 所示，对应的梯形图如图 5-6-9 所示。

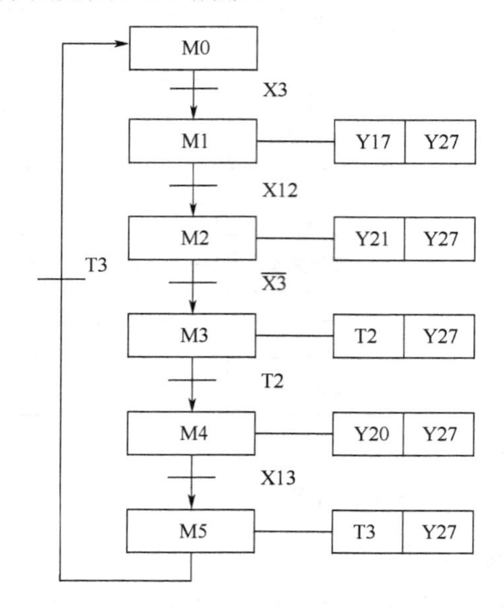

图 5-6-8　使用通用指令的摇臂上升顺序功能图

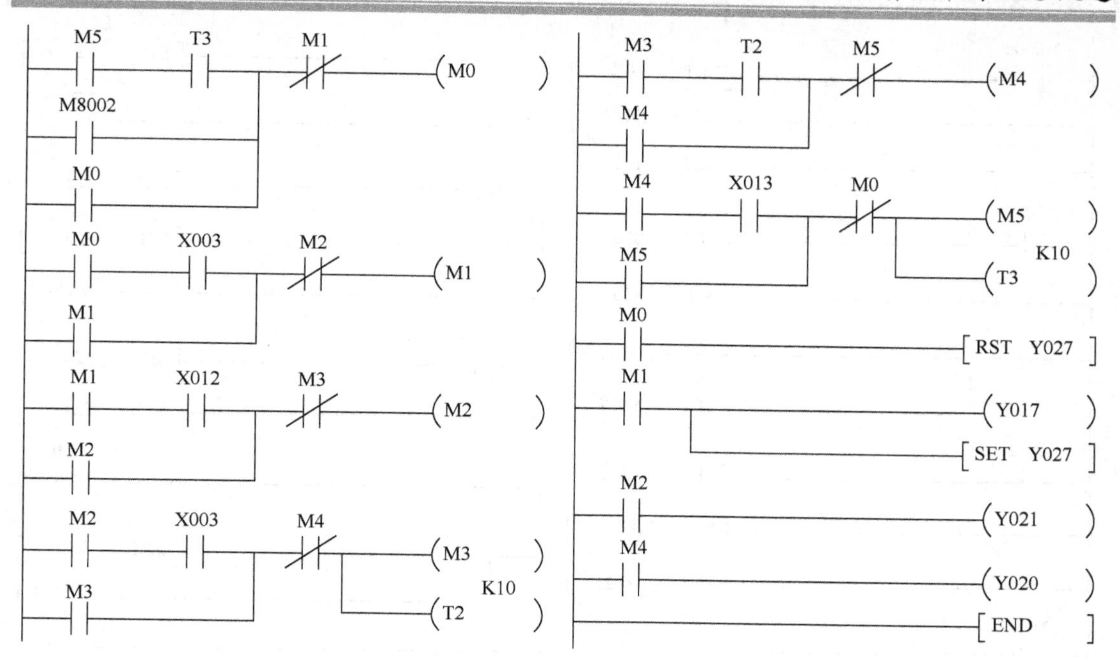

图 5-6-9　使用通用指令的摇臂上升梯形图

2）使用 STL 步进指令编程方式

若使用 STL 步进指令的编程方式，由于 STL 指令只能驱动 PLC 内部的状态寄存器 S，所以步的符号只能用状态寄存器 S 表达，根据表 5-5-1 可以知道，FX3U 的内部状态寄存器 S0～S9 是初始用的，S10～19 是返回原点用的，S20～S499 是普通用途，因此绘制的摇臂上升顺序功能图如图 5-6-10 所示，对应的梯形图如图 5-6-11 所示。

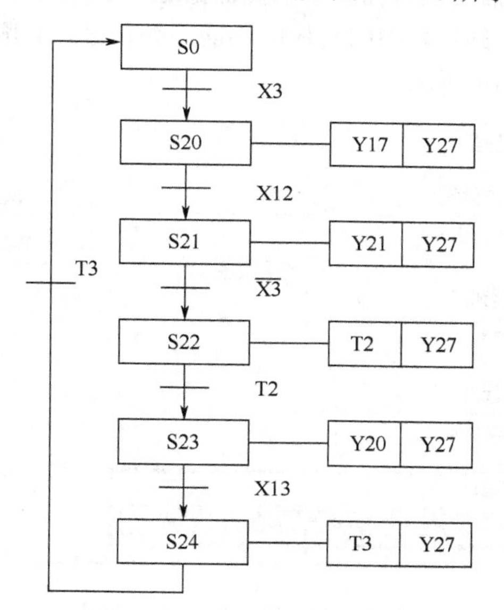

图 5-6-10　使用 STL 指令的摇臂上升顺序功能图

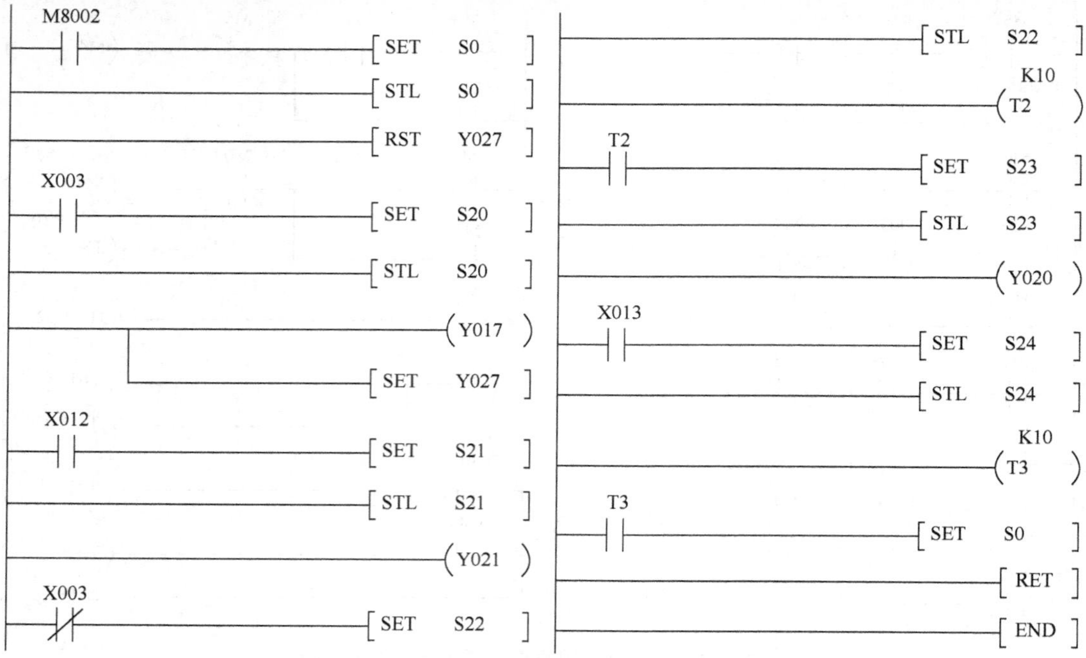

```
M8002
─┤├──────────[SET S0]
─────────────[STL S0]
─────────────[RST Y027]
X003
─┤├──────────[SET S20]
─────────────[STL S20]
─────────────(Y017)
     └───────[SET Y027]
X012
─┤├──────────[SET S21]
─────────────[STL S21]
─────────────(Y021)
X003
─┤/├─────────[SET S22]
─────────────[STL S22]
                K10
─────────────(T2)
T2
─┤├──────────[SET S23]
─────────────[STL S23]
─────────────(Y020)
X013
─┤├──────────[SET S24]
─────────────[STL S24]
                K10
─────────────(T3)
T3
─┤├──────────[SET S0]
─────────────[RET]
─────────────[END]
```

图 5-6-11　使用 STL 指令的摇臂上升的梯形图

技能卡 3：摇臂升降控制的顺序功能图的 SFC 编程（★★★）

很多 PLC 提供顺序功能图的图形化编程方式，三菱 FX3U 系列 PLC 也提供了这种图形化编程方式，在新建工程的时候通过单击"程序语言"的下三角选择 SFC 编程。如图 5-6-12 所示，单击确定，弹出块信息设置窗口，设置好标题名字，如图 5-6-13 所示，单击"执行"则生成一个编号为"000"的块，中间是块的功能图编辑区，右侧是某步或条件的输出和输入设置编辑区，如图 5-6-14 所示。

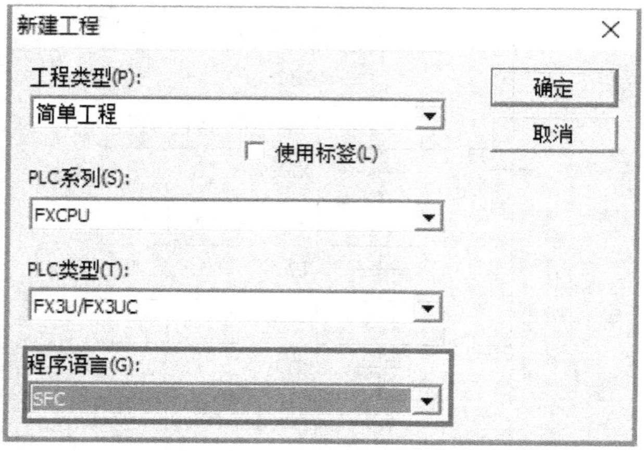

新建工程
工程类型(P):
简单工程
使用标签(L)
PLC系列(S):
FXCPU
PLC类型(T):
FX3U/FX3UC
程序语言(G):
SFC
确定
取消

图 5-6-12　SFC 编程方式选择

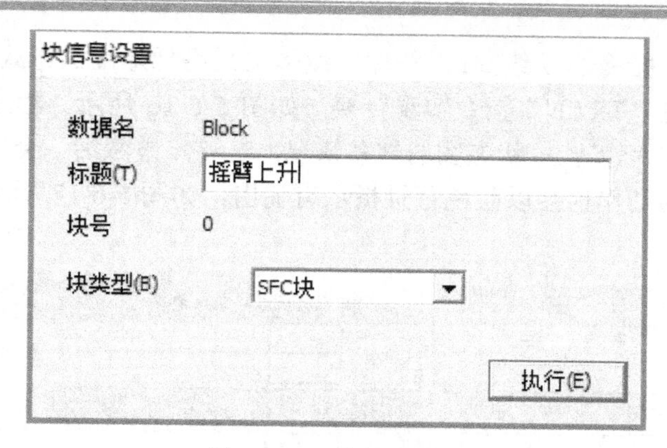

图 5-6-13　块标题设置

SFC 顺序功能图的编辑非常容易，在菜单下方有一个 SFC 编辑工具栏，上面有很多编辑工具，如要加入一个“步”，可单击工具栏图标插入步，如要加入一个“条件”，可单击工具栏图标插入条件，可以自行设定“步”和“条件”的编号，为增加程序可读性，还可以增加“步”的注释；要注意的是“步”后面只能添加“条件”，“条件”的后面只能添加“步”。也可以使用快捷键 F5，这样更便捷，SFC 编辑如图 5-6-15 所示。

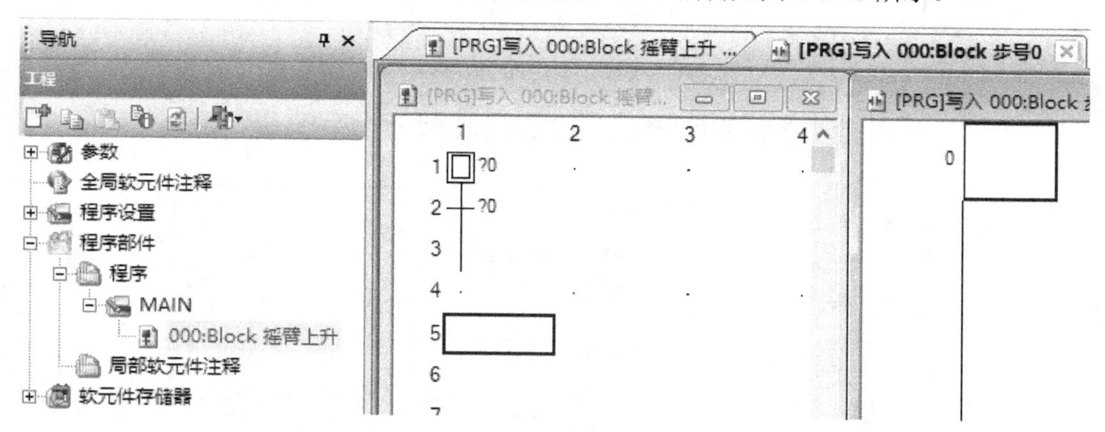

图 5-6-14　SFC 编辑界面

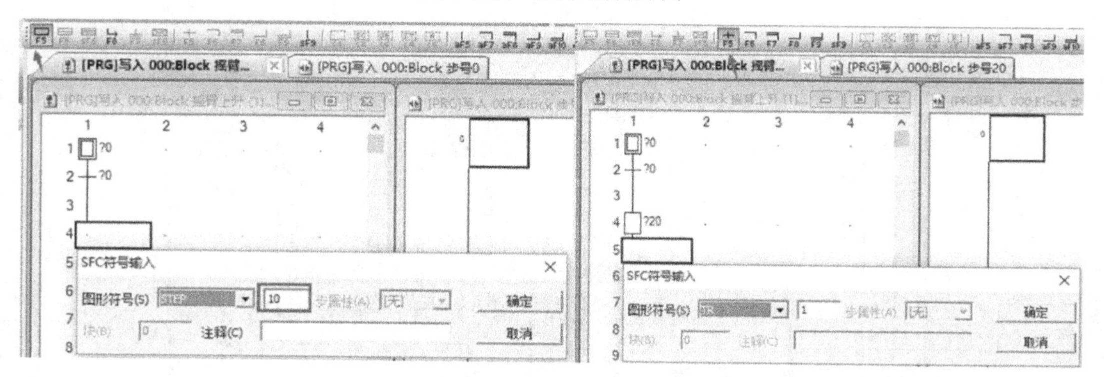

图 5-6-15　SFC 编辑

SFC 顺序功能图编辑完成后，就要编辑对应的“动作”和“条件”，鼠标左键选择一个“步”，在该“步”对应右侧编辑动作，“动作”编辑采用梯形图的方式，通过“OUT”指令或者“置位或复位”指令驱动线圈；“条件”编辑也采用梯形图的方式，通过“LD”指令加载触点条件，通过“TRAN”指令实现转换，如图 5-6-16 所示。程序编辑完成后，通过仿真或者 PLC 运行，可以监控状态图的转移情况，若该步被激活，会显示蓝色的背景，选择该激活步，对应的动作也会以蓝色背景指示有输出，如图 5-6-17 所示（彩色效果见电子课件）。

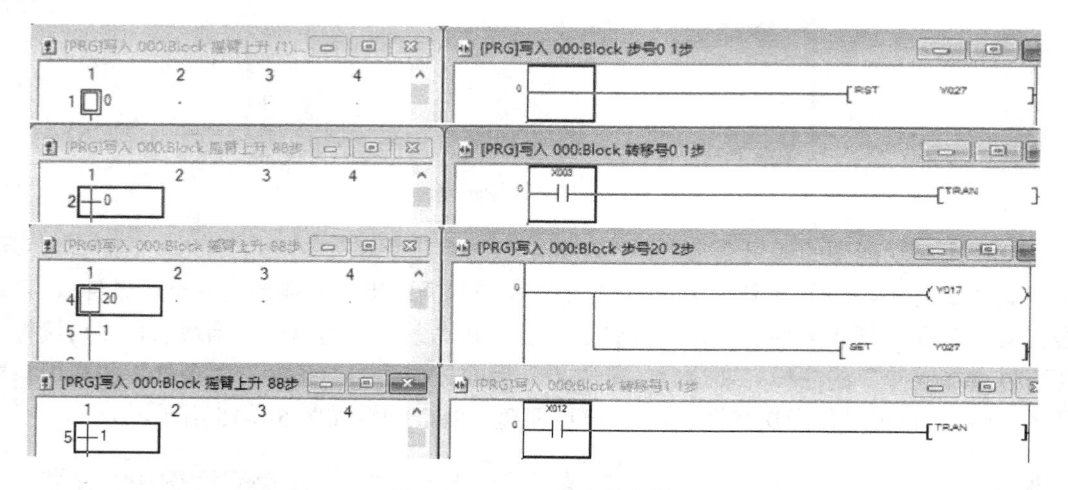

图 5-6-16　SFC 程序的编辑

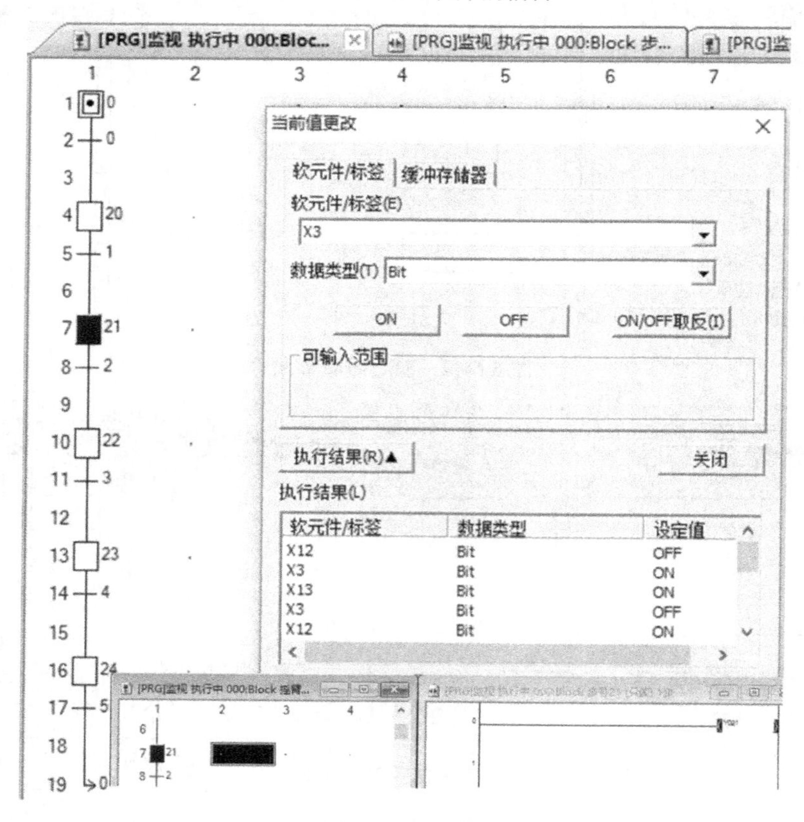

图 5-6-17　SFC 程序的调试

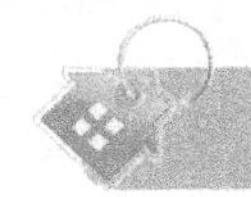

小试牛刀

（1）顺序控制编程的状态寄存器中，S0～S9 一般用于_____功能；S10～S19 一般用于_____功能，S20～S499 一般用于_____功能。

（2）只要转移条件满足，该转移条件后的“步”就立即激活，对应动作就会有输出。（　　）

（3）顺序控制功能图的分支有两种，并行分支是在转移条件后会并行有多个步；分支是在步后有多个转移条件。（　　）

（4）顺序控制功能图的合并有两种，并行合并时，是在多个步后有一个条件；选择合并时，是多个转移条件后有一个步。（　　）

（5）请设计星三角启动的顺序功能图，并采用 STL 指令写出梯形图程序。

（6）如图 5-6-18（b）所示，步 1 原位停止，按下启动按钮 SB 后进入步 2 快进，到达 SQ1 位置转入步 3 工进，到达 SQ2 位置转入步 4 快退，对应的输出如图 5-6-18（a）所示。请设计工艺所示的顺序功能图，并采用 STL 指令写出梯形图程序。

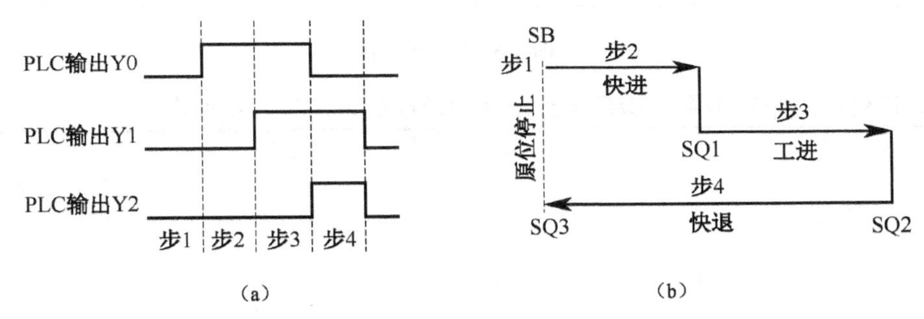

图 5-6-18　题图

大显身手

根据上述知识和技能的学习，我们知道了顺序功能图编程的基本知识和程序编辑的基本技能，现在我们来完善摇臂升降控制的顺序功能图编程。上述摇臂升降控制的顺序功能图是不完善的，因为我们只考虑摇臂上控制的普通情况，对于一些特别的情况应深入考虑，如操作者在操作过程中误操作，按下摇臂上升按钮之后立即松手，此时的摇臂还未放松完毕，通过电气控制原理图可以知道，这种情况摇臂会延时后自动启动夹紧过程，如图 5-6-18 所示，电气工艺要求是虚线所示的路径；但是就图 5-6-19 所示的功能图而言，只能按黑实线逐步执行，首先必须执行放松到位，SQ3 接通之后再启动延时夹紧，因此不符合工艺要求。如何实现虚线所示的功能呢？

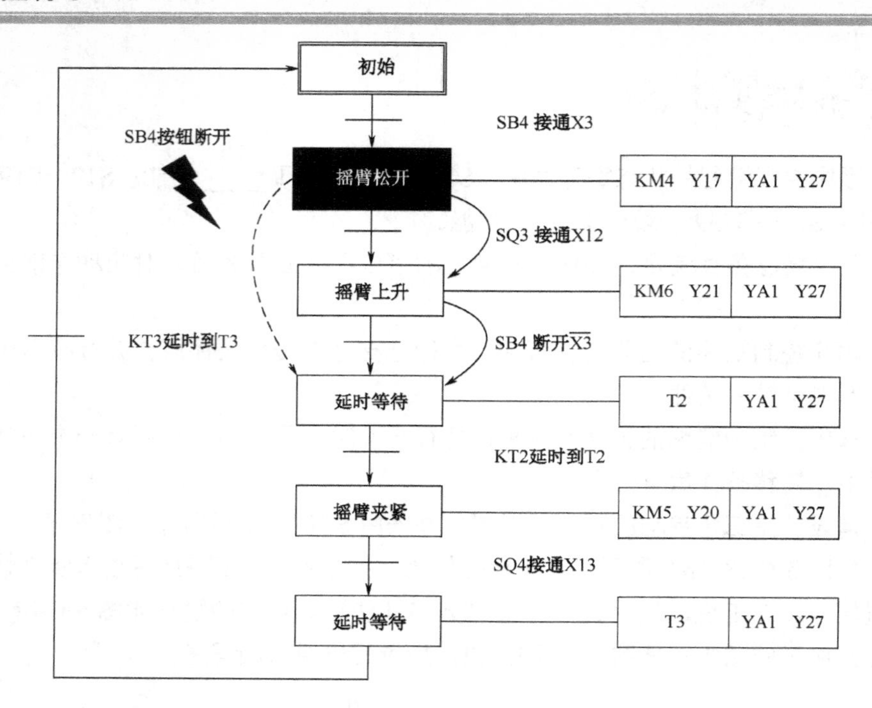

图 5-6-19　功能图

（1）请修改这个功能图，满足虚线路径的功能要求，绘制在框内。

（2）根据修改后的功能图，使用通用指令完成梯形图程序设计。

（3）根据修改后的功能图，使用 STL 指令完成梯形图程序设计。

*（4）根据修改后的功能图，使用 SFC 程序完成功能图编程设计，课余完成。

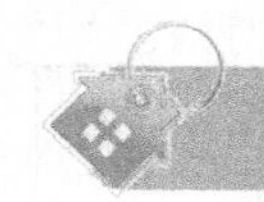

点石成金

（1）学会找到合适的转换条件。顺序控制的编程方法非常适合机械加工行业的顺序控制，如组合机床的 PLC 控制、数控机床 PLC 控制几乎都采用顺序控制的编程方式。这种编程方法首先是要能清晰地将工序划分为步，并清楚地找出步与步之间的转换条件。步与下一步之间应能找到一个明确的转换条件，若找不到就不能作为两个步，因此在设计顺序控制功能图的时候，转换条件也是顺序控制图设计的一个要点。

（2）理解顺序控制设计法的关键就是要记住三个“2”。

① 步有 2 个状态：活动状态、不活动状态；只有处于活动状态的步才能有对应输出；处于不活动状态时，该步对应的输出即使与左母线接通也没有输出。

② 步的活动有 2 个条件：一是前续步是活动的，二是当前转换条件满足。

③ 步的转移有 2 个结果：一是后续步变为活动，二是当前步变为不活动的状态。

（3）绘制功能表图应注意的问题：

① 两个步绝对不能直接相连，必须用一个转换将它们隔开。

② 两个转换也不能直接相连，必须用一个步将它们隔开。

③ 功能表图中初始步是必不可少的，它一般对应于系统等待启动的初始状态，这一步可能没有什么动作执行，因此很容易遗漏这一步。如果没有该步，无法表示初始状态，系统也无法返回停止状态。

④ 只有当某一步所有的前级步都是活动步时，该步才有可能变成活动步。如果用无断电保持功能的编程元件代表各步，则 PLC 开始进入 RUN 方式时各步均处于“0”状态，因此必须要有初始化信号，将初始步预置为活动步，否则功能表图中永远不会出现活动步，系统将无法工作。

5.7 项目闯关：编辑技术文档

随着技术的发展，产业正在面临着技术升级，采用 PLC 改造传统的机床已经非常普遍了，机床的 PLC 改造能够有效提升生产自动化水平，提升设备的可靠性，具有非常实际的现实意义。机床的改造完成后，要投入使用，必须提交相关的技术文档和培训服务，才能交付客户使用，一般的 PLC 系统要提交的主要技术资料有：改造后的机床操作手册、机床 PLC 控制系统操作说明书、PLC 控制技术图纸、PLC 程序控制流程、设备测试报告等。

知识卡 1：摇臂升降控制的顺序功能图的 SFC 编程（★☆☆）

技术文档含：研发文档和客户文档。

研发文档指研发过程中使用的文档。文档中详细记录产品的研发目的、开发阶段、研发时限等。阅读对象一般为了解项目、有一定基础的工程师。文档作为项目执行的参考，为项目的如期完成、项目质量跟踪，以及项目的后续发展等问题提供了可依据的文字上的依据。

客户文档指产品发布以后，公布给用户使用的文档。文档详细解释产品的具体使用方法、安全提示、客户服务信息等。阅读对象一般为用户、技术支持工程师、售后服务人员。文档作为产品和市场接轨的桥梁，为产品在市场上赢得客户的青睐，以及产品的长期发展做出了良好的保障。

技术文档要符合以下要求。

1. 针对性

文档编制以前应分清读者对象，按不同的类型、不同层次，决定怎样适应其需要。

① 对于面向管理人员和用户的文档，不应像开发文档（面向软件开发人员）那样过多地使用软件的专业术语。难以避免使用的词汇，应在文档中添加词汇表，进行解释。

② 开发文档使用的专业词汇未被广泛认知的，应添加注释进行说明。

③ 缩写词未被广泛认知的，应在其后跟上完整的拼写。

2. 正确性

① 没有错字、漏字。

② 文档间引用关系正确。

③ 文档细节（Title/History）正确。

3. 准确性

① 意思表达准确、清晰，没有歧义。

② 正确使用标点符号，避免产生歧义。

4. 完整性

① 意思表达完整，能找到主语、谓语、宾语，没有省略主语，特别是谓语。

② 一句话中不能出现几个动词一个宾语的现象。

③ 不遗漏要求和必需的信息。

5. 简洁性

① 尽量不要采用较长的句子来描述，无法避免时，应注意使用正确的标点符号。

② 简洁明了，不累赘冗余，每个意思只在文档中表达一次。

③ 每个陈述语句只表达一个意思。

④ 力求简明，如有可能，配以适当的图表，以增强其清晰性。

6. 统一性

① 统一采用专业术语和项目规定的术语集。

② 同一个意思和名称，前后描述的用语要一致。

③ 文档前后使用的字体要统一。

④ 关于同一课题，若干文档内容应该协调一致，没有矛盾。

7. 易读性

① 文字描述要通俗易懂。

② 上下文关联词使用恰当。

③ 文档变更内容用其他颜色与上个版本区别开来。

④ 测试步骤要采用列表的方式，用数字序号标注。

闯关任务

（1）完成 Z30100 机床的 PLC 改造的研发文档。

① 绘制控制柜图、PLC 控制系统电气图、PLC 接线图。

建议所有图纸采用 CAD 绘制，电气绘图请参考电气绘图标准，推荐采用 AUTOCAD、VISIO 等软件绘制电气图和流程图。

② 完成 Z30100 机床的 PLC 改造的程序代码，主要有程序流程图或功能框图、PLC 梯形图等。流程或功能框图建议采用 VISIO 等软件绘制，梯形图采用编程软件绘制。

（2）完成 Z30100 机床的 PLC 改造的用户文档。

编撰 Z30100 机床的 PLC 改造说明书。说明书主要作用是指导用户正确、安全使用本 PLC 系统，撰写说明书应提供具体的操作流程（图）、操作步骤、注意事项，特别是有关人身或设备安全方面的操作应有明确的警示提醒。可参考一般产品的使用说明书。

附录A　常用电器、电动机的图形与文字符号

附表-1

类别	名　称	图形符号	文字符号	类别	名　称	图形符号	文字符号
开关	单极控制开关	 或	SA	行程开关	常开触头		SQ
	手动开关一般符号	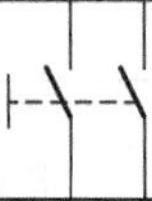	SA		常闭触头		SQ
	三极控制开关	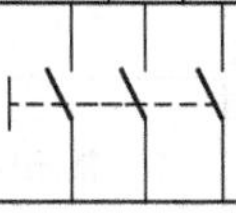	QS		复合触头		SQ
	三级隔离开关	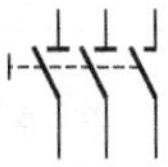	QS	按钮	启动按钮（常开按钮）		SB
	三级负荷开关	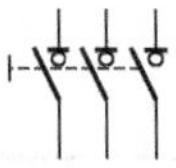	QS		停止按钮（常闭按钮）		SB
	组合旋钮开关		QS		复合按钮		SB
	低压断路器	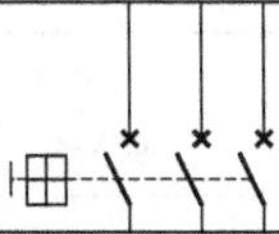	QF		急停按钮		SB
	控制器或操作开关	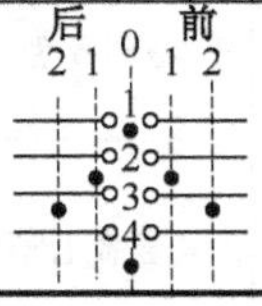 后　前 2 1 0 1 2 1 2 3 4	SA		钥匙操作式按钮		SB

附录-2

类别	名　称	图形符号	文字符号	类别	名　称	图形符号	文字符号
接触器	线圈操作器件	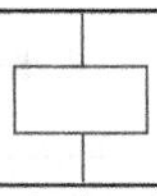	KM	时间继电器	瞬时断开的常闭触头		KT
	常开主触头	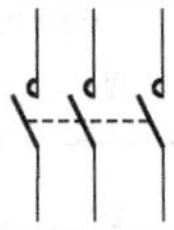	KM		延时闭合的常开触头		KT

续表

接触器	辅助常开触头		KM	时间继电器	延时断开的常闭触头		KT
	辅助常闭触头		KM		延时闭合的常闭触头		KT
热继电器	热元件		KH		延时断开的常开触头		KT
	常闭触头		KH	中间继电器	线圈		KA
时间继电器	通电延时(缓吸)线圈		KT		常开触头		KA
	断电延时(缓放)线圈		KT		常闭触头		KA
	瞬时闭合的常开触头		KT	电流继电器	过电流线圈	$I>$	KA

附录-3

类别	名　称	图形符号	文字符号	类别	名　称	图形符号	文字符号
电流继电器	欠电流线圈	$I<$	KA	熔断器	熔断器		FU
	常开触头		KA	电磁操作器	电磁铁的一般符号	或	YA
	常闭触头		KA		电磁吸盘		YH
电压继电器	过电压线圈	$U>$	KV		电磁离合器		YC
	欠电压线圈	$U<$	KV		电磁制动器		YB
	常开触头		KV		电磁阀		YV
	常闭触头		KV	电动机	三相笼型异步电动机	M 3~	M

续表

非电量控制的继电器	速度继电器常开触头	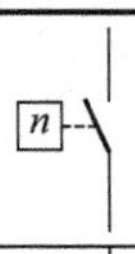	KN		三相绕线转子异步电动机	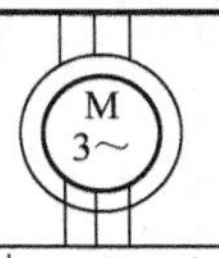	M
	压力继电器常开触头	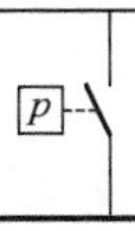	KP		他励 直流电动机	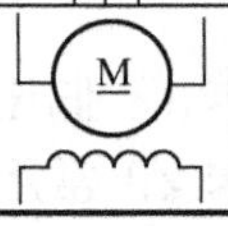	M

附录-4

类别	名称	图形符号	文字符号	类别	名称	图形符号	文字符号
电动机	并励直流电动机	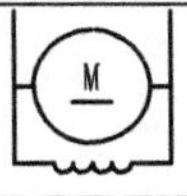	M	灯	信号灯(指示灯)		HL
	串励直流电动机	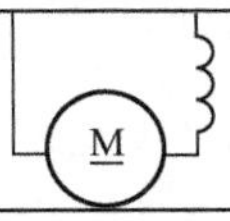	M		照明灯		EL
发电机	发电机	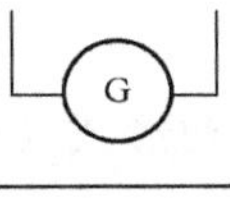	G	接插器	插头和插座	 或 	X 插头 XP 插座 Xs
	直流测速发电机	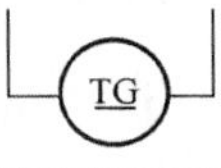	TG		电流互感器	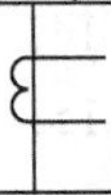	TA
变压器	单相变压器	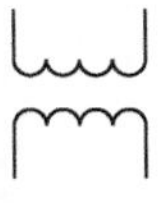	TC	互感器	电压互感器		TV
	三相变压器	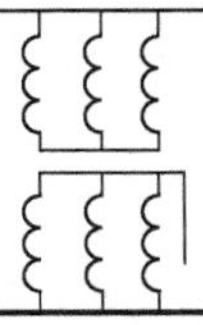	TM		电抗器	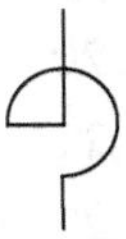	L

知识点检索表

参考文献

[1] 刘祖其．机床电气控制与 PLC（第 2 版）．高等教育出版社，2005.
[2] 刘建功．机床电气控制与 PLC 实践．机械工业出版社，2013.
[3] 万英．怎样识读常用电气控制电路图．中国电力出版社，2015.
[4] 郑长山．PLC 应用技术图解项目化教程（西门子 S7-300）．电子工业出版社，2014.
[5] 电力拖动基本控制线路．中国劳动社会保障出版社，2006.
[6] 电气控制线路安装与检修．中国劳动社会保障出版社，2010.
[7] 童泽．PLC 职业技能教程．电子工业出版社，2011.
[8] 胡学林．可编程序控制器原理及应用（第 2 版）．电子工业出版社，2012.
[9] 向晓汉．PLC 控制技术与应用．清华大学出版社，2010.
[10] 祝福，陈贵银．西门子 S7-200 系列 PLC 应用技术．电子工业出版社，2011.

参考文献